■ 苗种培育池塘

■ 亲鱼饲养池塘

■ 亲鱼越冬池塘

■ 生态养殖池塘

■ 土池养殖池塘

■ 无土养殖池塘

■ 稻田养殖泥鳅

■ 水泥池养殖泥鳅

■ 网箱养殖泥鳅

池塘埂

防逃、防敌害设施

■ 池塘清整

■ 池塘消毒

■ 捕捞塑料筐

■ 捕捉工具

■ 发电工具

■ 塑料网

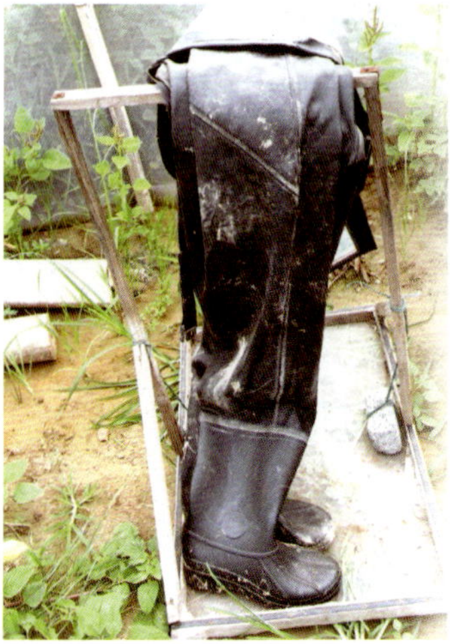

■ 下水裤

■ 转运塑料筐

塑料桶

运输铁皮箱

■ 管道

■ 加注新水

■ 优质水源

■ 雌鳅

■ 雄鳅

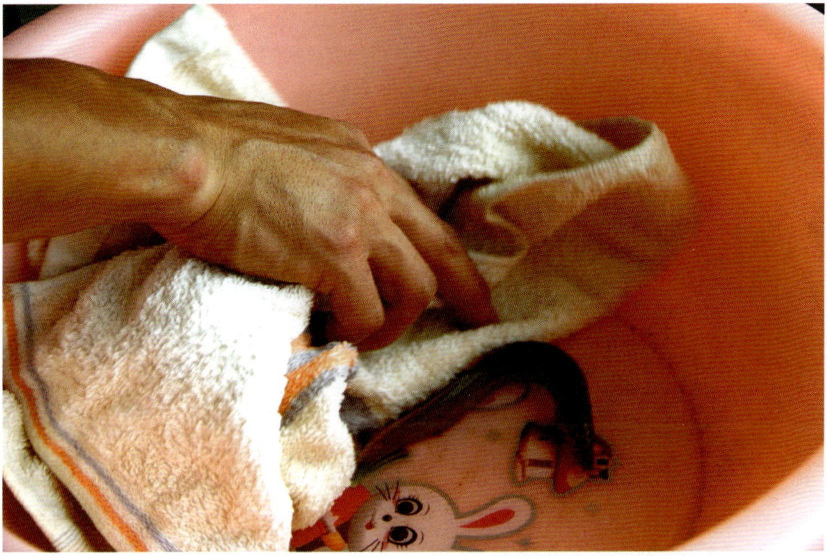

擦拭黏液

注射药物

■ 孵化环道

■ 孵化盆

■ 晒水池

■ 粉状饲料

■ 微粒饲料

■ 颗粒饲料

观察食台

食台

■ 饲料储藏室

■ 豆浆机

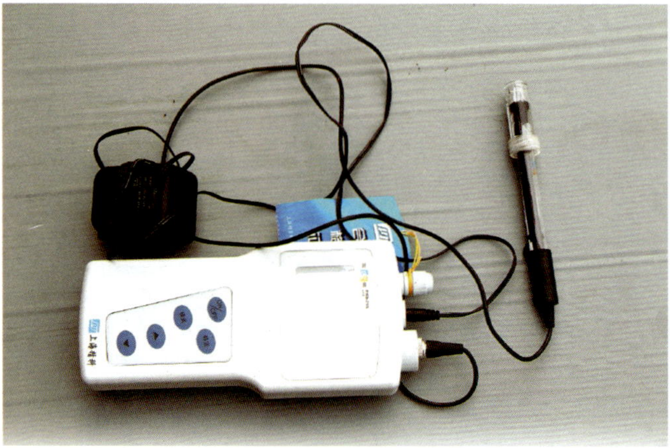

pH测试仪

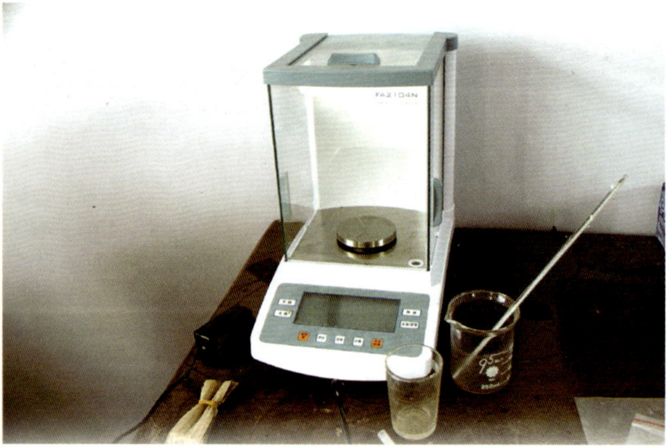

天平

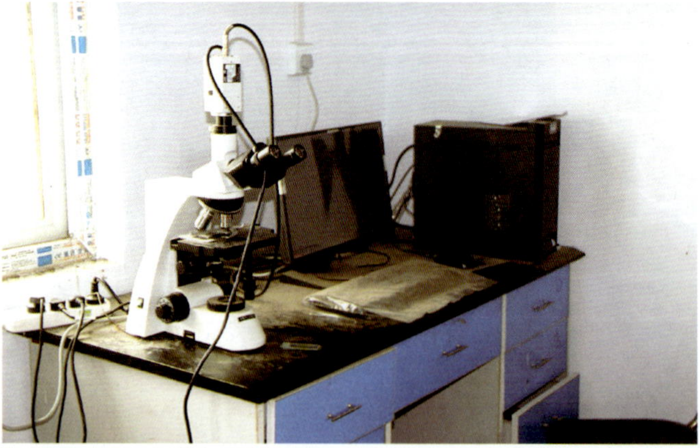

显微镜

现代渔业提升工程·水产标准化健康养殖丛书

泥鳅
标准化健康养殖技术

李国喜　赵银丽　编著

中原农民出版社
·郑州·

图书在版编目(CIP)数据

泥鳅标准化健康养殖技术/李国喜,赵银丽编著.—郑州:中原农民出版社,2014.12
(现代渔业提升工程·水产标准化健康养殖丛书/张西瑞主编)
ISBN 978-7-5542-1013-0

Ⅰ.①泥… Ⅱ.①李… ②赵… Ⅲ.①泥鳅-淡水养殖-标准化管理 Ⅳ.①S966.4

中国版本图书馆CIP数据核字(2014)第278582号

泥鳅标准化健康养殖技术

李国喜 赵银丽 编著

出版社:中原农民出版社
地址:河南省郑州市经五路66号 **邮编**:450002
网址:http://www.zynm.com **电话**:0371-65788655
发行单位:全国新华书店 **传真**:0371-65751257
承印单位:河南安泰彩印有限公司

投稿邮箱:1093999369@qq.com
交流QQ:1093999369
邮购热线:0371-65724566

开本:890mm×1240mm A5
印张:8.25 **彩插**:16
字数:235千字
版次:2015年7月第1版 **印次**:2015年7月第1次印刷

书号:ISBN 978-7-5542-1013-0 **定价**:22.00元

编　委　会

本书作者

李国喜　赵银丽

序　言

据文字记载，我国有 2 500 多年的鱼类养殖历史，可谓世界之最。今天，我国已是世界上水产品生产、贸易和消费的第一大国。多年来，我国渔业生产保持着持续快速发展的势态，在国民经济中的地位日益凸显，并已成为农业和农村经济发展的重要增长点。2013 年全国渔民人均纯收入 13 039 元，远高于农民人均收入的 8 896 元；全国水产品总产量为 6 172 万吨，连续 24 年位居世界首位，为城乡居民膳食提供了 1/3 的优质动物蛋白源。近年来，渔业产业结构不断优化，实现了生产方式由捕捞为主向养殖为主的重大转变。

2013 年以来，中央连续出台了多项惠渔政策，鼓励并引导水产养殖业从传统渔业向现代渔业转型。现代渔业已成为各种新技术、新材料、新工艺密集应用的行业。渔业的规模化、集约化、标准化和产业化发展，对科技的依赖程度也在不断提高。因此，我们需要不失时机地普及水产科学知识，提高从业者素质，帮助他们吸纳和运用现代生物技术、信息技术和材料技术的新成果，发展现代渔业和精深加工业，以降低资源消耗、环境污染和生产成本，不断提高渔业的资源产出率和劳动生产率，进一步引领和支撑优质、高效、生态、安全的现代渔业发展。

河南省淡水渔业发展很快，在传统渔业的基础上，现代渔业也开始起步。面对这一可喜的新形势，有关主管部门组织专家和技术人员适时编写《现代渔业提升工程·水产标准化健康养殖丛书》，除了进一步激发渔业科技人员总结在实践中的创新经验外，无疑将对渔业从业者培训、促进行业转型发展等起到推动作用。发展现代渔业的关键是新型渔民的培养与经营主体的培育，造就产业发展的主力军。通过对基层渔业科技人员和养殖户培训，掀起广大渔业劳动者学科技、用科技的热潮，切实提高他们的从业技能，促进渔业科技成果转化，培养有文化、懂技术、会经营、善管理的新型渔民，为现代渔业建设培育经营主体和可持续发展提供支撑能力。

丛书涵盖了淡水渔业各方面内容，包括高产池塘创建和低产池塘改造、健康养殖示范场创建、水产原良种体系建设、渔业科技推广、休闲渔业、水产品质量安全、水生生物资源养护以及苗种质量鉴别与培育技术、鱼类病害防治和渔药残留控制、养殖水体水质调控技术、饲料配制与投喂新技术、池塘生态养殖技术、池塘生态工程设施与模式构建、水产养殖病情监测预警等内容，适用于管理者和经营实践者学习参考，是新形势下渔业的科普兼专业性读物。同时，丛书特别强调保障水产品质量安全、改善水域生态环境、维护水域生态安全、提倡渔业相关的二、三产业等的协调发展，最终实现装备先进、高产优质、环境友好、渔民增收的现代渔业发展新格局。

多年来，我与河南水产科技人员共事和交流，对他们敢为人先的创造性和务实拼搏的敬业精神尤为钦佩。我期待着在全国现代渔业建设的大潮中，河南水产事业走出自己特色之路，并大有作为！

中国科学院水生生物研究所研究员
中国科学院院士

2015 年 1 月

前　言

泥鳅肉质细嫩，味道鲜美，营养丰富，素有“水中人参”之称，自古以来就被人们当作美味佳肴和医用保健食品。泥鳅为底栖小型鱼类，耐低氧、适应性强、食性杂、繁殖力强，非常适宜于人工养殖。

近十多年来，在国内外消费市场需求持续增加和高利润刺激下，泥鳅已成为我国淡水特种水产养殖中的“小品种、大产业”，是淡水养殖产业结构调整的首选品种和新兴产业。目前，我国泥鳅养殖呈现多样化态势，既有以企业为主体的规模化养殖，也有以家庭或个体为主体的分散养殖；既有以池塘为主的多种养殖方式，也有以稻田、莲藕池等为主的套养方式；既有有土饲养，也有无土饲养；既有常温养殖，也有大棚反季节养殖。泥鳅的多样化养殖，在利用资源、发展经济、供应市场、农民增收、出口创汇、农业产业结构调整和新农村建设等方面发挥了积极作用。但泥鳅养殖作为新兴产业，其科学研究严重滞后于产业发展，尚未解决的一些关键技术问题，如苗种规模化繁育技术、部分疾病防治技术、泥鳅产品的深加工技术及不同养殖方式的相关配套技术等，成为限制该产业可持续发展的瓶颈。因此，及时总结和普及新的技术成果十分必要。

随着生活水平的不断提高，人们对食品安全和自身健康也更加关注。实施健康养殖，生产安全食品，已成为水产养殖业的发展主题。随着养殖规模的不断增加，我国野生泥鳅资源逐渐减少，环境污染日趋严重。另外，泥鳅具穴居、钻泥的生活习性，更易受到环境污染的影响，若不重视养殖过程中的无公害操作，轻则将影响泥鳅的肉质和口味，进而影响市场销售，重则危害消费者健康。因此，今后泥鳅养殖产业必须从重数量轻质量型向安全、质量、生态、效益型转变，进行无公害健康养殖。

基于上述认识，本书参阅大量文献资料，总结了近几年有关泥鳅的最新研究成果,介绍了泥鳅的健康养殖。在编写过程中,一是注重内容的系统性和完整性,全书内容涉及泥鳅养殖的生物学基础知识、养殖场建设与管理、饲料与营养、人工繁殖、苗种培育、商品鳅养成、病害防治等各个生产环节,以及泥鳅的养殖现状、养殖方式、混养模式、池塘健康养殖、稻田生态养殖、标准化生产和产业发展模式等方面,使读者能够从中窥视泥鳅养殖业的全貌,以便因地制宜地开展生产;二是重视吸纳最新成果,将泥鳅早期发育、生理生态、摄食生态、营养需要、规模化繁育技术、健康养殖技术等最新研究成果融入其中,整理了泥鳅标准化生产的相关技术操作规程,引导读者利用新成果解决生产问题,进行标准化生产。本书的撰写目的是及时普及和推广泥鳅健康养殖新技术,让更多的养殖者掌握现代养鳅技术,在创业的道路上多一分清醒,少一点盲目。

本书由河南农业大学李国喜和河南工业大学赵银丽共同编写完成。在编写过程中,参考了国内近几年来很多有关泥鳅方面的研究成果、专著、期刊文章、学位论文和技术标准,在此对原作者的辛勤劳动致以衷心的感谢。

由于泥鳅健康养殖开展时间不长,技术水平在不断提高,加之作者水平、经验和掌握资料的限制,书中存在纰漏和缺点在所难免,恳请广大读者不吝赐教。

编者

2014 年 12 月

目录

第一章　泥鳅的价值和养殖现状

泥鳅是一种常见的小型淡水经济鱼，在中国、日本、韩国、俄罗斯及东南亚等国家和地区均有广泛的分布。泥鳅因具有较高的营养和食用价值、重要的药用价值、显著的经济价值，而受到人们的青睐。近年来，国内外泥鳅消费需求大量增加，刺激着我国泥鳅养殖业的快速发展。当前，我国泥鳅养殖产业规模逐渐增大，养殖技术趋于成熟，但还存在着苗种规模化繁育未能解决等诸多限制产业持续发展的问题。泥鳅养殖未来的发展方向是健康养殖。本章主要介绍了泥鳅的价值以及养殖状况、存在问题和发展前景。

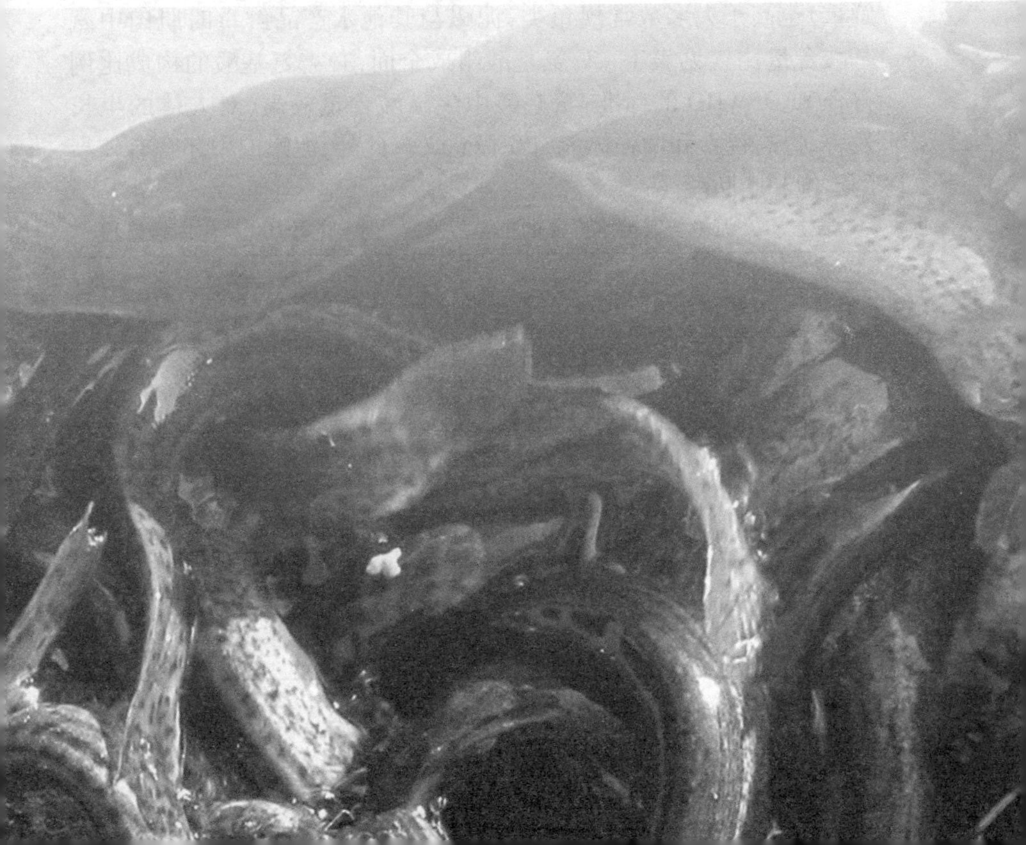

第一节　泥鳅的价值

一、营养价值

泥鳅为高蛋白、低脂肪类型的名优水产品种，其肉质细嫩、味美，含有蛋白质、脂肪、钙、磷、铁、糖、灰分、维生素 B_1、维生素 B_2 等多种人体所必需的成分，素有“水中人参”之美称，深受消费者青睐。

泥鳅可食部分占整个鱼体的80%左右，高于一般淡水鱼类。泥鳅与其他水产品的主要营养成分比较见表1－1。泥鳅肌肉中含有常见的17种氨基酸，其中包括8种人体必需氨基酸；氨基酸总量（占鲜重）也高于大多数常规鱼类，泥鳅与其他水产品鲜重时肌肉中氨基酸含量比较见表1－2；氨基酸组成全面，必需氨基酸的构成比例符合FAO/WHO的标准；氨基酸中牛磺酸含量较高，对人体的生长发育、提高智力和增强体能有积极意义。此外，泥鳅肉中还含有较高的不饱和脂肪酸。

表1－1　泥鳅与其他水产品的主要营养成分比较（每100克肉中含量）

成分	水分（克）	蛋白质（克）	脂肪（克）	灰分（克）	钙（毫克）	磷（毫克）	铁（毫克）	维生素A（国际单位）	热量（千焦）
泥鳅	78.2	17.6	2.3	1.1	51	154	3.0	70	4 912
河蟹	71.0	14.0	5.9	1.8	129	145	13.0	5 960	582
中华鳖	79.3	17.3	4.0	0.7	15	94	2.5	20	439
青虾	81.0	16.4	1.3	1.2	99	205	1.3	260	327
鳜鱼	77.1	18.5	3.5	1.1	79	143	0.7	未检	435
鲫鱼	80.3	15.7	1.6	1.8	54	203	2.5	未检	259
鲤鱼	79.0	16.5	2.0	1.1	23	176	1.3	140	368
带鱼	73.0	15.9	3.4	1.1	48	204	2.3	未检	418

表1-2　泥鳅与其他水产品鲜重时肌肉氨基酸含量比较(单位:%)

名称	泥鳅	鲢鱼	鳙鱼	草鱼	青鱼	团头鲂	鲫鱼	鲤鱼
氨基酸总量	16.1	14.8	15.0	12.4	14.0	16.5	14.0	15.0
必需氨基酸总量	7.0	5.6	6.0	5.0	5.7	6.5	5.6	6.0

二、药用价值

自古以来,泥鳅就被认为具有较高的药用价值,其主要功效为补脾益气、滋阴壮阳、清热解毒、祛湿邪,被誉为“水中人参”,在我国的传统药膳食谱中占有一席之地。泥鳅全体和皮肤分泌的滑液均可入药。据《医学入门》查考,泥鳅性甘、平,具补中、止泄之功能。《本草纲目》记载:泥鳅有暖中益气之功效,对治疗肝炎、痔疮、皮肤瘙痒、阳痿、乳痈、小儿盗汗、跌打损伤等症有一定疗效。《本草拾遗》记载:泥鳅主湿痹气,补虚损,妇人产后淋漓,气血不调,羸瘦;止血,除腹中冷气肠鸣。《中华药典》记载:泥鳅味甘,性平;功擅补中益气,补肾壮阳,利湿;适宜脾胃虚弱,消瘦乏力,或消渴多饮及肾虚阳痿者服用。现代医学临床验证,采取泥鳅食疗,既能强身增加体内营养,又可补中益气、壮阳利尿、消食化积、消渴利尿、祛湿解毒,对水肿、黄疸、丹毒、骨髓炎等也有一定疗效。兽医临床也用于治疗母畜缺乳、牛瓣胃阻塞、猪阳痿等多种畜病。

现代研究表明,泥鳅体内存在多种活性物质,如泥鳅多糖、酶解泥鳅蛋白、滑液、脂溶性成分、凝集素、抗菌肽、超氧化物歧化酶、牛磺酸和功能性蛋白等。其中,由泥鳅黏液中提取的泥鳅多糖,具有抗氧化、免疫调节、清除氧自由基等功能,在抗癌防衰、抗炎护肝、降糖除脂、防治心脑血管疾病方面发挥积极作用。酶解泥鳅蛋白是泥鳅蛋白的部分水解产物,具有免疫调节作用,其总氮含量达11.0%左右,含有多肽和丰富的游离氨基酸,尤其是泥鳅多糖、牛磺酸、赖氨酸、锌、硒等的含量较高。泥鳅滑液是由泥鳅皮肤分泌的一种黏液,具有较强的抗炎作用,民间常用其治疗痈肿、中耳炎,用活泥鳅捣碎外敷治疗乳癌、骨髓炎等。泥鳅鱼油中不饱和脂肪酸含量很高,占脂肪酸总量的50.2 %,主要为亚麻酸、棕榈酸、棕榈油酸、亚油酸、硬脂酸、花生四烯酸、二十碳五烯酸(EPA)、二十二碳六烯酸(DHA)等,而不饱和脂肪酸对人体有降低胆固醇、降血脂、抗动脉硬化、抗癌、预防冠心病、提高记忆力、防止大脑衰老等作用。对上述这些活性物质的研究开发,可促进泥鳅的深加工利用。

三、经济价值

从国内消费来看,泥鳅市场需求旺盛。据市场调查,2000 年至今,泥鳅市场需求量连续十年稳步增长,国内市场需求量为 50 万 ~ 65 万吨,但市场供应缺口很大,缺口超过 50%,因而拉动了泥鳅市场价格的连年攀升。2000 年,全国市场泥鳅批发均价为 7 ~ 9 元/千克;2011 年,上涨至 18 ~ 28 元/千克;现今保持在 30 ~ 46 元/千克的高价(2014 年 5 月 29 日苏州南环桥水产市场批发价格)。从国际市场看,泥鳅销量也逐年攀升,尤其是韩国和日本,对泥鳅的年需求量在 15 万吨左右。连云港口岸仅 2011 年 4 月就出口泥鳅 1 023 吨,货值 382 万美元。

国际和国内市场对泥鳅的大量需求,刺激着我国泥鳅养殖业的快速发展。20 世纪 90 年代后期,我国泥鳅养殖从小水体养殖开始向规模化生产发展,形成了以池塘养殖为主的多种养殖方式,仅江苏赣榆县墩尚镇,2007 年就发展池塘围网养鳅 1.6 万亩,泥鳅出口量占全国出口量的九成以上,养殖户亩均获效益 1.6 万 ~ 2 万元。

可见,泥鳅具有巨大的经济价值,泥鳅养殖属于“小品种、大产业”,前景广阔。发展泥鳅养殖,不仅可出口创汇,还可调整我国渔业生产结构,增加农民收入。

第二节　泥鳅的养殖现状

一、养殖效益和市场前景

泥鳅适应环境的能力很强,在池塘、稻田、水库、湖泊等各种淡水水域中均能生活，养殖效益很高。近年来，我国野生泥鳅产量逐年下降，但国内外市场需求却逐年上升，这极大地促进了泥鳅养殖产业的发展。

（一）养殖效益

目前，国内泥鳅养殖形式有池塘养殖、网箱养殖、水泥池养殖和稻田养殖等多种方式，其规模大小不一，投资数额差异较大，但效益都很可观。据估算，目前泥鳅的养殖成本为12~20元/千克，与市场价格36~46元/千克相比，利润颇丰。如江苏赣榆县墩尚镇仅2007年就发展池塘围网养鳅1.6万亩，亩均效益1.6万~2万元；河南省范县发展泥鳅稻田养殖，亩利润在5 000元以上。下面就网箱养殖和池塘养殖分析计算一下泥鳅养殖的效益。

1. 网箱养殖效益分析

（1）支出费用　按1亩水面计算，主要包括：①设施，每亩池塘设置10只网箱约1 000元，使用3年，年摊派300元。②苗种，每亩10只网箱投放种苗250千克，按12元/千克计算，共需3 000元。③饲料，每亩需饲料500千克，按4元/千克计算，共需2 000元。④水电、药品，200元。合计每亩投入总成本为6 000元（网箱300元+种苗3 000元+饲料2 000元+水电、药品200元+塘租500元）。

（2）产出　亩产泥鳅500千克，按售价20元/千克，泥鳅收益产出500千克×20元/千克=10 000元。另外，网箱外套养花白鲢等鱼类收入约增1 000元。合计每亩产出11 000元。

（3）获利　每亩获利为11 000元－6 000元=5 000元。

2. 池塘养殖效益分析

（1）支出费用　按1亩水面计算，主要包括：①水面租金，每年500元。②种苗，每亩投放体长3~5厘米的泥鳅苗10万条，以每万条800元计算，需8 000元。③饵料，按10万条鳅苗产出875千克商品泥鳅计算，需要投入饲料1 750千克，饲料成本约8 500元（购买配合饲料）。④其他费用，渔药、水电、人员工资、泥鳅池塘改造等共约2 000元。养殖总成本约19 000元。

（2）产出　每亩产出约875千克，商品泥鳅市场价格按保守价36元/千克计算，收入为31 500元。

(3)利润　31 500 元 - 18 000 元 = 13 500 元。

(二)市场前景

泥鳅的消费市场广阔。泥鳅因其味道鲜美、肉质细嫩、营养丰富,与黄鳝、鳗鲡一起合称为“淡水三参”,因此我国南北各地均将泥鳅作为滋补强身佳品,市场需求年年攀升,价格稳中有升。国际市场上,泥鳅更是畅销紧俏的水产品,尤其是日本和韩国,是我国泥鳅出口的主要输出国。巨大的市场需求,导致泥鳅价格居高不下。2013 年春节期间,泥鳅价格高达 74 ~ 76 元/千克,一跃成为“2013 年最具养殖效益的品种”和“2013 年最令人振奋的品种”。目前,泥鳅价格相对稳定,消费市场有一定的潜力,市场被普遍看好。

泥鳅人工养殖发展空间很大。由于泥鳅市场需求量的增大,刺激了养殖业的发展,但早期泥鳅生产多依赖于野生捕捞。因为农药和工业“三废”等的污染及野生资源的过度捕捞,致使我国天然野生泥鳅数量逐年下降。同时,养殖方面,规模化的商业养殖还刚刚起步,苗种培育一直难以达到商业化规模。因此,我国泥鳅生产存在着很大的供需不足,开展泥鳅人工养殖空间很大。

泥鳅生命力强,食性杂,养殖占地面积少,易于饲养,便于运输,而且成本低,收益大,见效快。我国是世界最大的淡水国,有着得天独厚的自然资源,可利用稻田、洼地、坑塘等各种浅水水体,因地制宜、就地取材地发展泥鳅养殖。可以预见,泥鳅养殖业有很好的发展前景。

二、当前泥鳅养殖的主要特点

我国泥鳅养殖始于 20 世纪 50 年代中期,但养殖进展缓慢、规模不大、各地发展不平衡,许多地方以天然捕捞为主,人工养殖处于次要地位;多数地区泥鳅养殖的规模小、分散,多利用庭院或房前屋后的坑池进行养殖,人工养殖技术应用不太普及,产量和效益受到一定限制。20 世纪 90 年代后期,泥鳅综合性养殖技术、大规模人工繁殖和其他生物学方面的研究与应用,使我国泥鳅养殖开始向规模化生产发展,形成了池塘养殖、网箱养殖、水泥池养殖和稻田养殖等多种养殖方式,从而大幅度提高了泥鳅的养殖产量,初步形成供销两旺的

大好局面。当前,我国泥鳅养殖产业的主要特点有:

(一)养殖技术逐渐成熟,产业规模逐渐增大

随着市场需求的不断增加,20 世纪 90 年代泥鳅人工养殖开始逐渐兴起,形成了稻田养殖、池塘养殖等多种养殖模式。随着苗种繁育、高效无公害养殖、病害防治等技术难题的逐步解决,使泥鳅养殖的产量大幅度提高,连片集约化规模养殖逐渐形成,如江苏、湖北、四川、安徽、山东等省目前已形成了大规模的泥鳅养殖基地,仅江苏省 2007 年产量就近 2 万吨。

(二)产品销售中的出口份额较大,对国际市场的依赖程度较强

泥鳅为出口创汇的特色水产品之一,尤其是韩、日等国对我国养殖泥鳅的大量需求,促使国内形成了一些大规模的泥鳅出口基地。如江苏省赣榆县的泥鳅出口量占韩国鲜活泥鳅市场的 90%,成为我国主要的泥鳅出口基地。大规模出口基地的形成,有利于泥鳅产业的进一步发展与壮大,但也使我国的泥鳅养殖过分依赖于国际市场的需求,造成我国泥鳅产业容易受到金融危机、贸易壁垒等因素的冲击。

(三)精深加工发展缓慢,产业链条有待完善

目前,无论是内销还是外销,鲜活泥鳅仍为唯一模式。泥鳅产业仅有养殖与流通两个环节,加工环节十分薄弱,几乎为空白,产业风险极大。当前,我国泥鳅养殖的规模和产量都为其加工业的兴起奠定了较好的基础;另外,适应国际市场变化,需要通过开发新产品、开辟新市场来规避风险;同时,人们消费观念的变化、保健意识的增强,也对泥鳅产品提出了更高的要求。因此,泥鳅产业亟须发展加工业来完善产业链。

三、制约泥鳅规模化养殖的主要问题

在国内外消费需求和价格逐年攀升的刺激下,泥鳅已成为特种水产养殖领域经济效益较好的一个新兴品种,泥鳅养殖也成为一些地区农民增收致富的主导产业,其良好的发展前景吸引着众多的养殖户投身其中。但并非所有从业者都能从中获得期望的回报,究其原因是泥鳅规模化养殖尚存在诸多限制性问题,了解这些制约问题有助于从业者的谨慎投资。

(一)苗种规模化生产没有彻底解决

苗种是生产的基础,是关乎养殖成败的最关键环节,是降低生产成本最直接的因素。当前,泥鳅苗种缺乏,与快速发展的泥鳅养殖矛盾日益突出,已成为我国泥鳅养殖可持续发展的最大瓶颈。为此,一些养殖户就大量捕捞或收购野生泥鳅作苗种。这些泥鳅苗种大小参差不齐,或受伤严重,成活率和生长速度都较低,远远适应不了生产发展的需要。虽然泥鳅的人工繁殖已有较大研究实践,但还存在一些问题,表现在:

1. 规模化的亲本培育技术不够完善

亲本的质量直接关系到商品泥鳅的品质和产量。亲本的培育是发展泥鳅养殖最重要,也是最前端的一个环节。目前,泥鳅人工繁育所用亲本大多是从市场上收集的,其品质、成熟度参差不齐,雌雄比例不当,导致受精率、孵化率低,苗种种质不纯,体质和生长速度不能保证。

2. 工厂化的泥鳅苗种繁育技术有待完善

泥鳅苗种的繁育技术不是特别复杂,目前有些科研机构已经实现了催产孵化一体化,将催产、孵化同步完成。但由于对泥鳅幼体生理生态研究相对较少,苗种培育的一些关键环节不能有效解决,致使苗种规模化繁育的成活率不高。

(二)没有形成成熟的养殖模式

池塘精养模式、网箱养殖模式、稻田套养模式、混养模式、水泥池养殖模式等是目前泥鳅养殖比较成熟的模式,且不同养殖模式养殖效益不同。但目前宣传最多的是"暂养模式",也就是在野生泥鳅大量上市价格较低的时候购进,集中暂养在池塘中,于春节前后价高时售出,从而赚取季节差价。这种模式管理粗放,效益低下,存在诸多技术风险和市场风险,不属于严格意义上的人工养殖,不应提倡。另外,围绕现行各种模式的配套技术研究还不甚深入。

(三)缺乏规范化和集约化生产相配套的饲养管理技术

规范化养殖是科学养殖的体现,是实现养殖持续发展的前提。

规范化养殖要体现在泥鳅养殖产业链上的各个环节和每个细节。但目前泥鳅的规范化生产缺乏相关标准规程，致使生产中出现许多不科学的做法。比如泥鳅的投喂量，生产上常有两个极端，一是不加控制地、不限量地投喂，这种方式既增加养殖成本，污染水体，造成疾病易发，又不能促进泥鳅快长而得不偿失；二是曲解野生状态下泥鳅“食性杂”的特征，完全依赖天然饵料，不进行投饲或仅少量投喂，造成泥鳅吃不饱、生长缓慢，延长养殖周期。另外，疾病控制技术是关乎养殖成败的关键。在人工养殖条件下，泥鳅不同生长周期都会出现各种疾患，但目前缺乏有效的预防和治疗方案。

当前，泥鳅养殖从业者多为个体户，由于资金缺乏，土地分布零散不集中，其经营分散、规模偏小。另外，由于缺乏配套的技术服务，大多数养殖户不懂得科学生产管理，大都粗放粗养，只是少量投喂些糠、麸、豆饼等散粗料，有的甚至放上泥鳅就不管了，自然生长，大大降低了生产效益。因此，我国泥鳅养殖的集约化程度较低。今后，应针对泥鳅生活习性及其对环境的要求，从提高成活率、提高单产、降低饵料系数及常见病害防治等方面进行探讨，积累经验，以提高泥鳅集约化养殖效果。

（四）配合饲料问题没有解决

在人工养殖条件下，饲料投入在生产成本中占据很大比例。要实现泥鳅当年上市或5个月内上市，就必须采用专用饲料投喂。但泥鳅配合饲料方面的研究极少，而具体到泥鳅对各营养素的需求研究尚未开始。国外因产地局限性基本上没有研究，国内仅限于池塘的粗放养殖方面。目前，饲料方面的研究集中在配合饲料对泥鳅鱼体营养成分的影响、饵料对泥鳅生长速率的影响及诱食剂3个方面。因此，研究泥鳅对各营养素的需求量，研制出营养全面、生态环保的配合饲料，为泥鳅的高密度集约化养殖提供支持，为泥鳅的大规模商业化养殖提供技术保证，显得尤为迫切。

四、健康养殖是泥鳅产业可持续发展的重要途径

（一）开展泥鳅健康养殖的必要性

水产养殖中的质量安全问题是制约渔业发展和市场竞争力的主

要矛盾之一，它既影响水产品自身的市场竞争力和出口，又影响人们的健康和我国的国际形象。当前，消费已从数量型转变成质量型，国内外对食品安全均高度重视，加强了对水产品药物残留的检测，并严格控制水产动物养殖中药物和饲料添加剂的使用。因此，渔业经济的发展已进入了以质量效益、人与环境和谐共存为方向的新时代；渔业经济发展的水平再不能以产量高低作为衡量标准，更不能以牺牲环境、危害人类自身健康为代价。由此，人们提出并实施了“健康养殖”新模式，以此来减轻养殖环境压力，维持水产养殖业的可持续发展。

随着泥鳅产业投入资金的增加、养殖面积的扩大和产量的提高，渔业环境污染问题逐渐凸显；药物、化肥大量使用，有害元素积累、超标，已造成水产品突出的质量问题。尤其是铜、汞、铬等重金属元素，对水生生物具有不同程度的毒性。若这些污染物在养殖水域不能及时降解，最终沉积在底泥中，泥鳅有在淤泥中寻找食物的生活习性使其更易受到污染。在养殖环境遭受到污染后，泥鳅体内有毒物质含量会增加，甚至会超出国家规定的限量标准，从而影响泥鳅制品的安全性。因此，在生产过程中，必须防止水环境中长时间残留高浓度的铜、镉等重金属，以免对泥鳅生产产生严重危害。

总之，泥鳅养殖业必须走健康养殖之路，这样才能使泥鳅养殖生产持续发展，整个产业及其市场前景才会不断扩大。

（二）泥鳅健康养殖的含义

泥鳅健康养殖，其概念源于水产品健康养殖，就是应用新理论、新技术、新材料和新方法，对传统养鱼技术进行发展和延伸，在继承精华的基础上进行完善、改造和高度的集成升级。健康养殖所生产的水产品，养殖环境、养殖过程和产品质量均应符合国家或国际有关标准和规范的要求，并经认证合格、获得认证证书，被允许使用无公害农产品标志。因此，泥鳅健康养殖也必须符合相关标准。

健康养殖是无公害渔业的一个组成部分。无公害渔业是一种健康渔业、安全渔业、经济渔业、高效渔业和可持续发展渔业，它特别强调对水产品中有毒有害物质的残留检测，同时还包含以下含义：①是新理论、新技术、新材料、新方法在渔业上的高度集成。②是经济、生态与社会效益并重，提倡在保护生态环境和人类健康的前提下发展渔业，从而达到生态、社会和经济效益的统一。③是渔业与畜牧业、种植业、草业、林业、产品加工等多种行业的组合。④是重视资源的合理利用和转化、各级产品的合理利用与转化增殖，把无效损失降到最小限度。

(三)泥鳅健康养殖的基本内容与发展方向

1. 泥鳅健康养殖的基本内容

(1)选址适宜　泥鳅养殖场的选址要符合公共卫生要求，远离交通主干道、工业区、居民区和污染源，场区内水源充足、水质良好，符合无公害水产品生产的要求。

(2)环境舒适　泥鳅生长过程需要适宜的生存空间，养殖过程必须创造良好的环境条件。

(3)营养平衡　根据泥鳅不同生长阶段对能量、蛋白质、氨基酸、矿物质和维生素等营养的实际需要量，配制平衡日粮。日粮组成搭配要多样，适口性强，符合泥鳅的食性要求。

(4)饲料安全　选用饲料原料要无污染、无霉变。饲料中不能添加影响泥鳅质量安全的物质和禁用药物。用含有天然毒素的饲料原料，必须经过脱毒处理。

(5)科学防病　防治疾病要选用合适的药物，定期检测水体变化和泥鳅活动状况，快速及时诊断疫病，制定科学的免疫程序。水体消毒药充分考虑消毒药物对泥鳅的可能损害，保证消毒过程和消毒前后不给泥鳅带来过大的应激反应。

(6)操作规范　在日常管理和设施改造等方面，要充分考虑泥鳅固有的生理需求，实施最佳的饲养制度和管理制度。

(7)控制污染　恰当处理粪便、污水，禁止将养殖场粪便、垃圾和污水直接排入外界，避免污染水源和破坏土壤结构，危害生态平衡。同时，要调整日粮结构，平衡饲料营养，减轻污染物的排泄。

(8)评估检测　定期检测泥鳅健康状况，适时对环境条件、管理制度进行安全检查和评估，排查安全隐患，调整饲养管理制度。

(9)制定规范　建立定期巡查、封闭管理和生产档案制定制度。

2. 泥鳅健康养殖的发展方向

设施渔业是现代渔业发展的重要方向，其设施完善，环境优良，节约劳力，生产效益高。目前，我国泥鳅养殖水平不断提高，产量迅速上升，进入了一个新的发展阶段。但受我国水域资源限制，3 种落后的生产方式受到限制，再者水产品质量安全标准的提高，水产养殖业投入品的严格管理，一定程度上推进了设施渔业的发展。因此，泥鳅健康养殖的发展方向是设施养殖。

第二章　泥鳅的生物学特征

泥鳅广泛分布于河川、沟渠、水田、池塘、湖泊及水库等天然水域中，具有喜温性、夜食性、善逃逸、食性杂、耐低氧、生长速度快和适应性强等诸多生物学习性，多数习性适合于人工养殖。了解泥鳅的生物学知识，可以很好地服务于人工养殖生产。

第一节　泥鳅的分类和形态特征

一、分类地位和地理分布

泥鳅，俗称鳅，在分类上属鲤形目、鳅科、泥鳅属，在全世界有10余种，广泛分布于中国、日本、韩国、俄罗斯及东南亚等国家和地区。我国除青藏高原外，全国各地的天然淡水水域中均有泥鳅分布，尤其在长江和珠江流域中下游分布极广，群体数量大。在我国，泥鳅属的鱼类具有明显的区域性分布，如北方泥鳅主要分布于黄河以北地区，黑龙江泥鳅仅分布于黑龙江水系，而泥鳅在全国各地均有分布。在自然条件下，泥鳅存在天然的二倍体、三倍体和四倍体个体。

二、主要养殖种类及其形态特征

泥鳅种类较多，目前具有养殖价值的主要品种有真泥鳅、大鳞副泥鳅（黄板鳅）、北方须鳅、长薄鳅、中华花鳅等，其中以真泥鳅养殖最为广泛。养殖者可根据自己所在地的资源条件选择养殖品种。

（一）真泥鳅

真泥鳅一般称泥鳅，是分布最广最为常见的品种；因其体态肥满，身体呈圆筒形，故有的地方称之为肉泥鳅或圆鳅；又因其身体背部及两侧上部为青灰色，故又称为青鳅。一般，泥鳅身体前部呈圆筒形，后部侧扁，体表黏液较多，有细小圆鳞埋于皮下。头小，眼小，口较小，下位，呈马蹄形，有口须5对，其中上颌吻须2对、口角须1对，较大；下颌颏须2对，一大一小。体色因生活环境不同而有所差别，一般体背及体侧灰黑色并有黑色小斑点；腹色较淡，呈灰白色或黄色；尾柄基部上方有一黑色大斑。见图2－1。

图 2－1　泥鳅的外形

真泥鳅是常见种类中生长较快、个体较大、适应较强的一个品种，是各地养殖的主要品种。其常见个体体长一般为 12～15 厘米，体重 12～25 克；较大个体体长为 25 厘米左右，体重为 75～100 克；体长为体高的 6.1～7.9 倍，为头长的 5.4～6.7 倍；头长为吻长的 2.4～3.1 倍，为眼径的 4.6～7.0 倍，为眼间距的 4.4～5.5 倍；尾柄长为尾柄高的 1.2～1.4 倍。

（二）大鳞副泥鳅

大鳞副泥鳅，体形酷似泥鳅，且生活习性与泥鳅相似，但因其体型较真泥鳅更侧扁，所以很多地方又称其为扁鳅；另外，在有的水系中，其体色多呈浅黄色，故也称为黄斑鳅或黄板鳅。大鳞副泥鳅头部无鳞，体鳞较泥鳅大，埋于皮下。须 5 对。眼被皮膜覆盖，无眼下刺。尾柄处皮褶棱发达，与尾鳍相连，且尾柄长与高约相等。体背部及体侧上半部灰褐色，腹面白色。体侧具许多不规则的黑褐色斑点。背鳍、尾鳍具黑色小点，其他各鳍灰白色。见图 2－2。

图 2－2　大鳞副泥鳅

大鳞副泥鳅主要分布在长江中下游及其附属水系，数量较少。其常见个体一般体长为 15～20 厘米，体重 20～40 克；体长为体高的 4.9～5.1 倍，为头长的 5.1～5.7 倍，为尾柄长的 6.1～6.7 倍，为尾柄高的 5.1～5.7 倍；头长为吻长的 2.3～3.8 倍；尾柄长为尾柄高的

0.8倍。

（三）中华沙鳅

中华沙鳅为我国特有物种，又称钢鳅，分布于长江中上游。体态纤细，体色艳丽；肉质细嫩，味道鲜美，具营养和药用价值。吻长而尖。须3对。颐下具1对钮状突起。眼下刺分叉，末端超过眼后缘。颊部无鳞。常栖居于砂石底河段的缓水区。见图2－3。

图2－3　中华沙鳅

（四）大斑花鳅

大斑花鳅，分布于长江中下游及其附属水体的浅水区。须4对。眼下刺分叉。背鳍起点距吻端较距尾鳍基近。体侧沿纵轴有6～9个大的略呈方形的斑块。尾鳍后缘平截或稍圆，基部有一黑斑。见图2－4。

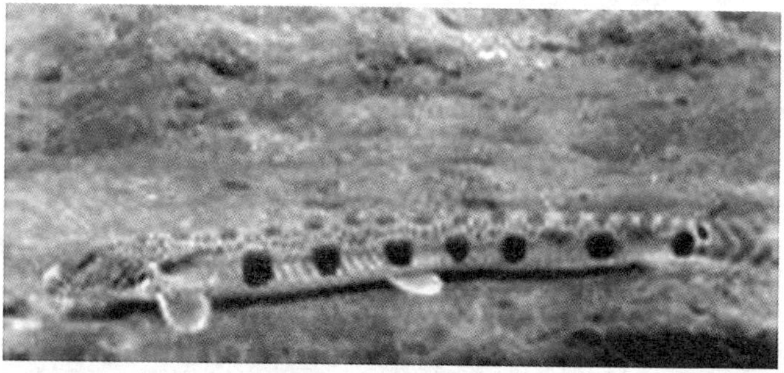

图2－4　大斑花鳅

（五）中华花鳅

中华花鳅，分布于长江以南各江河水系中，生活于水流缓慢处。须4对。眼下刺分叉。背鳍起点距吻端与至尾鳍基距离相等。体侧沿纵轴有 10 ~ 15 个斑块。尾鳍稍圆或平截，基部上侧有一黑斑。见图 2 - 5。

图 2 - 5　**中华花鳅**

（六）长薄鳅

长薄鳅，分布于长江上中游水流较急的河滩、溪涧，集群性底层生活；是薄鳅类中个体最大的一种，一般个体重 1.0 ~ 1.5 千克。体

图 2 - 6　**长薄鳅**

长，侧扁，尾柄高而粗壮；头侧扁而尖；鳞极细小。口较大，亚下位，口裂呈马蹄形。须 3 对，其中吻须 2 对，口角须 1 对。眼小，下缘有 1 根光滑硬刺，末端超过眼后缘。胸鳍基部具有 1 个长形的皮褶。头背面具不规则深褐色花纹，侧面及鳃盖部黄褐色。身体浅灰褐色，有不规则斑纹；腹部淡黄褐色。背鳍基部有 2 列深褐色斑纹，尾鳍有

3～4条褐色条纹。见图2－6。

（七）北方须鳅

北方须鳅，俗名狗鱼、花泥鳅，分布于内蒙古、黑龙江、辽宁和吉林等地。体细长，被细鳞。须较短。唇厚，唇面光滑或有浅皱褶，上唇边缘中部常有一“V”字形缺刻。尾柄皮褶棱不发达。常栖息于河沟、湖泊及沼泽沙质泥底的静水或缓流水体中。见图2－7。

图2－7　北方须鳅

（八）花斑副沙鳅

花斑副沙鳅，分布于北起黑龙江，南至珠江的各江河，栖息于底层沙石中。个体小，颊部被细鳞，颐下无钮状突起。须3对，口角须较长。眼下刺分叉，末端达眼球中部。见图2－8。

图2－8　花斑副沙鳅

第二节　泥鳅的生活习性

一、栖息习性

泥鳅属温水性底层鱼类，具底栖性，喜欢栖息在沟渠、塘堰、湖沼、水田等静水或缓流水体浅水区有机质丰富的软泥表层，尤其喜欢在中性或弱酸性的底质处栖息。一般不常活动于水体的上层和中层，只有在水体溶解氧缺乏时才冲至水面呼吸空气。

二、摄食习性

（一）杂食性

1. 食物组成

泥鳅属杂食性鱼类，在天然水域中以原生动物、枝角类、桡足类、轮虫、昆虫幼虫、螺、蚌、藻类、高等植物碎屑、有机碎屑和腐殖质等为食。人工养殖条件下，可通过堆放厩肥、鸡粪和牛粪、猪粪等方法，繁殖生物饵料，也可投喂各种商品饲料。

2. 食性变化

泥鳅食物的组成，随其生长呈规律性变化。一般泥鳅仔鱼的开口口径为0.24毫米，最适开口生物饵料直径大小为0.05～0.12毫米，因此，开口期仔鱼以卤虫和微型裸腹蚤等作为开口饲料为好。在体长小于5厘米的仔稚鱼阶段，泥鳅主要摄食腐殖质和小型甲壳类等动物性饵料；体长在5～8厘米阶段主要摄食浮游动物；当体长大于8厘米以上时转变为杂食性，以摄食硅藻、植物根叶、腐殖质等为主，人工养殖可投喂豆饼、菜籽饼、米糠、麸皮及蚕蛹等，以及人工配置的颗粒饵料。在天然水域中，成鳅是偏动物性、植物性还是杂食性，则因泥鳅生活环境的饵料组成而异。

3. 食物选择性

泥鳅眼睛很小，视觉很差，主要借助灵敏的触觉和味觉选择饵料。天然条件下，泥鳅的摄食种类受水体饵料状况影响。在养殖条件下，泥鳅对饲料气味、颜色、形状、大小等适口性具明显的选择性，一般活饵优于死饵，鲜饲料优于非鲜饲料，动物性饲料优于植物性饲料，软饲料优于硬饲料。但泥鳅在饵料选择上具有很强的适应能力，在饵料缺乏的情况下，能以腐殖质甚至污泥为食，且能生长。另外，泥鳅对动物性食物的消化速度较植物性饵料快，其中对浮萍的消化速度最慢。当泥鳅与其他鱼类混养时，常以其他鱼类吃剩的残饵为食，故泥鳅有鱼池中的"清洁工"之称。

（二）摄食节律

天然水体中，泥鳅多在夜间觅食，具明显的夜食性；但在产卵期和生长旺盛期，白天也摄食。由于泥鳅对光的照射没有明显的趋光或避光反应，因此在人工养殖条件下经过驯化可改变其夜食性，使摄食高峰期出现在白天，一般在上午 7 ~ 10 点和下午 4 ~ 6 点。

（三）摄食强度

泥鳅摄食强度与水温密切相关，水温 10℃时开始摄食，15℃ 时摄食量增加，24 ~ 27℃时食欲旺盛，水温超过 30℃时食欲减退，直至停食。泥鳅的摄食量一般都比较大，随着个体的增大，一次饱食量占体重的百分比逐渐降低，一次饱食时间逐渐延长。另外，泥鳅特别贪食，在食物不足时有同类相残现象。因此，人工养殖时要适量投饵，既不能因投饵过少而出现同类相残现象，也不能因投喂太多，泥鳅吃得过饱妨碍肠道正常呼吸，导致消化不良而胀死。

三、生长发育

泥鳅属小型鱼类，其生长速度与饲料、放养密度、水温、性别和发育阶段等密切相关。尤其是饲料的质量和数量对泥鳅的生长速度影响最大，在人工养殖条件下常出现个体差异较大的现象，多是由饵料因素造成的。在最适生长条件下，泥鳅平均日生长速度达 0.2 克左右。刚孵化出的鳅苗体长约 0.3 厘米，1 个月后可生长至 3 厘米左右，2 个月后可达 5.5 厘米左右；泥鳅当年即可生长至 10 厘米，达到性成熟。泥鳅成熟个体一般体重 10～30 克。成熟后的个体因部分营养用于性腺发育，生长速度逐渐减慢。一般 2～4 龄的泥鳅生长比较稳定，但相对增重率随年龄增大而逐渐递减；4 龄以后，生长指标随年龄增大而降低，逐步处于衰老，生长速度趋向缓慢。因此，泥鳅的人工养殖周期一般为 1 年。

泥鳅的生长存在性别差异。据研究，雌鳅的体长增长略大于雄鳅，但差异不显著；从 2 龄起，雌鳅的体重增加速度则显著大于雄鳅。此外，泥鳅的生长也存在地区差异，南方地区当年繁殖的鳅苗年底体长可达 10 厘米左右，而北方地区则仅为 6 厘米左右。人工养殖条件下，经过 20 天左右的培育可达 3 厘米的鳅苗夏花，1 龄时可长成每千克 80～100 尾的商品鳅。

四、呼吸特征

泥鳅具有多种呼吸方式，除用鳃呼吸外，泥鳅的皮肤和肠道还有辅助呼吸功能。当水体溶解氧缺乏时，其皮肤即参与呼吸；极度缺氧时，便同时加强了肠呼吸。因此，泥鳅对低氧环境的适应力很强，在水中溶氧降到 0.16 毫克/升时仍能生存。

肠呼吸是泥鳅特有的生理现象。泥鳅肠壁薄而血管丰富，具有气体交换功能。当天气骤变、低压暴雨来临、天气闷热、池底淤泥或腐殖质等物质腐烂引起水体严重缺氧时，泥鳅会垂直游窜到水面，用口直接吞入空气，在肠管中进行气体交换，吸收氧气；当其转头缓缓下潜时，废气则由肛门排出。故泥鳅有“气候鱼”之称。这种肠呼吸作用可占泥鳅全部呼吸量的 1/3 以上。所以，泥鳅能适应底层静水体的缺氧环境。冬季水体干涸时，泥鳅会钻入泥中，依靠少量水分湿润皮肤，通过皮肤和肠呼吸来维持生命。

泥鳅的耐低氧特性，使其更耐肥水，适合高密度养殖，也更易于长距离运输，是一种增产潜力很大的养殖品种。据试验，在水温 24.5℃的密封环境下，泥鳅幼鱼在溶氧低至 0.46～0.48 毫克/升时才开始死亡，泥鳅成鱼溶氧低至 0.24 毫克/升时才开始死亡。在池养条件下，泥鳅在缺氧时会游到水面吞食空气，进行肠呼吸，即使溶氧低于 0.16 毫克/升仍可安然无恙。

五、对环境条件的适应

（一）温度

泥鳅是温水性鱼类，具喜温性，对四季变化极为敏感。泥鳅的适宜生长水温为14～28℃，最适水温为23～26℃；当水温低于10℃时，泥鳅进入较深度的冬眠，潜到10～30厘米深的泥层中不食不动，进行“休眠”，到次年水温上升到10℃以上时开始出穴活动。当水温超过30℃时，泥鳅会潜入泥中进行“夏眠”，如果无泥可钻时将表现为烦躁不安。因此，每年的4～10月为泥鳅的生长旺盛期。

人工养殖时，必须对泥鳅养殖环境进行防暑降温，常用方法有：①适时加注新水，适当提高水位。②在池边搭设遮阴棚。③在池埂上种植瓜果等藤蔓植物，在池塘上方搭建架子供瓜果攀爬，面积占池塘总面积的1/3～1/2。④人工高密度养殖时，可在池塘边角或池塘里移栽水生植物。

（二）光照

泥鳅为底层鱼类，长期适应黑暗环境，形成了昼伏夜出的活动规律，对短时间的光照没有趋光反应和避光反应，而对长时间的光照是趋于回避的。一般，泥鳅白天潜伏水底，傍晚后活动觅食，不喜强光；人工养殖条件下常常集中在遮光阴暗处，或躲藏在巢穴之中。正常生活条件下，一定的光照有利于泥鳅体表黏液中微生物的正常繁衍；长期生活于黑暗水体中的泥鳅会发生黏液脱落而死亡。因此，泥鳅养殖池内不能缺少光照。

（三）水流

泥鳅是淡水鱼类中的“流浪者”，对环境变化敏感，一些环境因素的变化往往会引起泥鳅的群体行动而另择新居，因此泥鳅具有很强的逃跑能力。清明前后，水温在15℃以下时，泥鳅一般不会逃跑。当水温上升，如下雨涨水时，泥鳅会游向高水位处，伺机逃离；当有水流响动，泥鳅会因流水区高氧的条件反射而涌入流水区。在人工养殖过程中，泥鳅善逃逸，当池塘水位变化或池壁破损时，可造成泥鳅一夜之间全部逃光。特别是晚上，只要有一个细小的漏水孔，全池泥鳅就可能逃空。所以，养殖过程加强防逃管理是关键。

第三节 泥鳅的繁殖生物学特征

一、性成熟年龄和雌雄性征

性成熟年龄是种的特性之一。泥鳅属于低龄性成熟类型，一般2龄后性成熟。雌鳅性成熟较雄鳅迟。雌鳅性成熟最小体长为8.7厘米，雄鳅最小体长为7.5厘米，这是人工繁殖种鳅选择和规定最小捕捞规格的依据。

泥鳅性成熟后，在雌雄性征上具有明显的差异，主要表现在个体大小、胸鳍(图2-9)及腹部形状。一般雌鳅个体明显大于雄鳅，背部末端正常，无肉质突起；成熟时，腹部圆而肥大，色泽变动略带透明黄的粉红色，生殖孔紫红色圆形呈外翻状；胸鳍较短，前端较圆钝呈扇形；产卵后的雌鳅腹鳍上方有白色斑点，即产卵标记。雄鳅个体较小，背鳍末端两侧有肉质突起；胸鳍窄而长，末端尖，呈镰刀状，第一、第二鳍条较粗大，平直且最长，其后各鳍条依次逐渐缩短，第二鳍条基部有一骨质薄片，生殖期胸鳍具明显追星；腹部扁平。

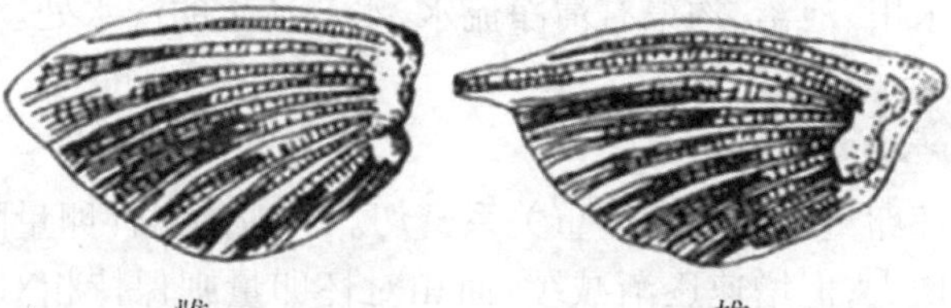

图2-9 泥鳅亲鱼雌、雄胸鳍的比较

二、产卵类型和产卵季节

泥鳅属多次性产卵型鱼类，其卵巢中卵的发育不同步，不受季节制约，在一个产卵季节内可进行多次分批产卵，见表2-1。在繁殖期内,泥鳅卵巢中往往存在着几种不同规格的卵,有的呈金黄色半透明,几乎游离在体腔中,此为成熟卵粒;有的白色不透明,卵粒较小,包裹在卵巢腔中,此为未成熟卵。

表 2-1　繁殖期内泥鳅卵巢特征

月份	卵巢特征	各时相卵细胞比例(%)				
		Ⅱ期末 Ⅲ期初	Ⅲ期末 Ⅳ期初	Ⅳ中、末期	Ⅴ期	其他时期
4	卵巢表面布满血管,卵粒易见	29.3	58.3	9.4	2.1	0.6
5	卵巢表面布满血管,卵膜较厚,可见大量卵黄物质	10.3	25.1	52.4	10.3	1.9
6	卵巢表面布满血管,可见大量卵黄物质,卵粒饱满	5.2	10.9	69.8	12.8	1.3
7	卵粒饱满,多卵黄,极少部分卵粒卵膜变薄,透明	9.7	12.4	59.1	8.4	10.4

在自然条件下,泥鳅产卵期为 4 ~9 月,具体时间随各地区气候、水温不同而有差异。泥鳅的繁殖水温为 18 ~30℃,最适水温为 22 ~28℃。4 月上旬当水温达 18℃时,性成熟的泥鳅便开始产卵,一直持续到 9 月,其中以 5 ~6 月为繁殖盛期。雌鳅产卵时间,4 月至 6 月上旬多在晴天早晨,6 月中旬至 9 月多在雨后和晚间。产卵地点通常选择在水田、池沼、沟渠有清净流水,水草丛生的浅水处。

三、繁殖力

雌鳅怀卵量与体长和体重关系密切。一般绝对怀卵量随体重增加而逐渐增大,但增速逐渐减缓,而相对怀卵量则保持相对稳定,随体重增加而逐渐减小。如小个体(体重约 15 克)怀卵量约 10 000 粒,中等个体(体重约 25 克)20 000 ~25 000 粒,大个体(体重 100 克以上)80 000 ~ 100 000 粒。随着体长的增长,雌鳅怀卵量也增多。雌鳅最小性成熟个体体长 8 厘米,怀卵量约 2 000 粒,体长 10 厘米的怀卵量为 7 000 ~ 10 000 粒,体长 12 厘米的怀卵量为 12 000 ~14 000粒,体长 15 厘米的怀卵量为 15 000 ~18 000 粒,体长 20 厘米的怀卵量为24 000粒左右，最多可超过65 000粒。由于卵巢内卵的成熟度不一致，每次排卵量约为怀卵数的50% ~60%。成熟卵为圆形，卵径1.2 ~1.5毫米，黄色半透明，半黏性，排出后常黏附在水草或其他物体上。

雄鳅性成熟较雌鳅早，精巢一对，呈带状，位于腹腔两侧，右侧精巢比左侧的长而狭窄，重量较轻。体长9 ~11厘米的雄鳅，精巢内精子数约有1亿。

四、繁殖行为

泥鳅产卵方式奇特。产卵前，亲鱼多在水的表层频繁游动，常常雌鳅在前面游动，数尾雄鳅在其后紧追不舍，不断用口吸吻雌鱼头和胸部两侧。发情达到高潮时，雌雄鳅头部和躯体互相摩擦并相继游出水面，雌鳅腹部上翻，一尾雄鳅会迅速用身体卷曲缠绕在雌鳅的腹部上，以刺激雌鳅产卵。雌鳅受到挤压和刺激，迅速产卵，同时雄鳅也排出精子，完成体外受精，这一动作持续2 ~3秒。之后，亲鱼分别游入水底，间隔一定时间后又开始追逐，重复上述过程。每尾雌鳅的交配次数因个体大小而不同，一般6 ~8次，个体大的10次以上；每次交尾的间隔时间不一，一般10 ~20分。泥鳅一次产卵300粒左右，须经过多次反复才能完成产卵活动。产卵后的受精卵黏附在水草或其他附着物上，但因受精卵黏性弱，随水流波动，极易从附着物上脱落沉到水底而难以成活。雄鳅胸鳍基部有一骨质薄片，由于产卵过程的摩擦作用，产卵后的雌鳅往往在腹鳍上方体侧会留下一个白斑状伤痕印记。

人工注射激素诱导产卵条件下，可将泥鳅的产卵行为划分为相对安静期、交尾寻觅期、交尾准备前期、交尾准备后期、交尾产卵前期、产卵受精期共6个阶段，见表2 -2。在水温24℃时，泥鳅注射催产剂后8.5小时达到效应时间，并开始产卵受精；完成一次产卵后，雌雄亲鱼潜入水底，蓄积力量进行下一次产卵受精活动，间隔10 ~20分，又重新开始追逐，交缠，产卵受精，重复6 ~8次。

表 2－2　人工诱导条件下泥鳅各阶段繁殖行为特征

阶段	注射后时间（小时）	持续时间（小时）	行为特征
相对安静期	0	2.5	多数亲鱼聚集于池底阴暗处，多在鱼巢覆盖的池底，活动较少
交尾寻觅期	2.5	0.5	开始钻出鱼巢，池底角落聚集，相互摩擦挤动
交尾准备前期	3.0	2.5	少数亲鱼开始在水面游动，开始发情
交尾准备后期	5.5	2.0	部分个体在水面到处游动，聚集于池角，相互摩擦、聚团、上下挤动
交尾产卵前期	7.5	1.0	活动剧烈，已经有少部分开始出现追尾，但不能完成
产卵受精期	8.5	3～4	活动明显增强，聚集于池角，相互摩擦，并伴有跳跃等现象，出现大量交尾，追逐，数尾雄鱼追逐雌鱼，咬胸鳍较多，雌鱼游向水面，腹部上翻，雄鱼迅速用身体交缠于雌鳅腹部，此时，雌鳅受雄鳅的压迫及自身腹部的收缩而排卵，雄鱼同时排精，完成一次受精，这一动作持续 2～3 秒，此后亲鱼潜入水底
产卵后期	12.5	4	活动变弱，亲鱼交尾明显减少，但仍有部分产卵

第三章　泥鳅养殖场的建设与管理体系

优质的水产品来源于良好的环境，产地环境的优化选择是泥鳅健康养殖生产的前提，科学完善的管理是泥鳅高效健康生产的保证。本章介绍了泥鳅健康养殖场地的选择对环境、水质和土质的要求，养殖场规划和主要设施，生产技术、成本、销售和投入品使用等管理体系，以供养殖者在生产中参照实施。

第一节 养殖场地选择

一、场地环境要求

泥鳅养殖场的选址、设计和建设，应考虑危害水产品质量安全的潜在因素。水体环境的化学污染及土壤与水的相互作用对水质的影响有可能会危害商品鳅的质量安全，土壤的性质能够影响池塘的水质，而水的酸碱度等因素也与土质有关。因此，泥鳅健康养殖场应是生态环境良好，无或不直接受工业"三废"及农业、城镇生活、医疗废弃物污染的水（地）域；养殖区域内及上风口、灌溉水源上游，没有对产地环境构成威胁的污染源（包括工业"三废"、农业废弃物、医疗机构污水及废弃物、城市垃圾和生活污水等）。生产中，可选择土质较肥、有水源保证的连片稻田，也可利用浅水湖、水库、沼泽、滩地等大型水域；小规模养殖可利用低产的鱼池、藕塘、小沟渠、低洼地等进行；庭院养殖可利用房前屋后的宅基地、废旧坑凼等；条件好的可建泥鳅专用养殖池；亦可利用低洼地做埂蓄水后进行养殖，以节约基建投资。

二、水质要求

泥鳅养殖场应有充足的水源和良好的水质供给。泥鳅对水质要求不高，井水、河水、湖水、地下水、自来水都能适应。水源以无污染的江河水、湖水或大型水库水为好，这种水的溶氧量较高且水质良好。养殖用水水质要求 pH 值为 7 ~ 8.5，溶解氧量在连续 24 小时中，有 16 小时以上应大于 5 毫克/升，其余时间不低于 4 毫克/升，总硬度（以碳酸钙计）为 89.25 ~ 142.8 毫克/升，有机耗氧量在 30 毫克/升以下，氨氮 0.1 毫摩尔/升，硫化氢不允许存在。水中有毒有害物质含量应符合《无公害食品　淡水养殖用水水质》的要求（表 3 -

1）。总之，应最大限度地满足泥鳅对水质的要求，使鳅鱼在相对优越、安全的条件下快速生长。

表 3－1　淡水养殖用水水质要求

项 目	标准值	项 目	标准值
色、臭、味	不得有异色、异臭、异味	氟化物（毫克/升）	≤1
总大肠菌群（个/升）	≤5 000	石油类（毫克/升）	≤0.05
汞（毫克/升）	≤0.000 5	挥发性酚（毫克/升）	≤0.005
镉（毫克/升）	≤0.005	甲基对硫磷（毫克/升）	≤0.000 5
铅（毫克/升）	≤0.05	马拉硫磷（毫克/升）	≤0.005
铬（毫克/升）	≤0.1	乐果（毫克/升）	≤0.1
铜（毫克/升）	≤0.01	六六六（丙体，毫克/升）	≤0.002
锌（毫克/升）	≤0.1	滴滴涕（毫克/升）	≤0.001
砷（毫克/升）	≤0.05		

＊测定及取样方法应符合 NY5051—2001 中的要求。

三、土质要求

土质对泥鳅质量有较大影响，沙土底质水域养出来的泥鳅，体乌黑，脂肪少，骨骼硬；黏土底质水域养出来的泥鳅，体黄色，脂肪多，骨骼软。所以，选择腐殖质丰富的黏土底质进行泥鳅养殖最好。另外，养殖池底质应无废弃物和生活垃圾，无大型植物碎屑和动物尸体。底质有毒有害物质最高含量应符合《农产品安全质量　无公害水产品产地环境要求》中的规定，应无异色、异臭，结构自然。同时，汞、镉、铅、锌、铬、砷及六六六和滴滴涕的含量应低于无公害水产品生产对渔业水域土壤环境质量的要求（见表 3－2）。

表 3－2　底质有害物质最高限量［单位：毫克/千克（湿重）］

项目	指标	项目	指标
总汞	≤0.2	铬	≤50
镉	≤0.5	砷	≤20
铜	≤30	滴滴涕	≤0.02
锌	≤150	六六六	≤0.5
铅	≤50		

＊检测方法应符合 GB/T 18407.4—2001 中的要求。

四、大气质量

无公害水产品生产对大气环境质量规定了 4 种污染物的浓度限值，包括总悬浮颗粒物（TSP）、二氧化硫（SO_2）、氮氧化物（NOx）和氟化物（F），它们的浓度应符合《环境空气质量标准》（GB 3095—1996）的规定。

五、交通和能源

泥鳅养殖场选址还应考虑交通便利和电力供应配套。交通方便有利于鱼种、饵料和商品鱼的运输和销售；电力供应可靠，才能保证设备的正常运转。随着泥鳅健康养殖技术的不断完善和成熟，根据泥鳅高密度集约化养殖的要求、生产水平和规模，还应配套好增氧设备、饲料加工设备及其他机电设备，既有利于提高生产水平，又有利于泥鳅养殖工业化、产业化的发展。

第二节　泥鳅养殖场的规划与养殖池建造

一、总体规划与布局

泥鳅养殖场的建设规模，应根据生产需要、资金投入情况等来确定。在一定建设规模条件下，各类建筑的大小、数量及比例必须合理。以池塘养殖为例，泥鳅养殖场可划分为生产区和管理区两部分。其中，生产区内建设有亲鳅培育池、产卵池、孵化池、育苗池等相关人工繁殖设施及商品泥鳅池。池塘应根据选址环境或原有池面积大小、形状等进行设计，可大可小，以东西长、南北短为最好。池塘布局应因地制宜，有利于灌排水和生产；池塘间以并联方式排列为宜，池塘两侧分别开设进水渠和排水渠；在相邻池塘间及池塘与渠道之间，要留出人行通道，便于日常管理。另外，泥鳅养殖场应设单独的管理区，一般设置在池塘一侧，应建设办公室、饲料车间和仓库及暂养池等设施。

二、基本设施

（一）进排水设施

进排水设施主要包括进水控制闸、排水控制闸、导流通道及启闭装置。这些装置的结构和位置设计，应能够保证安全生产和池水的充分交换。一般池塘进水口应高出水面20厘米，排水口设置在池底鱼溜底部，进、排水口处要安装防逃设施。

（二）防逃设施

泥鳅逃逸能力强，做好防逃是安全生产的关键。首先要整修池埂、田埂，使池埂高出水面30厘米，并在养殖池四周池坡边设置防逃设施。防逃材料可选用网片、水泥板、硬塑料板、土工布、纱窗布等，下埋至硬土中25～35厘米，上高出水面40厘米。其次，在进排水口处要设置防逃栅，其中进水口处可缚尼龙网袋，出水口处防逃栅可设计成凸向池塘，分内外两层，且内层栅径小。

（三）泥鳅人工繁殖设施

人工孵化设施主要有亲鳅培育池、产卵池、孵化池、孵化设施和苗种培育设施等。其中，亲鳅强化培育池一般大小为50～100米^2，深1.2米，保持水深40～50厘米，池底铺富含腐殖质的软土20厘米左右。产卵池和孵化池用土池或水泥池均可，但面积不宜过大，以利于操作管理。孵化设施根据具体情况，可采用网箱孵化及孵化缸、孵化槽、孵化环道孵化。鳅苗培育可采用专用培育池，也可采用稻田或池塘里开挖的鱼沟、鱼溜或鱼凼等。专用培育池面积不宜过大，以水泥池最好，每池50米^{2}左右，池壁高70厘米左右，也可利用孵化池、孵化槽、产卵池及家鱼苗种池作为鳅苗培育池。

（四）泥鳅人工养殖设施

泥鳅人工养殖方式较多，但无论采用何种方式进行养殖，都应具备进排水设施、防逃设施、溢洪口和集鱼道等一些基本设施。其中，溢洪口是防止暴雨和大水时漫堤逃鱼，一般将其建在排水口一侧的埂上，深5～10厘米，宽1～2米，并安装防逃栅。集鱼道可开设在泥鳅养殖池的中央或排水口附近，深40厘米左右，底部铺一层厚10～15厘米的泥土，面积占全池面积的2%～5%。

另外，泥鳅养殖场还应建水质净化处理设施、化验和疾病诊断实验室、配电室、饲料和药品仓库等配套设施。

三、泥鳅养殖池塘的条件与建造

我国泥鳅养殖主要以池塘为主，但泥鳅养殖池塘一般条件与常规鱼饲养池不完全一样。以下为良好的泥鳅养殖池塘应具备的条件。

（一）泥鳅专养池的技术规格

1. 池塘的形状与周围环境

养殖泥鳅，对养殖池的形状没有特别要求。规模化养殖时，池塘形状以东西长、南北宽的长方形为好，这样使水面接受日照时间长，有利于浮游植物的光合作用；同时，水面容易起波浪，使池水能自然增氧。建造时，池塘长宽比按5∶3设计最好，便于操作管理，且注水时易形成全池的池水流转。实际生产中，应结合当地地形、常年风向和水体交换能力等，池塘可选择正方形、梯形、三角形等形状，但无论何种形状的池塘，都应避免池塘换水时出现涡流和静水区域。池塘坡比为1∶(2.0～2.5)，塘底向排水口处有一定的倾斜度。池塘周围不宜种植高大树木和高秆作物，以免阻挡阳光照射和风力吹动，影响浮游植物的光合作用和气流对水面的作用。

2. 池塘的面积与水深

一般家庭养殖用池，单池面积2～5米^{2}即可，室外养殖40～100米^2。养殖池大小应视具体要求而定，一般产卵池4～40米^2，孵化池2～10米^2，育苗池10～40米^2，成鳅养殖池100～150米^{2}为宜。规模化养殖时，可按养殖规模进行区划，如建3 000米^{2}水面的泥鳅养殖场，可区划为：①产卵池1个，水泥池结构，10米^2/个，深1米。②孵化池4个，水泥池结构，4.5米^2/个，深0.5米。③育苗池10个，水泥池结构，20米^2/个，深0.8米。④成鳅养殖池总面积2 772米^2，可分成若干个，土池结构。

对于成鳅养殖池塘，面积大小均可。池塘面积过小，有利于提高饵料密度,增加捕食机会,减少泥鳅体能消耗,但水质不易调控。池塘面积过大,将降低泥鳅摄食机会,容易产生个体间吃食不均现象,且风浪大易损坏池埂,不方便管理。一般,泥鳅养殖池塘面积以0.1~0.4公顷为适宜,鱼种培育池面积可相对减小,以0.06~0.2公顷为宜。池塘深度100~120厘米,池底淤泥厚度20~30厘米,水深保持40~60厘米。当以投喂浮性颗粒饵料为主时,池塘宜浅;以商品饲料作为饵料时,池塘可深一些。池水过深对泥鳅养殖不利。

3. 养殖池结构

养殖池有水泥池、砖池和土池之分。规模化养殖时,产卵池、孵化池和育苗池建成水泥结构,成鳅养殖池建成土池。一般技术要求为:

(1)池深　80~150厘米。南方以80~100厘米为宜,北方以120~150厘米为宜。

(2)池水深度　40~50厘米。

(3)淤泥厚度　30~40厘米。

(4)池顶高出水面的高度　40厘米左右。

(5)出口高出地面的高度　10厘米左右。

(6)进水口　离池顶15厘米左右。

(7)出水口　离池顶40厘米左右。

(二)泥鳅专养池的建造

1. 砖池或水泥池

根据设计挖好土池,四周池壁用水泥板或砖砌,池底略向排水口倾斜。池底砌成后,用水泥抹平或用石渣夯实,上铺淤泥。于排水口附近挖集水坑。进、出水口安装防逃设备。

2. 养殖池塘的建造

池塘长和宽应根据不同地面自行设计,保持适宜的面积,池塘深度保持1~1.2米。每个池塘宜设置一个鱼溜,以便于泥鳅养成后集中捕捞。鱼溜比池底深30~35厘米,面积约为池底的5%,其外沿用预制水泥板围成,或砖石砌成。池塘建造时,做好防逃处理最关键,为此需要特别注意3个方面:①池塘底部处理,挖好后池塘底部应夯砸结实。②池塘边缘处理,沿池塘边缘挖出近1米深的沟,用厚实的塑料布从沟底一直铺到地面，沿着池子边缘铺满，然后用挖出的土将塑料布压实，使塑料布和池塘连成一体，塑料布上端每隔 1 米左右用木桩固定。③池塘进、出水口处理，需进行精心设计，设置防逃网栅，既能保证水交换通畅，又能防止泥鳅逃逸。

第三节　泥鳅健康养殖的管理体系

泥鳅养殖场管理就是对生产经营过程中人力、物力、财力的计划、协调、监督和控制，经营管理的对象就是供、产、销、人、财、物及反映养殖场经营效果的各种经济技术指标。管理者通过行政、经济、教育、法律和信息等方法手段，使养殖场的供应、生产和销售 3 个环节紧密地、均衡地、不间断地连续高效运行，各生产要素有效合理配置，实现产量、产值和利润的最大化。下面是泥鳅健康养殖基地建设和相关管理要求。

一、健康养殖基地建设和管理

只有建立符合一系列规定的无公害水产品基地，健全无公害生产基地相应的管理措施，才能保障无公害生产的顺利进行，促使生产技术和产品质量不断提高。无公害农产品生产基地的建设刚刚开始，相应管理方法也在不断完善提高。下面是泥鳅无公害养殖基地管理的一般要求，仅供参考。

第一，泥鳅健康养殖基地必须符合国家关于无公害农产品生产条件的相关标准要求，使泥鳅在养殖过程中有毒或有害物质的含量或残留量控制在安全允许范围内。

第二，泥鳅健康养殖基地是按照国家及国家农业行业有关无公害食品水产养殖技术规范的要求和规定进行建设的，应是具有一定规模和特色、技术含量和组织化程度高的水产品生产基地。

第三，泥鳅健康养殖基地的管理人员、技术人员和生产工人，应根据工作性质的不同需要，熟悉并掌握无公害生产的相关要求、生产技术及有关科学技术的进展信息，使健康养殖基地生产水平不断发展和提高。

第四，泥鳅健康养殖基地建设应布局合理，做到生产基础设施、苗种繁育与食用泥鳅等生产、质量安全管理、办公生活设施与健康养殖要求相适应。已建基地的周围不得新建、改建、扩建有污染的项目。需要新建、改建、扩建的项目必须进行环境评估，严格控制外源性污染。

第五，泥鳅健康养殖基地应配备相应数量的专业技术人员，建立水质、病害工作实验室和配备一定的仪器设备，并对技术人员、操作人员和生产工人进行岗前培训和定期进修。

第六，泥鳅健康养殖基地必须按照国家、行业颁布的有关无公害水产品标准组织生产，并建立相应的管理机构及规章制度，如饲料、肥料、水质、防疫、检疫、病害防治和药物使用管理、水产品质量检验检测等制度。

第七，建立生产档案管理制度，对放养、饲料和肥料使用、水质监测与调控、防疫、检疫、病害防治、药物使用、基地产品自检及产品装运销售等方面进行记录，保证产品的可追溯性。

第八，建立无公害水产品的申报与认证制度。比如，首先由申请单位或个人提出无公害水产品生产基地的申请，同时提交有关基地建设的综合材料、基地周边地区地形图和结构图、基地规划布局平面图、有关资质部门出具的基地环境综合评估分析报告、水产品安全质量检测报告及相关技术管理部门的初审意见。通过专门部门组织专家检查、审核、认定，最后颁发证书。

第九，建立监督管理制度。实施平时的抽检和定期的资格认定复核工作相结合。规定信誉评比、警告、责令整改直至取消资格的一系列有效可行的制度。

第十，申请主体名称更改、法人变更均需重新认定。

健康养殖生产基地建立和管理要求比较严格，但养殖户可根据这些要求尽可能做到养殖过程中的无公害化生产，使产品主要指标，如有毒有害物质残留量等，达到健康养殖的要求。

二、生产技术管理

生产技术管理因不同水域、不同生产阶段特点而不同。

(一)生产管理制度

建立和健全完善的生产管理制度,是保证各项技术措施实施的重要条件。生产管理制度的建立应根据不同生产内容和生产规模而定,其主要包括以下方面:

第一,数据管理和统计分析制度。原始记录和统计工作要做到全面、及时、准确和清晰,为了解生产情况、判断生产效果、分析生产成本、调整技术措施、总结生产经验及进行科学的预测和决策提供依据。数据管理工作主要是建立养殖水域档案,内容包括:苗种放养日期、品种、数量、规格;投饵施肥日期、数量和种类;捕捞日期、品种和数量等;日常管理情况。全年生产情况的统计要具体到每个鱼塘,涉及产量高低、病害轻重、经验教训等。

第二,建立考核评比制度。正确制定考核指标,内容包括物质消耗和生产效果,对生产实绩进行全面考评,评估生产中实际效益和存在的问题。

(二)技术管理

技术管理是指对生产中的一切技术活动进行计划、组织、指挥、调节和控制等方面的管理工作,它与生产管理的对象虽然各不相同,但两者之间是相互依存和相互促进的。技术管理的基本内容有:搜集、整理技术情报,管理技术档案;贯彻执行技术标准与技术操作规程;搞好技术培训工作;推广应用新技术、新产品和新工艺等。

三、销售管理

产品的销售管理是实现泥鳅养殖场再生产的重要条件,也是提高经济效益的重要途径。以下几个方面在销售管理工作中必须注意。

第一,把握销售时机,注意发挥价值规律的作用。市场调节作用影响水产品的销售,水产品的价格是随行就市、按质论价的,因此,要运用市场需求原理和价格理论,把握好销售时机,争取高价销售。

第二,重视产品质量,提高其价值。随着购买力的提高,人们对水产品的质量也更加重视,泥鳅的品种、体色、规格大小、肉质口感、有无土腥味、绿色产品级别和品牌信誉等都影响其销售,因此要尽可能做到鲜活销售。

第三,做到以销定产,以销促产。生产和销售是相互促进、相互制约的,要自觉地根据市场行情变化,适时调整养殖品种、规格及上市时间,做到产品围绕市场转。

第四,做到均衡上市。水产品的均衡上市,既能满足人们不同时段的生活需求,也有利于加速资金周转和增加销售收入,提高养殖的经济效益。

第五,拓宽产品销售渠道。采用多种形式,如与工矿企业、超市、宾馆、饭店等挂钩,拓展销售渠道,做好产品销售工作,促进生产发展。

第六,进行综合开发,增加产品附加值。比如,进行深加工,开发出适合不同场合消费的去骨方便食品和旅游食品等,以及城市中的餐饮加工。充分发挥泥鳅的医用价值,提取多糖等各种活性物质。

四、成本管理

成本管理是通过编制成本计划、实行成本核算、进行成本分析,来有效地控制和监督生产中的各项耗费,达到降低成本的目的。

(一)成本计划

成本计划是一种提前制定好的方案,它规定了计划期内生产经营活动的各种费用支出计划和产品成本水平,以及产品成本降低任务和为降低成本所采取的主要措施。编制成本计划时,首先从检查上年成本计划执行情况入手,比较实际成本和计划成本间的差距,找出差距发生的原因;然后根据本年生产财物计划要求,结合生产条件变化情况,调整各种物资消耗定额、费用定额和劳动定额,为编制成本计划提供可靠依据。

(二)成本控制方法

成本控制应根据不同情况,采取不同方法。一般方法有:①控制总额和定额成本,促使成本发生单位精打细算,不突破规定标准。②成本含量控制。将成本与产量挂钩,核定某一单位(万尾,千克)苗种成本含量、饲料肥料成本含量等相对控制指数,鼓励提高单产水平,从多出产量中求经济效益。③利益分成控制法。也就是核定生产成本,节支分成,使生产者在完成生产任务的前提下,从节约物资中按比例分得利益,借以控制成本。④包干控制法。核定生产成本,生产者在完成生产任务的前提下,节约的物耗结算归己,超支自负。这样可以鼓励生产者以劳代本、广开泥鳅饲料资源,减少商品性饲料开支。

(三)成本核算

通过成本核算可以考核成本计划完成情况,分析成本升降原因。成本核算的主要内容有核算生产总成本、产品单位成本、成本降低额及降低率等指标。其中,总成本是将各项目成本汇总后所有水产品生产的全部费用支出,它反映了生产成本的总貌。产品单位成本一般用元/千克表示,其中泥鳅成品单位成本和苗种单位成本的计算方法如下:

泥鳅成品的单位成本=(上年结转养殖水域的全部费用+本年转入养殖水域的苗种成本+本年水域全部费用)/泥鳅成品总产量(千克)

苗种单位成本=育种期全部费用(元)/育成尾数(或千克数)

五、财务管理

财物管理是指泥鳅养殖场有关资金的筹集、使用、结算、分配等方面的管理工作的总称。科学合理的财务管理,有利于降低水产品成本,节约资金,提高养殖效益。

在财务管理中,流动资金管理是重要的一个方面。用于苗种、饲料、肥料、材料及其他生产费用等方面的资金,统称为流动资金。一般,流动资金由储备资金、生产资金、成品资金、货币资金、结算资金等几部分组成。

(一)流动资金的周转

加速流动资金周转,提高流动资金使用效果,是流动资金管理的重点。加速流动资金周转主要从储备资金、生产资金和成品资金3

个方面考虑。

1. 加速储备资金周转

主要途径有:制定合理的物资消耗定额,根据消耗定额制定合理的物资储备量;尽量就地、就近组织物资供应;在不影响生产正常进行的前提下,尽量缩减各种渔需物资的储备,做到有计划采购对路物资,防止盲目采购;加强仓库管理,及时处理超储积压物资,减少储备资金占用。

2. 加速生产资金周转

关键要缩短生产周期,减少生产过程中的产品数量。主要措施有:因地制宜地开展多种形式的经营,将生产周期长短不同的项目结合起来,做到全年不同时期都有收入;实行综合养殖、轮捕轮放,减少产品占用资金。

3. 加速成品资金周转

依据市场行情及时组织产品销售;及时办理结算,减少成品资金和结算资金的占用。

(二)流动资金的利用效果

评价流动资金利用效果的指标主要有流动资金周转率、产值资金率和流动资金利润率等。流动资金周转率包括流动资金周转次数和流动资金周转天数两个指标。以下为相关评价指标的计算公式:

流动资金周转次数 = 全年销售收入/流动资金年平均占用额

其中,流动资金全年平均占用额 =1 ~ 12 月流动资金实际占用额之和 ÷24

流动资金周转天数 = 周转期(360)/周转次数

或 =(流动资金年平均占用额 ×360)/全年销售收入

产值资金率 =(流动资金全年平均占用额/全年总产值)×100%

产值资金率越低,表明流动资金利用效果越好。

六、投入品使用管理

泥鳅养殖过程的主要投入品是饲料和渔药。泥鳅健康养殖过程投入品的使用应符合国家或行业相关标准的规定,养殖单位应依据这些标准规定制定相应的管理办法。

(一)泥鳅健康养殖对饲料的要求

饲料是所有养殖业的基础。泥鳅健康养殖饲料,既要保证泥鳅在养殖过程中对营养的要求,又要保证泥鳅产品的质量安全,同时要把饲料的损失和对环境的污染降到最低点。一般当泥鳅养殖形成一定规模后,为保证饲料供应,最好采用人工配合饲料,以便达到保质保量稳定投喂。因此,配合饲料配制时应根据泥鳅不同阶段的营养水平来选择最佳饲料配方和水溶性低的饲料,以提高配制日粮的可消化率;同时,还应执行农业部《无公害食品　渔用配合饲料安全限量》(NY5072—2002)标准(表3－3),使饲料安全卫生指标达到标准的规定要求。

为此,泥鳅无公害饲料的配制应从原料选购、配方设计、加工饲喂、储藏管理等环节进行严格的质量控制。从饲料原料产地环境要求来看,泥鳅健康养殖所用饲料原料产地应符合下列要求:①远离“三废”污染地带,无“三废”污染。②产地土壤中的重金属(铜、锌、铅、钴、铬、镉等)含量必须符合国家无公害饲料生产标准。③产地水源必须达到地表水二类水质标准。配合饲料所用原料应符合各类原料标准的规定,不得使用发霉、受潮、腐败变质及受到农药、有害金属等污染的原料;大豆原料要经过破坏蛋白酶抑制因子的处理;鱼粉质量应符合SC3501的规定;鱼油质量应符合SC/T3502中二级精制鱼油的要求;药物添加剂种类和用量应符合农业部《允许作饲料药物添加剂的兽药品种及使用规定》中的规定。

配合饲料产品应贮存在阴凉、通风、干燥的地方,防止受潮、鼠害、有害物质污染等。不得使用装过化学药品、农药、煤炭、石灰及其他污染物而未清理干净的运输工具装运配合饲料;运输途中防止暴晒、雨淋和破包。

养殖无公害商品泥鳅必须符合《无公害食品　水产品中有毒有害物质限量》(NY5073—2001)要求,见表3－4。

表 3-3　渔用配合饲料的安全指标限量

项目	限量	适用范围
铅(以 Pb 计,毫克/千克)	≤5.0	各类渔用配合饲料
汞(以 Hg 计,毫克/千克)	≤0.5	各类渔用配合饲料
无机砷(以 As 计,毫克/千克)	≤3	各类渔用配合饲料
镉(以 Cd 计,毫克/千克)	≤3	海水鱼类、虾类配合饲料
	≤0.5	其他渔用配合饲料
铬(以 Cr 计,毫克/千克)	≤10	各类渔用配合饲料
氟(以 F 计,毫克/千克)	≤350	各类渔用配合饲料
游离棉酚(毫克/千克)	≤300	温水杂食性鱼类、虾类配合饲料
	≤150	冷水杂食性鱼类、虾类配合饲料
氰化物(毫克/千克)	≤50	各类渔用配合饲料
多氯联苯(毫克/千克)	≤0.3	各类渔用配合饲料
异硫氰酸酯(毫克/千克)	≤500	各类渔用配合饲料
噁唑烷硫酮(毫克/千克)	≤500	各类渔用配合饲料
油脂酸价(KOH)(毫克/千克)	≤2	渔用育苗配合饲料
	≤6	渔用育成配合饲料
	≤3	鳗鲡育成配合饲料
黄曲霉毒素 B_1(毫克/千克)	≤0.01	各类渔用配合饲料
六六六(毫克/千克)	≤0.3	各类渔用配合饲料
滴滴涕(毫克/千克)	≤0.2	各类渔用配合饲料
沙门菌(cfu/25 克)	不得检出	各类渔用配合饲料
霉菌(cfu/克)	$\leq 3\times10^4$	各类渔用配合饲料

表 3－4 水产品中有毒有害物质限量

项目	限量
汞(以 Hg 计,毫克/千克)	≤1.0(贝类及肉食性鱼类)
	≤0.5(其他水产品)
甲基汞(以 Hg 计,毫克/千克)	≤0.5(所有水产品)
砷(以 As 计,毫克/千克)	≤0.5(淡水鱼)
无机砷(以 As 计,毫克/千克)	≤1.0(贝类、甲壳类、其他海产品)
	≤0.5(海水鱼)
铅(以 Pb 计,毫克/千克)	≤1.0(软体动物)
	≤0.5(其他水产品)
镉(以 Cd 计,毫克/千克)	≤1.0(软体动物)
	≤0.5(甲壳类)
	≤0.1(鱼类)
铜(以 Cu 计,毫克/千克)	≤50(所有水产品)
硒(以 Se 计,毫克/千克)	≤1.0(鱼类)
氟(以 F 计,毫克/千克)	≤2.0(淡水鱼类)
铬(以 Cr 计,毫克/千克)	≤2.0(鱼贝类)
组胺(毫克/100 克)	≤100(鲐鲹鱼类)
	≤30(其他海水鱼类)
多氯联苯(PCBs,毫克/千克)	≤0.2(海产品)
甲醛	不得检出(所有水产品)
六六六(毫克/千克)	≤2(所有水产品)
滴滴涕(毫克/千克)	≤1(所有水产品)
麻痹性贝类毒素(PSP,微克/千克)	≤80(贝类)
腹泻性贝类毒素(DSP,微克/千克)	不得检出(贝类)

(二)泥鳅健康养殖对药物使用的要求

泥鳅健康养殖过程应坚持“全面预防、积极治疗”的方针,强调“以防为主、防重于治、防治结合”的原则。因此,健康养殖生产中应尽量减少用药,逐步以生物制剂代替化学药物,以生态防病替代药物使用。在必须用药时,应严格遵照国家规定的渔用药物使用准则(NY 5071—2002)。养殖过程认真执行水产品中渔药残留限量要求

(NY 5070)和渔用配合饲料安全限量要求(NY 5072)。目前,应起码达到以下几点要求:

第一,药物使用应严格遵循国家和有关部门的有关规定,严禁使用未经取得许可证、批准文号与没有生产执行标准的渔药。

第二,在病害防治中,提倡使用高效、低毒、低残留的渔药,尽量使用生物渔药和生物制品。严禁使用高毒、高残留或具有"三致"毒性(致癌、致畸、致突变)的渔药。目前,被禁用的渔药有孔雀石绿、磺胺噻唑、磺胺脒、呋喃唑酮、呋喃西林、呋喃那斯、红霉素、氯霉素、五氯酚钠、硝酸亚汞、醋酸汞、甘汞、滴滴涕、毒杀酚、六六六、林丹、呋喃丹、杀虫脒、双甲脒、地虫硫磷、氟氯氰菊酯、氟氯戊聚酯、锥虫胂胺、酒石酸锑钾、杆菌肽锌、泰乐菌素、环丙沙星、阿伏帕星、喹乙醇、速达肥等,以及在饲料中添加的己烯雌酚和甲睾酮。

第三,要对症用药,防止滥用渔药与盲目增大用药量或增加用药次数、延长用药时间。

第四,食用泥鳅上市前,应有休药期。常用渔药的休药期为:漂白粉休药期为 5 天以上;二氯异氰尿酸钠、三氯异氰尿酸、二氧化氯休药期各为 10 天以上;土霉素、磺胺甲噁唑休药期各为 30 天以上;噁喹酸休药期为 25 天以上;磺胺间甲氧嘧啶休药期为 37 天以上;氟苯尼考休药期为 7 天以上;其他渔药暂无休药期。

第五,水产饲料中药物添加应符合规定,不得选用国家规定禁止使用的药物或添加剂,也不得在饲料中长期添加抗菌药物。目前,NY5072 标准中规定了肾上腺素受体激动剂、性激素、蛋白同化激素和精神药品等 4 大类共 40 多种以上的药物及各种抗生素滤渣,禁止在饲料中使用。

七、养殖用水管理

养殖用水管理是生产环节中的一项重要工作,包括水源管理、水体自身污染的处理和其他卫生管理等工作。

(一) 水源水质管理

规模化健康养殖过程,必须对水源水质做好两个方面的工作,即严格监控外源水质和对引用水进行初级处理。生产中,要绝对禁止有污染的水体进入养殖场所，避免造成不必要的危害和损失；对引自江河、湖泊混浊度较大的水体，必须进行初级处理，将来水导入处理池中经沉淀或流经湿地处理后再输入养殖池。

（二）养殖用水的自净处理

健康养殖不但需要有充足的水量，还要有适合泥鳅生理特点的理化性质的水质。因此，养殖用水必须严格按照生产技术规范操作，建立水质监测制度，及时调控水质、处理废水，防止养殖生产的自身污染。在生产过程中，可根据不同情况对池塘水体和养殖后的废水进行物理法、化学法或生物法的处理。

1. 养殖用水的物理处理

养殖用水和废水中往往含有较多的悬浮物或其他水生生物，需要采用物理方法将这些悬浮或浮游有机物除去。常用物理处理方法有栅栏、筛网、沉淀、气浮、过滤、挖掘移走底泥沉积物、进行水体深层曝气、定时进换水等工程性措施。

2. 养殖用水的化学处理

即通过合理、有效、适度地使用药物，来调整水域生态平衡。生产上常用方法有：

（1）重金属去除法　采用钠盐，使其与水中其他金属离子结合，形成新的稳定的络合物，从而降低水体中金属离子浓度和对幼体的毒害作用。

（2）氧化还原法　生产上常用空气氧化法，可有效消除因缺氧而产生的有毒有害物。比如，采用水质改良机械，翻动池塘淤泥或干池曝晒，能够使淤泥中产生大量的硫化氢、氨等有毒物质氧化为无毒的硝酸盐；通过向地下水或深井水中曝氧或增氧，可除去水中铁的固态物。

（3）混凝法　即通过加投明矾、硫酸铝、三氯化铝、三氯化铁、硫酸亚铁或聚丙烯酰胺等混凝剂，去除在自然沉淀中不能去除的悬浮物质和胶体颗粒，提高悬浮物和浊度的去除率。其中，明矾和硫酸铝在温度范围20～40℃、pH值为4～7时，去除有机物效率高，pH值为5～7.8时清除悬浮物较好；三氯化铝不受温度限制，可去除浊度、色度、重金属和细菌；三氯化铁和硫酸亚铁，可用于pH值较高、水温较低的海水；聚丙烯酰胺可用于含泥量较多、pH 值在 7 以上的养殖用水中。

(4)消毒法　主要是使用生石灰、漂白粉、漂粉精、二氯异氰尿酸钠、二氯异氰尿酸等水体消毒剂，杀灭对养殖对象和人体有害的微生物，降低有机物的数量，脱氮、脱色、脱臭。

(5)脱氮法　是将水中氮降到最低点，通过脱氮达到改善和控制水质的目的。

3.养殖用水的生物处理

(1)微生物净化　利用某些微生物将水体或底质沉淀物中的有机物、氨氮、亚硝态氮分解吸收，转化为有益或无害物质，达到改良和净化水质环境的目的，从而有助于调整、维护与改善水体及水产动物体内外环境。如生产中常用的光合细菌，它能降解水中有机物和总氨氮，抑制有害细菌生长，防止疾病发生。EM 菌是含有嗜酸乳杆菌、放线菌、酵母菌、光合细菌及多种复合氨基酸的活性物质，可促进有益藻类快速繁殖，使水色保持活而清爽；分解氨氨、亚硝酸盐及硫化氢等有害物质，平衡酸碱度；改善池底，使淤泥、泥鳅粪便呈线状，消除养殖水体臭味；有效抑制多种致病菌的增殖，减少水产动物疾病发生。

(2)水生植物净化　水生植物可通过 3 种机理去除环境中的有机污染物，即：①植物直接吸收有机污染物。②植物释放分泌物和酶，刺激根区微生物的活性和生物转化作用。③植物增强根区的矿化作用。

(三)养殖用水的卫生管理

水环境是养殖者和养殖鱼类之间的“桥梁”。良好的水环境只是养殖场所的硬件，还需通过人为地控制和维护，使它符合泥鳅生长的需要，才能让环境发挥更好的效能。养殖用水卫生管理主要内容有：①水源、水质、空气等环境指标的定期监控检测。②池塘的清洁卫生工作，包括消除池埂周边杂草，随时捞去池内污物、死鱼等。③保持适当的水位，及时做好水质处理和调控。④做好水质管理、病害防治及所有投入品的卫生管理记录和统计分析。

第四章　泥鳅的饲料与营养

泥鳅早期摄食生态尚不清楚，这是导致目前苗种培育成活率不高的主要原因。泥鳅仔鱼在3日龄开口摄食，不可逆点出现在孵化后第9～10天；开口后的仔鱼主要摄食水中枝角类、水生昆虫幼虫和轮虫等。泥鳅幼鱼配合饲料中适宜蛋白质水平为34.31%～39.68%，最适蛋白质水平为39.43%，适宜动、植物蛋白比为(2～2.5)∶1；脂肪适宜含量为7.68%～10.03%，最适量为7.68%；维生素E的适宜需要量范围为156～196.28毫克/千克；磷的适宜含量为0.84%～1.04%。

第一节　泥鳅的早期摄食与饵料

一、泥鳅早期摄食规律

（一）泥鳅早期阶段的形态和行为变化规律

刚孵化出来的仔鱼（0日龄），可进行近距离的水平游泳，具有明显的趋光性；因不能够长时间的游动，大部分仔鱼伏在池底，具有集群行为，此时仔鱼没有开口，完全依靠卵黄发育；卵黄囊前端膨大成球状而后端细长。孵化后1天，卵黄囊变成圆锥形，仔鱼可以在不同的水层游动，但此时仍然没有摄食迹象。孵化后2天，卵黄囊体积进一步缩小，体后部的肛门形成，但仔鱼的口仍然没有完全张开。孵化后3天，卵黄囊仍然存在，口已完全张开，肠道发育成型，此时仔鱼变得健壮活泼，大部分可以在水表面和中层游动。

从孵化3天起，仔鱼逐渐从内源性营养向外源性营养过渡，开始摄食水蚤等外源食饵，此时可在仔鱼肠道内观察到饵料，在池底能观察到排泄物。在3～6天，卵黄被逐渐吸收完全，此时仔鱼对光具有明显的感应性。8天后，仔鱼集群行为消失，各自分散在池底部，有的则沿着池壁底部来回游动；仔鱼肠道也开始变厚并形成褶皱，随着鳍和鳔的发育完善，仔鱼游泳和摄食能力逐步增强。从3～18天，仔鱼属于浮游期。

从18～20天，仔鱼背鳍和臀鳍形成，体色变成暗褐色。此后，仔鱼捕食能力明显增强，开始进入变形期，分布于各个水层。23～25天，变形期完成，仔鱼开始营底栖生活，此时头部和身体上的黑色素细胞清晰可见，鳞片也开始形成。30～40天，稚鱼除大小和性成熟度外，其他特征已与泥鳅成鱼没有明显的区别。此时，泥鳅已完全营底栖生活，体表布满鳞片和黏液，白天聚集在底部很少活动，夜晚出来觅食。

（二）泥鳅仔鱼的初次摄食时间和不可逆点

在23℃条件下，泥鳅受精卵在受精后2天孵化出膜，卵黄囊在孵化后6天消耗完毕。仔鱼初次摄食，即开口的时间在孵化后的3天，也就是在卵黄囊消失前开口。开口摄食后，泥鳅仔鱼的口逐步发育完善，游泳能力也逐渐增强，由内源性营养逐渐转向外源性营养。不可逆点是指饥饿仔鱼抵达该点时尽管还能生存较长一段时间，但已经虚弱得不可能再恢复摄食能力。从泥鳅仔鱼初次开口摄食到不可逆点的时间大约为8天，此期延迟投饵时间将显著影响泥鳅仔鱼的生长和成活率。开口后没有投饲的仔鱼，在10天开始出现饥饿特征，其存活没能超过12天的，且产生内脏发育不完善和脊椎骨畸形等形态特征。因此，泥鳅开口摄食时间在其生长发育中起着至关重要的作用，3日龄开口后如不及时投喂饵料，其生长和成活随着初次投饵时间的延迟，其生长性能和存活率将越来越差。所以，在泥鳅养殖生产中，于仔鱼孵化后3日龄适时投喂开口料十分重要。

（三）泥鳅早期阶段的摄食节律

泥鳅早期摄食节律以变形期为界分为两种不同的摄食节律，即变形期前的营浮游生活期，此阶段泥鳅摄食活动主要依赖于视觉，摄食活动集中在白天；另外一种明显的摄食节律发生在变形期之后的稚鱼阶段，即营底栖生活期，此阶段泥鳅的各种摄食感觉器官发育完善，主要依靠口须的触觉和味觉进行摄食，其摄食活动集中在夜间和晨昏。据研究，在水温23℃ ±0.5℃条件下，孵化后3 ~4天的仔鱼能够捕食水蚤；4日龄仔鱼在上午10点和下午4点出现最高摄食强度和摄食发生率；12日龄仔鱼的最高摄食强度在上午8点和中午12点，最高摄食发生率在下午6点；孵化后20天仔鱼开始进入变形期，最高摄食发生率和摄食强度出现在早上6点、下午6点和晚上12点。变形期过后，泥鳅仔鱼的摄食能力逐渐增强，30日龄仔鱼的摄食强度高峰出现在下午5点和晚上8点；40日龄稚鱼的摄食节律与30日龄基本相同。

在泥鳅苗种培育过程中，应依据不同发育阶段的摄食节律来确定合理的投喂时间，以避免泥鳅苗种饥饿或者饵料浪费等情况。在仔鱼阶段(即变形期前),白天应确保有足够的饵料供应,从早上5点到下午6点要有足够的水蚤等供仔鱼摄食。对稚鱼(变形期后)来说,活的水蚤和人工饲料应按比例混合投喂,以使泥鳅逐渐适应人工饲料;此后,饲料投喂量应严格控制,避免过多残饵污染水体。

(四)泥鳅早期阶段的摄食强度

摄食强度也被称为摄食比率或平均摄食量,指每尾仔鱼消化道中含有饵料生物的平均个数。泥鳅仔鱼早期(4~12日龄),由于游泳能力差,其摄食强度受饵料密度决定;到稚鱼期(20日龄后),由于游泳能力增强及与摄食行为相关的器官不断发育完善,泥鳅的摄食强度从密度依赖型转变到非密度依赖型。据研究,泥鳅仔鱼4日龄的饱食水平为3个裸腹蚤、12日龄为11个裸腹蚤、20日龄为70个裸腹蚤、25日龄为88个裸腹蚤;变形期后,40日龄稚鱼的日消耗量迅速增加到400个裸腹蚤。若按重量计算,摄食量分别为4日龄0.06毫克、30日龄2.40毫克、40日龄8.00毫克。由此看来,仔鱼阶段应该投喂足够多的饵料来确保泥鳅仔鱼的生长发育和存活。从孵化后第30天开始,稚鱼的饵料需求量仅靠水蚤等难以满足,必须提供人工饲料以使泥鳅逐渐转食人工饵料。

二、泥鳅仔鱼的开口饵料

(一)天然生物饵料

天然生物饵料具有种类多、易培养、增殖速度快、污染水体程度轻、营养均衡丰富、适口性强等诸多优点,已被广泛用作鱼类仔鱼的开口饵料。作为泥鳅仔鱼优良的饵料生物应符合下列条件:①形态及大小适于仔稚鱼摄食,大小通常占口宽的20%~50%。②游泳速度和分布便于仔稚鱼摄食。③摄食后易于被消化吸收。④营养价值高。⑤对水质的要求与泥鳅相同或相近。目前,常用的天然生物饵料主要有植物性饵料和动物性饵料,前者包括单细胞藻类和光合细菌,后者包括轮虫、卤虫、桡足类、枝角类等。一般认为泥鳅的开口饵料以浮游植物和轮虫等浮游动物为最好。

轮虫大小166微米×230微米,具有适口性较好、增殖快、生命力强、易培养等优点。轮虫含有较高的粗蛋白和大量仔鱼所必需的不饱和脂肪酸；与其他浮游动物相比，轮虫游泳速度较慢，在水层中分布较为均匀，作为开口饵料可得性大；轮虫可以在育苗水体中生长繁殖，对育苗水质的污染微乎其微。从以上几个特点看，轮虫作为泥鳅仔鱼的开口饵料是非常理想的。与轮虫相比，藻类的最大区别在于其个体比轮虫小，适合作为泥鳅开口初期的开口饵料；其后，随着仔鱼的生长，口裂变宽，轮虫则成为最适合的饵料，两者可以互补。

（二）人工饵料

目前，泥鳅苗种培育过程中较常使用的几种人工开口饵料为蛋黄和豆浆。

蛋黄是一种常用的人工开口饵料，在传统池塘鱼苗培育中取得了显著效果。但蛋黄易沉降、散失和败坏水质，因此生产中可将蛋黄经 80 目筛绢过滤，使蛋黄颗粒变小，使其在水中呈雾状均匀分布，保持较长的悬浮时间。另外，蛋黄不易储存，入水后易造成水质败坏，因此生产上应引起注意。

豆浆与鱼粉相比，存在营养价值低、不易消化和吸收率低的特点，容易在水中形成悬浮物，影响溶氧，且易发酵，因而豆浆不能直接用来作为泥鳅仔鱼的开口饵料，只能泼洒到池中培育浮游生物。

（三）泥鳅开口饵料的合理投喂

泥鳅仔鱼开口时饵料的合理供给对后期的成活率和生长影响极大。泥鳅初孵仔鱼是依靠内源性卵黄提供营养，用来维持生存，而内源性卵黄消失后的两个月内，泥鳅主要以水中的轮虫和水蚤为食。因此，用浮游生物喂养开口的仔鳅，成活率高且生长较快，故育苗生产中应以浮游生物（最好是浮游植物和轮虫等小型浮游生物，易捕食，且适口，也不易伤害仔鱼）作为开口饵料。最好利用专池培育轮虫、水蚤等浮游动物来投喂泥鳅苗，亦可不断地向培育池中增施粪肥、化肥等肥料，使泥鳅苗种有足够的天然生物饵料。实际生产中，开口饵料可以浮游生物为主，同时辅以蛋黄；或以水蚤 + 小球藻或颗粒饲料 + 水蚤等混合投喂，均可取得理想的育苗效果。

第二节　泥鳅的营养需要

一、蛋白质

蛋白质是鱼类生长的物质基础，鱼体组织干物质的65% ~75%是由蛋白质组成的。蛋白质在维持鱼体新陈代谢、生长、发育、繁殖等各项生理活动中都发挥着重要的作用。饲料蛋白水平是决定鱼类生长和饲料成本的关键因素，过低会限制鱼类生长，无法保证养殖鱼类在一定时间内达到上市规格，降低养殖的经济效益；过高的饲料蛋白水平并不能进一步提高鱼类的生长性能，反而会增加鱼体的氮代谢负荷。为了保证良好的养殖经济效益，人工配合饲料中的蛋白水平必须根据养殖鱼类的实际蛋白需求来进行合理的设定。

（一）泥鳅饲料中的适宜蛋白质水平

饲料中蛋白质水平对鱼类的生长性能有很大影响。以鱼粉和豆粕作为主要蛋白源，以增长率、特定生长率、饲料转换率作为评定指标，对初始体重为2.3 克的泥鳅幼鱼进行饲喂试验，证明泥鳅配合饲料中适宜蛋白质水平为34.31% ~39.68%（干物质基础），最适蛋白质水平为39.43%。在此蛋白水平下，泥鳅幼鱼维持较高水平增重率，且不影响鱼体肌肉营养成分。另外，在水温为25 ~28℃的实验条件下，以白鱼粉和豆粕为主要蛋白源，饲料脂肪水平为11.66% ~11.98%，饲料蛋白能量比为11.91 ~26.64 毫克/千焦，饲喂1.72 克的泥鳅幼鱼，通过增重率和饲料蛋白水平的折线法分析表明，泥鳅幼鱼达到最大生长的饲料蛋白水平约占饲料干物质的45.5%。泥鳅属于杂食性偏肉食性的鱼类，其饲料中的最适蛋白水平要远高于草鱼（22.77% ~27.66%）、团头鲂（21.25% ~30.83%）等草食性鱼类，也比典型杂食性鱼类如鲤鱼（35%）的高，且高于黄鳝的35.7%，但低于大口鲶（40.23% ~48.32%）等肉食性鱼类。

（二）泥鳅饲料适宜动、植物蛋白比

鱼类对蛋白质的品质和数量有较高的要求。在制作配合饲料时，需要寻找一个适宜的动、植物蛋白比例，使鱼类既能获得最佳生长效果，又能降低养殖成本。一般认为草食性和杂食性鱼类能较好地利用大豆蛋白，其饲料中动物比例一般较肉食性鱼类低。在总蛋白质含量为39.0%、脂肪含量为7.6%时，以进口鱼粉、啤酒酵母为动物蛋白源，豆粕、花生粕为植物蛋白源，通过改变鱼粉和豆粕的量来调节动、植物蛋白比，对平均体重1.4克的泥鳅幼鱼进行了试验，证明泥鳅配合饲料中适宜动、植物蛋白比为(2～2.5)∶1，在这一比例下泥鳅的增重率、特定生长率和饲料效率均高。因此，在人工制作泥鳅配合饲料时，应保持饲料中适宜的动、植物蛋白比，过高的植物性蛋白将降低饲料消化率、氨基酸利用率和影响日粮的适口性。

（三）影响泥鳅对饲料蛋白质需要量的因素

1. 泥鳅的品种和规格

不同区域、不同品种的泥鳅对饲料蛋白质含量要求是不一样的。一般偏食动物性泥鳅要求较高的饲料蛋白质含量，而杂食性泥鳅要求较低。另外，泥鳅的年龄也影响其对饲料蛋白质的需要量，一般幼鱼、仔鱼和稚鱼生长速度快，对蛋白质需要量较高，而成鱼则较低。

2. 泥鳅的生理状态

当生态环境恶化影响泥鳅生长时，其对饲料蛋白质的需要就较低；当生长迅速、代谢旺盛或性腺趋于成熟时，其对蛋白质的需要量就高。

3. 环境条件

水温直接影响泥鳅对蛋白质的需要量，水温高时，泥鳅对饲料蛋白质需要量就高，反之则低。二氧化碳和溶氧浓度通过影响泥鳅的生理活动和代谢而影响其对饲料蛋白质含量的需要。水体天然饵料丰富，则人工饲料补充的蛋白质就降低。

4. 饲料蛋白的氨基酸比例

饲料蛋白质的价值决定于其氨基酸比例，氨基酸含量丰富、比例合理的饲料，其利用效率就高，泥鳅对这种蛋白质的需要量就减少。

5. 饲料中非蛋白能量含量

若饲料中可利用能量丰富，则蛋白质转化为能量的比例就少，从而节约蛋白。

二、脂肪

脂肪是鱼类生长所必需的一类营养物质，除提供鱼类生长所必需的脂肪酸外，还是鱼类的重要能量物质，同时也是脂溶性维生素(维生素A、维生素D、维生素E、维生素K)的溶解介质。饲料中脂肪含量不足或缺乏，可导致鱼类代谢紊乱，致使饲料蛋白质利用率下降，并引发脂溶性维生素和必需脂肪酸缺乏症。饲料中添加脂肪既可作为能量物质，又可替代用于产能的那部分蛋白质，使之用于生长，发挥脂肪对蛋白质的节约效应。适当增加饲料脂肪水平可以提高饲料效率和蛋白质效率，减少废物排泄。通常杂食性和肉食性鱼类利用碳水化合物的能力较低，因此脂肪在杂食性和肉食性鱼类的饲料中作为替代能源物质显得更为重要。

在水温25～28℃条件下，以进口鱼粉、豆粕、花生粕、α－淀粉、混合油脂(鱼油：豆油＝1：1)等为原料配制试验饲料饲喂平均初始体重为1.5克的泥鳅幼鱼，研究了饲料脂肪水平对泥鳅生长和肝体比的影响，通过对增重率、特定生长率和饲料效率的综合评定，认为泥鳅幼鱼饲料中脂肪的适宜含量为7.68%～10.03%，最适量为7.68%。在此水平下，泥鳅具有明显的生长优势和较好的饲料利用效果，而当脂肪水平低于5.88%时则对生长不利。

虽然饲料添加脂肪对一些鱼类可以发挥蛋白质的节约效应，但饲料中脂肪的添加水平却需要谨慎。饲料中脂肪含量过高，不仅能损害鱼的生长，降低鱼体抵抗力，还会导致鱼体脂肪沉积过多，严重影响鱼肉的感官品质、营养价值、深加工和储存。研究表明，当泥鳅饲料中脂肪含量超过10.03%时，鱼体增重率和饲料效率下降，肝体比增加；当饲料脂肪水平达11.87%时，泥鳅特定生长率显著降低，幼鱼肝脏内沉积脂肪。这说明，饲料脂肪超过一定量时，脂肪水平的增加对泥鳅生长有负作用。

另外，脂肪营养价值的高低主要取决于脂肪中必需脂肪酸的含量，它们在泥鳅体内不能合成，但又为泥鳅所必需，只能通过摄食而获得。当饲料中必需脂肪酸缺乏时，泥鳅将会出现一些缺乏症，如生长缓慢、体色异常，易发生皮肤病，尾鳍破损，出现脂肪肝等症状。因此，人工配合饲料中必须保证必需脂肪酸的供给。

三、其他营养物质

（一）维生素 E

维生素 E，又称生育酚，是一种脂溶性维生素，与水产动物机体代谢、抗氧化功能、免疫功能、繁殖性能、生长性能、肉质品质等有着密切的关系。研究表明，饲料中添加一定水平的维生素 E，对泥鳅幼鱼生长性能的各项指标均有改善作用。以平均体重为（1.58 ± 0.01）克的泥鳅幼鱼为试验对象，依据对增重率、特定生长率、蛋白质效率和饲料系数的综合评定，确定泥鳅幼鱼维生素 E 的适宜需要量范围为 156 ~ 196.28 毫克/千克。当饲料中维生素 E 含量超过 195 毫克/千克时，泥鳅蛋白质效率反而下降，饲料系数增大，表明过高维生素 E 水平并不利于泥鳅幼鱼的生长。维生素 E 能显著影响泥鳅幼鱼肠道淀粉酶和脂肪酶活性，日粮中添加适量的维生素 E 有利于淀粉酶的分泌。

（二）磷

磷是鱼类所需要的一种重要矿物元素，是骨骼构成的主要成分，也是核酸和细胞膜的重要组分，并直接参与细胞中产生能量的各种反应。鱼类可直接从水中吸收磷，但养殖水体中磷的浓度通常有限且吸收率较低，故鱼类需要的磷主要还是从饲料中获取。在水温 25 ~ 28℃条件下，以进口鱼粉、啤酒酵母、豆粕、大豆分离蛋白、花生粕、次粉、α－淀粉、混合油脂、黏合剂及必需的维生素、矿物质等为原料，制成总蛋白质含量为 39.0%、脂肪含量为 7.6% 的配合饲料，并以 $Ca(H_2PO_4)_2 \cdot H_2O$ 为磷源调节饲料中的磷含量，研究了初始体重 1.4 克左右泥鳅幼鱼饲料中适宜的磷含量，确定饲料中磷的含量为 0.84% ~1.04% 时可以维持泥鳅最佳的生长和骨骼磷沉积。

第三节　泥鳅的饲料与投喂

一、泥鳅饲料的种类与来源

（一）泥鳅饲料的种类

泥鳅饲料从形成类型上可分为天然饵料和人工饵料两大类。天然饵料是指江河、湖泊、水库、池塘等一切水体中天然繁殖生长的浮游植物、浮游动物、底栖动物、水生植物等各种饵料生物。人工饵料是通过人们的劳动取得的各种饲料的统称，包括人工培育的活饵料、人工配合的颗粒饲料等。养殖户可以利用大田、池坡、零星废弃地种植麦类、豆类等农作物及加工后的副产品作为泥鳅的饲料，也可专门培育或利用简易设施养殖各种活体饵料。

从性质上分有植物性、动物性和配合饲料三大类。其中植物性饲料主要有麦粉、玉米粉、麦麸、米糠、豆渣等谷物类及叶菜类和水草。动物性饲料主要有原生动物、枝角类、水蚤、桡足类、轮虫等浮游动物，鱼粉、蚯蚓、丝蚯蚓、蚕蛹、黄粉虫、蝇蛆、螺和小鱼虾等活体生物饵料，以及猪血、猪肝、牛肝等动物内脏和下脚料。配合饲料是按照泥鳅不同生长阶段的营养需求，利用各种饲料原料依据一定的比例配制加工而成的，具有不同规格、不同类型的适口性好、饲料转化率高的饲料。目前，配合饲料的类型主要有粉状饲料、糖化发酵饲料、颗粒饲料、微囊颗粒浮性饲料等。

泥鳅为偏肉食性的杂食性鱼类，对饲料的新鲜度和质量要求较高。规模化养殖生产时，应备足饵料，同时要广开饲料资源，降低饲料成本。

（二）泥鳅饲料的来源

1. 人工种植

即利用大田、零星废地种植麦类、豆类等农作物及加工后的副产品作为泥鳅的饲料。

2. 人工培育

即专门培育各种生物饵料。一方面可专门人工培养黄粉虫、蚯蚓、蝇蛆等泥鳅喜食的动物性活饵料；另一方面可利用人畜粪便及化肥等通过培肥养殖水体而增加水体中有机物、浮游动物和浮游植物等的量，为泥鳅提供天然食物。

3. 人工采购

即向社会广泛收集畜禽屠宰下脚料、农副产品加工副产品、野杂鱼、豆渣、豆饼、麦麸等。

4. 人工采捕天然饵料

一方面可捕捞和采集天然水体中适于泥鳅摄食的小鱼、小虾、田螺等动物性活饵料；另一方面可利用昆虫的趋光性，采用灯光诱集昆虫，供泥鳅捕食。

此外，还可以配制、加工泥鳅专用配合饲料。

二、泥鳅的人工配合饲料

泥鳅的规模化健康养殖生产，仅依靠天然饵料是不够的，必须应用高效配合饲料。

（一）配合饲料及其优点和分类

1. 配合饲料

配合饲料也叫颗粒饲料，是依据养殖对象不同生长阶段的营养需求，采用多种饲料原料加工配制而成的复合饲料，通过对能量饲料、蛋白质饲料和矿物质饲料等多种成分的科学搭配，应用时营养成分全面，适口性好。

2. 配合饲料的优点

配合饲料具有以下优点：①营养全面，符合养殖对象不同生长阶段的营养需要，消耗利用好，适合泥鳅集约化精养。②可扩大饲料来源，符合可持续发展原则。③配合饲料是依据泥鳅不同生长阶段的营养需要配制的，并根据不同发育阶段的泥鳅的消耗生理特征加工成不同大小、硬度、密度、浮沉和色泽，因此针对性强，适口性好。④便于大批量工业化生产，方便贮存和运输。⑤有利于机械定时和定量投饵,提高劳动生产率,适合于现代设施渔业的发展。

3. 配合饲料的分类

根据营养成分,配合饲料可分为全价饲料、添加剂饲料和预混合饲料3大类。其中,全价饲料的营养全面、配比合理,能够满足泥鳅不同发育阶段的营养需求。添加剂饲料是能够补充饲料中缺少的氨基酸、维生素和矿物质等的饲料。预混合饲料是用于饲料添加剂和某种饲料的预混合,加上其他饲料成分就可制成成品饲料。

根据物理性状可分为粉状饲料、硬颗粒饲料、膨化饲料和人工微粒饲料。其中,粉状饲料颗粒细小如粉,主要用于鳅苗培育阶段。硬颗粒饲料的硬度大,含水少,耐保存,目前已被大量生产应用。膨化饲料具有浮性,可漂浮于水面,并有一定的香味,应用中便于观察和控制泥鳅的摄食量。微粒饲料主要用作泥鳅夏花的开口饵料。

(二)泥鳅配合饲料的配方设计

1. 配方设计应遵循的原则

(1)以泥鳅的营养需要标准为依据,注重营养的全面和平衡　必须根据泥鳅不同生长阶段和不同生态条件下的实际营养需要和所用饲料原料的营养价值,编制营养平衡的饲料配方。配合日粮时,确保能量与蛋白质、氨基酸与维生素、氨基酸与矿物质等营养物质间的平衡,使之符合营养标准的要求。同时选择多种原料配合,使各种原料相互配合,取长补短,提高饲料的营养价值。另外,还要选用适当的添加剂添加,以改善饲料营养成分,提高饲料使用效果。

(2)符合泥鳅的消化生理特点　必须保证所用原料中各营养成分的可消化性和适口性,使之适合泥鳅的食欲和消化生理特点。应根据泥鳅不同生长阶段的消化生理、摄食习性,选择最佳原料。

(3)重视安全和卫生　所使用的促生长剂、维生素、氨基酸等添加剂种类和用量,必须符合国家有关标准的规定,不得添加国家禁止使用的药物,不得在饲料中添加未经农业部批准的用于饲料添加剂的兽药。有毒有害物质含量不得超出允许限量。所用饲料原料应无毒、无害、未发霉、无污染。

(4)因地制宜,降低成本　在泥鳅养殖生产中,饲料成本一般占养殖总成本的70%～80%,配制配合饲料时一定要结合当地自然资源,因地制宜、就地取材,充分利用当地的饲料资源。同时,设计配方时要考虑原料来源,要利于贮藏、运输和使用。

2. 优选配方步骤

优选饲料配方的主要步骤有:①确定饲料原料种类。②确定营养指标。③查营养成分表。④确定饲料用量范围。⑤查饲料原料价格。⑥建立线性规划模型并计算结果。⑦得到一个最优化的饲料配方。

在优化的泥鳅饲料配方中,应注意动、植物性饲料的适宜比例,一般动、植物性饲料比例为 3∶2,可用豆饼、菜饼、鱼粉和血粉等调配。当水温升至 25℃以上时,饲料中的动物性饲料比例应提高。但动物性饲料一般不宜单独投喂,以防泥鳅贪食引起消化不良和肠呼吸不正常而胀气死亡。动、植物性饲料最好配合投喂。

优化好的配方可加工成不同的规格,一般鳅苗使用的规格为 3~6 厘米,中泥鳅的规格为6~10 厘米,成鳅使用的规格为 10~15 厘米。另外,不同规格的饲料不仅颗粒大小不同,其蛋白质含量也不同,其中鳅苗对蛋白质的需求要高一些,成鳅的需求低一些。

(三)泥鳅配合饲料配方举例

依据泥鳅的营养需要设计如下配方,仅供泥鳅养殖户参考。

配方 1：玉米 25%,土豆粉(或土豆熟后拌碎,放精饲料中,拌匀后即可)5%,豆饼 10%,麦麸 10%,鱼粉(或各种动物的血粉)20%,鸡粪 25%(鸡粪要与中药拌匀后,放入缸中封 2 天后再用,这样可杀死寄生虫及病毒)。另加盐、氨基酸、矿物质添加剂合计 5%。

配方 2：玉米 25%,豆饼 10%,麦麸 10%,鲜鸡粪(同配方 1)20%,鸡下水(或血粉及鱼粉)25%,鲜牛粪 5%,土豆粉 5%(同 1 方)。另加盐、氨基酸、矿物质添加剂等。

配方 3：玉米 50%,豆饼 10%,麦麸 15%,鱼粉(或各种动物的下水与血粉,拌匀使用)25%,另加矿物质、维生素、氨基酸、盐等。

配方 4：鱼粉 15%,豆饼 20%,菜籽饼 20%,四号粉 25%,米糠 17%,添加剂 3%。

配方5：鱼粉或肉粉5%～10%，血粉20%，豆饼15%～20%，菜籽饼30%～40%，麦麸20%～30%，次粉5%～10%，磷酸氢钙1%～2%，食盐0.3%，并加入适量渔用无机盐及维生素添加剂。

配方6：鱼粉10%～20%，豆饼粉20%～35%，小麦粉15%～18%，菜饼粉8%～15%，米糠粉5%～8%，龙虾粉5%～8%，鸡肠粉2%～4%，鱼用生长素1%～1.4%，血粉5%～8%，蚕蛹粉4%～7%，无机盐0.1%～0.5%。

配方7：鱼粉15%，豆粕20%，菜籽饼20%，四号粉30%，米糠12%，添加剂3%。

配方8：麦麸42%，豆粕20%，棉粕10%，鱼粉15%，血粉10%，酵母粉3%。

配方9：麦麸48%，豆粕20%，棉粕10%，鱼粉12%，血粉7%，酵母粉3%。

配方10：麦麸50%，豆粕20%，棉粕10%，鱼粉10%，血粉7%，酵母粉3%。

配方11：小麦粉50%，豆饼粉20%，菜饼粉10%（或米糠粉10%），鱼粉10%（或蚕蛹粉10%），血粉7%，酵母粉3%。

配方12：肉粉20%，白菜叶10%，豆饼粉10%，米糠50%，螺壳粉2%，蚯蚓粉8%。

配方13：血粉20%，花生饼40%，麦麸12%，大麦粉10%，豆饼15%，无机盐2%，维生素添加剂1%。

配方14：豆饼40%，菜籽饼5%，鱼粉10%，血粉5%，麦麸30%，苜蓿粉10%。

配方15：小杂鱼50%，花生饼25%，饲用酵母粉2%，麦麸10%，小麦粉13%。

配方16：以白鱼粉和豆粕为主要蛋白源，鱼油和大豆油为主要脂肪源，配制不同蛋白水平的配方，见表4－1。

表4-1 以白鱼粉和豆粕为主要蛋白源的不同蛋白水平的饲料配方表

原料(%)	饲料蛋白水平(%)				
	28	33	38	43	48
白鱼粉	21.88	29.62	37.35	45.08	52.81
豆粕	22.50	22.50	22.50	22.50	22.50
鱼油	3.74	3.38	3.02	2.67	2.32
大豆油	3.73	3.38	3.03	2.68	2.32
玉米淀粉	38.30	30.25	22.25	14.20	6.20
矿物盐预混合饲料	5.00	5.00	5.00	5.00	5.00
维生素预混合饲料	0.50	0.50	0.50	0.50	0.50
氯化胆碱	0.11	0.11	0.11	0.11	0.11
羟甲基纤维素	3.00	3.00	3.00	3.00	3.00
微晶纤维素	1.24	2.26	3.24	4.26	5.24
化学组成					
水分	13.89	14.65	12.18	13.90	14.20
粗蛋白	28.28	33.24	38.23	42.71	48.49
粗脂肪	11.66	11.76	11.71	11.98	11.98
总能(千焦/克)	19.28	19.66	19.36	19.71	19.70
蛋白能量比(毫克/千焦)	14.67	16.91	19.75	21.67	24.61

注：1. 矿物盐预混合饲料(毫克/千克饲料)：氯化钠500、硫酸镁7 500、磷酸二氢钠12 500、磷酸二氢钾16 000、磷酸二氢钙10 000、硫酸铁1 250、乳酸钙1 750、硫酸锌176.5、硫酸锰81、硫酸铜15.5、硫酸钴0.5、碘化钾1.5、淀粉225。

2. 维生素预混合饲料(毫克/千克饲料)：维生素A 1.83、维生素D 0.5、维生素E 10、维生素K 10、烟酸100、核黄素20、吡哆醇20、硫胺素20、泛酸钙50、生物素0.1、叶酸5、维生素B_{12} 20、抗坏血酸100、肌醇100。

三、泥鳅饲料的投喂技巧

投饲是泥鳅养殖过程的一项关键技术。科学合理的投饲能够广开饲料资源，使泥鳅吃饱吃好，生长迅速，降低饲料系数。在泥鳅的投饲过程中，一定要做到分阶段投饲，并牢记“四定四看”原则。

（一）根据泥鳅不同生长阶段生理习性特征合理投饲

1. 初孵鳅苗的投喂

鳅苗在孵出后3天开口摄食，其卵黄在孵出后6天全部消失，从初次开口摄食到不可逆点的时间大约为 8 天。因此,初孵鳅苗应及早适时投喂。鳅苗在 3 天开口时,采用混合投饲方法投喂一些活饵料和人工颗粒饲料等,若投饲轮虫等活的生物饵料时,密度应达到每毫升水体 5 个以上,亦可辅助投喂一些人工代用饵料,如蛋黄、豆浆等,蛋黄按每 100 万尾鳅苗投喂一个,豆浆按每 100 万尾鳅苗投喂 100 ~150 克(以豆的湿重计算)。经过 3 ~5 天的投饲,鳅苗即可进入池塘培育。

2. 幼苗期的投喂

该期以培育轮虫、水蚤等生物饵料为主,供泥鳅食用。方法是,在鳅苗下塘前 1 周,按每亩塘面用鸡粪或猪粪 150 ~200 千克进行发塘;另外,在下塘后每天应泼洒 3 ~4 次豆浆(每 100 米^2 水面需干黄豆 0.5 ~0.75 千克)以培育水生生物。同时,也可专池培育浮游生物。经过 20 天左右的培育,鳅苗长到 2 厘米左右,即可进入鳅种阶段培育。

3. 鳅种期的投喂

除投喂时增加天然饵料外,还要增投鱼粉、蚕蛹、猪血、麦麸、豆腐渣、黄豆饼、孑孓幼虫等人工饵料。投喂时,将麦麸、豆饼、小杂鱼(需绞碎)、血粉等加入少量面粉混合,制成颗粒饵料,并控制动、植物性饲料之比为 3∶2。开始时,可煮熟搅拌;随着泥鳅生长,可逐渐改成生拌。经过 1 个月左右的饲养,当泥鳅体长达 4 ~5 厘米时便可转入成鳅阶段培育。

4. 成鳅期的投喂

成鳅饵料来源广泛,其中植物性饵料可选用米糠、麦麸、豆渣、饼粕、黄豆粉、玉米粉、熟山芋、蔬菜茎叶等,动物性饵料可选用蚯蚓、蝇蛆、螺肉、动物内脏、蚕蛹粉、血粉等。投喂时动、植物性饵料的比例宜控制在 3∶2,并严格按照"四定"原则进行。

(二) 坚持"四定"投饲原则

1. 定时

每天投喂时间要相对固定,使泥鳅养成定时摄食的习惯。一般日投饵 2 次,上午 8 ~9 点投喂 1 次,下午 2 ~3 点投喂 1 次。在泥鳅生长高峰季节,晚上 7 ~8 点应增加 1 次投饵。

2. 定量

每天的投喂量应根据泥鳅的放养量及水温高低和泥鳅的实际摄食情况灵活掌握。当水体温度高于30℃或低于10℃时，要减少日投饲量或停止投饲；在生长高峰期，应结合每天的实际摄食情况，科学地确定每天的投喂量。其中，晚上的投饲量应占全天投饲量的50%～60%。

3. 定质

投喂的饲料要求新鲜、适口、卫生安全、稳定性好，且各种营养均衡合理，动、植物性饲料比例合适，符合不同生长阶段的泥鳅的营养需要。同时，不能投喂腐败变质的饲料。

4. 定点

鳅苗刚入池的几天里，主要投喂粉状饲料，投喂时应沿池边四周定时均匀投撒，并逐渐将投喂点固定到食台四周。然后，固定投饲点于食台上，使泥鳅形成定时定点摄食的习惯。一般每亩水面设置面积1～2米^{2}的食台4～6个。

（三）做到“四看”投饲

实际投饲过程，应经常观察鱼池的表面现象，以判断实际投饵量是否合适，并依此不断调整投饵量。故平时应坚持做到以下“四看”：

一看吃食时间长短。一般投饲后1.5小时内吃完为正常。1小时不到就吃完表明投喂量不足，应适当增加投喂量；如2小时后还没吃完，表明投饵过多，下次应适当减少投饲量。

二看生长大小。要定期检查泥鳅的生长情况。进入摄食和生长旺盛期，在1周或1旬的投饲计划中，要观察周初与周末或旬初与旬末泥鳅的体重变化。如果投喂量不变，而到周末或旬末时，在半小时内就吃完，表明泥鳅体重增加了，食量增大了，应适当增加投喂量。

三看水面动静。吃饱后的泥鳅一般都沉到水底。投食后如果泥鳅没有生病而在水面频繁活动，属于饥饿表现，应增加投饲量。

四看水质变化。泥鳅是以摄食浮游生物为主的肥水鱼类，因此可通过观察水质的肥瘦来判断投饲量是否满足其生长的需要。当水质瘦时，用施肥方法培育浮游生物；当水质过肥，出现恶化浮头时，则要立即换水，开增氧机。

第四节　泥鳅常用动物性活饵料的培育

一、黄粉虫的培育

黄粉虫俗称面包虫，被誉为"蛋白质饲料宝库"，饲养简单，成本低，经济效益高。

（一）生活条件

1. 温度

生长的适宜温度为 26～32℃，当温度高于 35℃时，生长速度下降。黄粉虫较耐寒，老龄幼虫可耐受－4℃，低龄幼虫在 0℃时即大量冻死，8℃时开始生长。

2. 湿度

黄粉虫不怕干燥，能在含水量低于 10% 的饲料中生存，但成虫怕潮湿。一般最适饲料含水量为 15%，室内空气相对湿度为 70%。

3. 食物

黄粉虫属杂食性，吃食各种粮食、油料和粮粕加工的副产品，同时也吃食各种蔬菜叶。幼虫食性更广，除上述食物外，还可吃干鲜桑叶、豆科植物叶及各种昆虫尸体等。

4. 怕光喜暗

成虫喜欢潜伏在阴暗角落或树叶、杂草或其他杂物下面躲避阳光；幼虫则多潜伏在粮食、面粉、糠粉的表层下 1～3 厘米处生活。人工饲养应选择光线较暗的地方。

5. 喜群居

黄粉虫幼虫和成虫均喜欢聚集在一起生活，但饲养的密度要适中，不宜过大。人工饲养时，应注意分箱，控制饲养密度。

(二)饲养方法

黄粉虫的饲养方法均采用箱养法。

1. 饲养设备

用盆、缸、木箱、纸盒、砖池等器具均可饲养,但要求内壁光滑,深15 厘米左右,以防逃跑。大规模饲养黄粉虫时,可根据需要做一定数量的木箱,在室内架起,进行立体饲养。

2. 饲养管理

(1)成虫的饲养　成虫饲养的任务是使成虫产下大量的虫卵。羽化后的成虫,在虫体体色变成黑褐色之前,就要转到成虫产卵箱饲养。投放雌雄成虫的比例为1∶1。在投放前,先在箱内铺上一层1厘米厚的饲料,在饲料上铺上一层干鲜桑叶或其他豆科植物的叶片,使成虫分散隐蔽在叶子下面,然后再按照温度和湿度盖上白菜。成虫在生长期间不断进食不断产卵,所以每天要投料 1 ~2 次,将饲料撒到叶面上供其自由取食。成虫连续产卵 3 个月后,雌虫会逐渐因衰老而死亡,因而饲养 3 个月后就要淘汰全部成虫。

(2)幼虫的饲养　幼虫的饲养是指从孵化出幼虫至幼虫化为蛹这段时间,均在孵化箱中饲养。孵化前先进行筛卵,然后将卵纸一起放进孵化箱中进行孵化;保持箱内适宜的湿度,10 天内即可孵出幼虫。将幼虫留在箱中饲养,3 日龄前不需要添加混合饲料,但要经常放菜叶,让幼虫在菜叶底下栖息取食。当箱中饲料吃完后,进行过筛,筛出虫粪,幼虫仍放回箱内饲养,并添加 3 倍于虫体重的混合饲料。

虫体长至 4 ~6 日龄时,可采收用作饵料。用来留种的幼虫则继续饲养,到 6 日龄时因幼虫群体体积增大,应进行分群饲养,幼虫继续蜕皮长大。老龄幼虫在化蛹前四处扩散,寻找适宜场所化蛹。化蛹初期和中期,每天要捡蛹 1 ~2 次,把蛹取出,放在羽化箱中。待全部化蛹后,筛出放进羽化箱中。

(三)注意事项

主要有:①饲料要新鲜,不霉不烂。②冬季麦麸放在外面,应提前取回,待与室温相同时再喂虫。③计算好养虫时间、数量,使泥鳅各期都有充足适龄的黄粉虫。④注意消毒防病,门口经常用生石灰消毒，室内喷1毫克/升漂白粉。⑤冬季用温度控制黄粉虫生长，夏季用减少饲料控制生长，以调节虫龄适合泥鳅食用。⑥蟑螂、蚂蚁、老鼠等会与黄粉虫争食饲料，也会咬伤虫体。如有蟑螂、蚂蚁出现时，可用“神奇药笔”在其出没的地方画线。

二、蚯蚓的培育

蚯蚓适应能力强，具昼伏夜出、畏光、喜温、喜湿、好气等特点，可采用箱养、池养、立体养殖等不同模式进行工厂化养殖。现介绍农户普遍采用的简易堆料养殖法。

（一）场地与围墙

选择地势较高、靠近水源又不积水的平地作养殖场。围墙形式有：①使用网目为3毫米的尼龙网。②用砖块干砌，高度60厘米，基部固定于地面以下，料面以上的内外壁用水泥沙浆抹光滑，以防蚯蚓逃逸和老鼠为害。在料堆外应环绕场地开挖一条30厘米宽的水沟，沟中蓄满水，以防蚂蚁等敌害。

（二）备料

利用马、牛、羊粪或其他畜禽粪便，加入30%干草料拌匀堆沤发酵。

（三）铺料及引种

将发酵好的饲料调好湿度后在选定的地点铺成长方形，长度随意，宽度1～1.2厘米，厚度15厘米以下；然后均匀投入蚓种（含卵茧），上面再盖厚5厘米以下的饲料。

覆盖的形式有：①料面均匀堆置成半球形的料包，上面盖以草帘或草席。②基料铺设后，以30厘米间距插入打通竹节的小竹管，顶端高出料面15厘米左右，其上再盖草帘或草席。

三、蝇蛆的培育

（一）成虫饲养

1. 设备

（1）蝇笼　用铁条或木条做成50厘米×50厘米×50厘米的支架，外罩塑料或窗纱，其中一面留一直径为12～15厘米的操作孔。每个蝇笼配备1个饮水杯，3～4个料盘，1个产卵缸。

(2)蝇蛆培养盘　用塑料或铁皮制成,数量依养殖规模而定,其大小以每盘放培养基 5 千克为宜。培养盘一般每边高 10 厘米,培养基厚度以 3 ~ 5 厘米为宜。

2. 饲料配制

成虫食物以幼蛆为主,先将鲜蛆用绞肉机绞碎,再按蛆糊 95%、啤酒酵母 5%、水 150 毫升的比例拌匀。

3. 饲养技术

将种蝇放入蝇笼中,密度按每只成虫在笼内平均占空间 10 厘米^3 计算,每笼至少放 1.2 万只。待羽化 5%,雌雄开始交尾后,放入产卵缸,缸内放适量麸皮。成虫产卵量达 1 000 个,经 12 ~ 15 天,产卵量下降后即可淘汰。

4. 操作时应注意

室温控制在 24 ~ 30℃,相对湿度控制在 50% ~ 80%,每日上午将蝇笼内的两个饵料盘(一个盛红糖、一个盛蛆浆)和一个饮水缸取出,冲刷干净之后,装入饵料。糖盘每次放红糖 40 克左右,2 ~ 3 天更换一次即可。苍蝇能传播多种疾病,在培养过程中应注意防止笼内菌蝇逃出。

(二)幼虫(蛆)养殖

1. 培养基配制

将鸡粪 30%、小麦麸 70% 或全部鸡粪、猪粪混合后加水配制成含水量 15% 左右的培养基。

2. 接卵

将配好的培养基盛于蝇蛆培养盘中,厚度 3 ~ 5 厘米(夏天不超过 3 厘米)。然后,按每 5 千克培养基接种蝇卵 4 克的比例接种,接种后放到 22 ~ 25℃ 的培养室内培养。

3. 蝇蛆分离

蝇卵在培养室内经 8 ~ 12 小时即可孵化成蛆,经 5 ~ 6 天即可成蛹,一般从幼虫孵化后 4 天即可作为产品收获。方法是,利用蝇蛆避光性特点,将培养基置于强光之下,蛆便会钻到培养基底层。除掉上部培养基,剩余培养基倒入纱布筛内,在水中反复漂洗,即可得到干净的蝇蛆。

四、福寿螺的培育

（一）养殖条件

福寿螺喜阴湿，怕光线，适宜生长在水沟、浅水低洼地、鱼塘、稻田、水渠和人工建造的水泥池里。一般水渠 50～100 厘米深为宜。家庭小批量饲养可用水缸、水槽和盆等。养殖场地应安装好防逃设施。饲养福寿螺的水质一定要保持清新。

（二）螺种放养

选择健康、活跃、螺壳无破损、体重 30～50 克的当年长成的螺作种螺。按 60～80 只/米^2 放养种螺，雌、雄螺比例为(4～5)∶1。在放养种螺池塘中，需插些竹竿、木条等，供其产卵附着。

（三）饲养管理

福寿螺为偏植物性的杂食性螺类，以植物性饵料为主，也摄食少量精饲料。15 日龄以内的幼螺，主要摄食浮游生物和腐殖质，此阶段以水质肥沃、浮游生物丰富为好；15 日龄以后的幼螺和成螺，可喂食青菜、浮萍、水葫芦、水浮莲、水草和瓜果皮等饲料，也可饲喂畜禽粪便、米糠、麸皮等，要保证饲料供应充足。管理上，每隔 3～5 天换水一次，保持水质清新；防止农药、石油和石灰等碱性强的物质污染水质；注意水温变化，福寿螺最适生长温度为 24～32℃。

五、水蚤的培育

（一）建池

土池和水泥池均可，池深 1 米，大小以 10～30 米^2 的长方形为宜。

（二）注水

池中注水约 50 厘米深。水蚤适宜水温为 18～25℃，pH 值为 7.5～8，溶氧饱和度为 70%～120%。

（三）施肥

土池按 4 千克/米^3 水体投牛、马粪或其他畜粪及 1.5 千克稻草、麦秸或其他无毒植物茎叶作基肥，10 天后追肥一次，追肥量同基肥。此后应根据水色酌情追肥，使水色保持黄褐色。

水泥池按 1.5 千克/米^3 水体投入牛、马粪或其他畜粪，加沃土

1.5～2千克，以后每隔8天追肥一次，追肥量为牛、马粪或其他畜粪0.75千克。

（四）培育

不论是土池还是水泥池，都可采用酵母与无机肥混合培养法。每立方米水体投酵母20克，施碳酸铵65克、硝酸铵37.5克。以后每隔5天施一次，其用量为开始的一半。投放酵母后，将池水曝晒1～3天后，就可放入水蚤种，用种量为30～50克/米^{3}水体。

（五）捞取

水蚤种入池15～20天后，经大量繁殖，可布满全池，即可分批捞取喂鳅。一般每隔1～2天捞取一次，一次捞取总量的10%～20%。

第五章　泥鳅的人工繁殖技术

苗种繁育是泥鳅养殖生产的重要环节。泥鳅繁殖有自然繁殖和人工繁殖两种形式,其中人工繁殖极大地提高了泥鳅的繁殖效率,为人工养殖提供了大批量的苗种。本章系统地介绍了亲鳅选择、雌雄鉴别、亲鳅培育、人工催产、孵化及孵化管理、鳅苗孵化后管理等泥鳅人工繁殖的相关技术,阐述了影响泥鳅人工繁殖效率的因素,以使从业者全面掌握泥鳅的人工繁殖。

第一节　亲鳅的选择与培育

一、亲鳅的来源与选择

（一）亲鳅来源

人工繁殖用亲鳅一般不易长期蓄养，最好采集临近产卵期的天然泥鳅经强化培育后进行人工繁殖。性成熟的亲鳅在4～9月分批产卵，以5～7月为最盛，故人工繁育鳅苗宜在这段时间进行。亲鳅有3种来源途径：一是从稻田、池塘、沟渠、湖泊等天然水体中捕捉野生鳅；二是从养殖越冬池挑选已达性成熟的成鳅；三是从市场上购买性成熟的泥鳅。其中，自养鳅在数量和质量上均有保证，且无传染病危险；而野生鳅和购买来的亲鳅可以避免近亲繁殖。另外，来自野生和市场的泥鳅均需经过一定时间的强化培育。

（二）亲鳅选择

亲鳅质量的好坏将直接影响鳅苗的质量，因此无论哪种来源的亲鳅都必须进行严格筛选。选择亲鳅时，应从年龄、体重和体征3个方面考虑。

1. 年龄

泥鳅一般2龄达性成熟，3龄以上、个体大的怀卵量大，繁殖的鳅苗质量好，生长快。4～5龄的泥鳅产卵量为1～3龄的2.2倍。不同年龄泥鳅的产卵数和繁殖效果见表5－1和表5－2。

表5－1　不同年龄泥鳅怀卵量与产卵数比较

亲鳅年龄（年）	产卵数（粒）		卵巢卵数（粒）		（产卵数/卵巢卵数）×100%
	范围	平均	范围	平均	
2	202～6 311	2 625	782～14 669	5 450	48.2
3	1 336～17 960	6 099	5 054～21 820	10 704	57.0
4年以上	9 164～23 418	13 431	11 856～39 707	23 431	57.3
平 均					54.2

表 5－2　不同年龄泥鳅的繁殖效果比较

项目	年龄(年)				
	1	2	3	4	5
一次产卵量(粒)	1 754	3 388	4 650	10 471	16 172
相对产卵量(粒/克)	109.6	110.4	110.9	132.2	141.7
受精率(%)	77.1	85.6	91.7	93.7	90.0
孵化率(%)	82.3	84.2	81.7	83.6	81.1

2. 体长和体重

雌鳅体长与产卵量关系密切。体长为 151～200 毫米及 200 毫米以上的雌鳅，其相对产卵量比 100～150 毫米的要高出 1 倍，见表 5－3。

表 5－3　不同体长泥鳅的繁殖效果比较

体长范围（毫米）	平均体长（毫米）	相对产卵量（粒/毫米）	受精率（%）	孵化率（%）
100～150	135.7	22.05	91	80.2
151～200	174.2	43.39	92	81.0
200 以上	209.3	48.82	90	80.6

3. 体征

选择体形端正、体质健壮、无病无伤、各鳍完整、体色正常、体表黏液多和性腺发育好的亲鳅。一般雌鳅要腹部膨大，有弹性，卵巢轮廓明显，将其肚皮向上，颜色微红，有透明感，用手抚摸，肋骨明显。选留时应注意剔除腹部空瘪、已经产过卵的雌鱼。雄鳅要求胸鳍追星明显，在生殖季节可挤出白色精液。

综上可见，作为亲鳅，最好选择 3 龄以上，体长 15～20 厘米，平均体重达 12 克以上者。雌鳅 18 克以上，最好体重在 40～50 克；雄鳅选择 2～3 龄，体长 10 厘米以上，最好体长为 15～20 厘米，体重在 12 克以上，最好在 30～40 克。要求体质健壮，体色正常，体型端正，无伤残，活力强，鳅体完整。

二、亲鳅雌雄鉴别与搭配

（一）亲鳅雌雄鉴别

通过“三看”可进行雌雄鳅鉴别，见表 5－4 和图 5－1。

一看胸鳍。雌鳅胸鳍较小、较短宽，末端圆钝，展开呈椭圆形，当鱼体静止不动时鳍条可展放在一个平面上；雄鱼胸鳍较大、较长窄，末端尖而上翘，成熟雄鱼的胸鳍第二鳍条长于第三鳍条，并在其背侧基部有薄的骨质板，胸鳍条上有追星，而成熟雌鱼胸鳍第二鳍条约与第三鳍条等长，无薄的骨板和追星。

二看体型。在同龄群体中，雄鱼个体明显小于雌鱼，背鳍末端两侧有肉质隆起，雌鱼这一隆起不明显。

三看腹部。生殖季节，雌鱼腹部膨大、柔软，略带透亮的粉红色或黄色，生殖孔大；雄鱼腹部扁平，挤压时有乳白色精液从生殖孔流出。另外，区别雌鱼是否已经产过卵的方法是看鱼体腹侧是否有"白色斑点"这种产卵标记。因为产卵时，雄鱼紧缠雌鱼，其胸鳍基部的薄骨片会在雌鱼体躯两侧毫无例外地各留下一道近圆形的白斑状伤痕，而未产卵者则没有。

表 5－4　雌、雄亲鳅区别

部位	雌鳅	雄鳅
个体	较大	较小
胸鳍	短圆近扇形	长尖近刀形，有追星
背鳍	正常	末端两侧有肉质隆起
腹鳍	产前明显膨大	不膨大，较扁平
背鳍下方体侧	无纵隆起	有纵隆起
背鳍上方体侧	产后有一白色圆斑	无圆斑

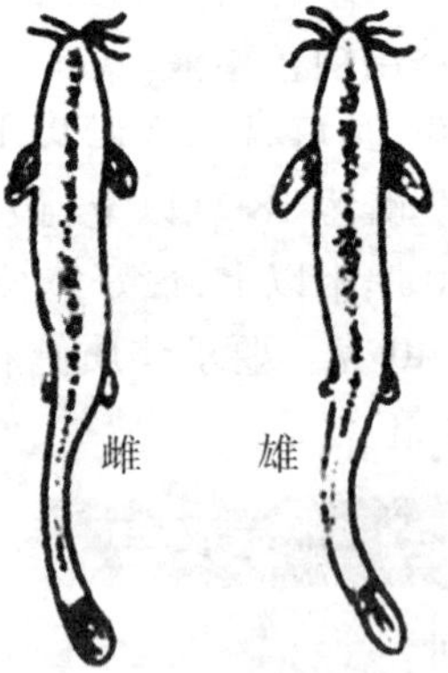

图 5－1　雌、雄鳅背鳍区别

（二）雌、雄配比

一般要求雌∶雄＝1∶（2～3），雄鳅可适当多准备些。

三、亲鳅的培育

亲鳅培育是泥鳅人工繁殖中比较重要的技术环节，通过培育，可增强亲鳅体质，对部分已产过卵的泥鳅可恢复其产卵，对未成熟的泥鳅可使其提前产卵。亲鳅培育有两种方式：一是将未成熟的泥鳅专池培育，方法与成鳅养殖相同，只是放养密度减少，一般每平方米放养25尾左右；另一种是在繁殖前一个月将性腺发育良好的成鳅进行雌、雄分开专塘饲养，实行强化培育。以下为亲鳅强化培育的基本方法。

（一）培育池条件

集中专池培育，面积50～100米^2，深1.2米，水深保持在40～50厘米，淤泥深度20厘米左右，池埂斜面平缓，环境安静，水质清新无污染。夯实池底，硬化池壁，做好防害、防逃等工作。亲鳅放养前，用漂白粉或生石灰清塘，每10米^{2}用生石灰1千克或漂白粉100克化水泼洒，7天后即可放养亲鳅。

（二）放养密度

雌、雄亲鱼分开强化培育，放养密度为10～15尾/米^2。

（三）饲养管理

亲鱼下池前培肥水质，使水色为黄绿色，培养出大量红虫等浮游动物，作为辅助性饵料。培育期间主要投喂动物碎肉、碎内脏、鱼粉等动物性饲料，并辅以少量米糠、麦麸及鲜嫩水草等植物性饲料。日投喂量占亲鳅体重的5%～8%，每天上午7点半和11半及下午4点半各投喂一次，分别占日投喂量的30%、40%、30%。投喂半小时后用长柄密抄网检查吃食情况，然后适当增减。在水温15～17℃时，饲料中动物性蛋白含量在10%左右，植物性蛋白30%左右；随水温增高，逐渐增加动物性蛋白含量，当水温达20℃时，动物性蛋白含量增加到20%，植物性蛋白减至20%。要定期换水，每次换水量为1/4左右。开春后，每周冲换水1次，催产前1个月3～4天冲水1次。池中可放置水草，保持良好的培育环境。加强日常巡逻，防止泥鳅外逃。利用自制“隐形网”防鸟害。

第二节　泥鳅的人工催产繁殖技术

鱼类的生殖活动受内分泌、环境、生理、营养等一系列因素的影响，其中内分泌激素通过“脑（主要是下丘脑）—垂体—性腺”功能轴起着关键作用。人工繁殖就是通过注射外源激素在“脑—垂体—性腺”轴的某种或几种水平上，调节鱼体内分泌活动，刺激内源激素的产生或代替内源激素的作用，以诱导性腺发育成熟并排出精子、卵子。目前，诱导鱼类繁殖主要从脑、垂体和性腺三个水平进行。其中，通过外源激素绒毛膜促性腺激素（HCG）代替垂体 GTH 的作用，在泥鳅的人工催产中已有成功应用。

一、器具、药品及制备

（一）常用用具

1. 注射器具

容量为 0.5～5 毫升的医用注射器数支及 4.5 毫米的注射针头数枚，用于亲鳅注射催产剂。

2. 抓捕工具

抓捉泥鳅可用毛巾、纱手套等，也可购买相关的产品。

3. 产卵网箱和鱼巢

正方形网箱 2 米 ×2 米 ×1 米（长 × 宽 × 高），网目 60 目。网箱中放置的鱼巢可用旧网片扎成束制作而成，密度为 1 个/米^2。

4. 其他工具

直径 6 厘米的研钵 2 只，供研磨脑垂体和精巢之用；解剖剪刀、普通剪刀、镊子各 2 把，用于摘取精巢；家禽翅膀上的硬质羽毛数支，1 000 毫升细口瓶 1 个，20 毫升或 50 毫升吸管 2 支；水盆或水桶数个，用于亲鳅产前暂养；白色搪瓷碗数个。

（二）常用药物

1. 催产剂

主要有绒毛膜促性腺激素（HCG）、促黄体素释放激素类似物（$LHRH-A_2$）、地欧酮（DOM）和垂体（PG）等。

2. 林格液

氯化钠7.5克，氯化钾0.2克，氯化钙0.4克，溶于1升蒸馏水中。

3. 生理盐水

0.6%氯化钠溶液。

4. 麻醉剂

为避免催产操作抓持泥鳅困难，可预先将泥鳅放入每升水中加0.1克的MS－222或2%的丁卡因溶液中实施麻醉。

（三）注射液的配制

1. 注射剂量

按照每尾雌鳅用HCG 400～500国际单位加$LHRH-A_2$ 2微克，雄鳅用量减半。由于泥鳅个体较小，注射量以0.2毫升为好。

2. 计算举例

以催产100组泥鳅为例，说明注射液的配制方法。雌雄比例按照1∶1.5计，则雌鳅为100尾，雄鳅为150尾，需要HCG的用量为：

100（尾）×400国际单位＋150（尾）×200国际单位＝7万国际单位

$LHRH-A_2$的用量为：

100（尾）×2微克＋150（尾）×1微克＝350微克

林格液的用量，先将雄鳅减半计数，再按每尾0.2毫升计算，即注射液（100＋75）×0.2毫升＝35毫升。

这样将7万国际单位的HCG和350微克的$LHRH-A_2$溶于35毫升的林格液并置于研钵中，先按0.2毫升的用量注释雌鳅，雌鳅注射完后向研钵中加入15毫升林格液稀释原有注射液，然后按照每尾0.2毫升的标准注释雄鳅。

二、亲鳅成熟度鉴定

正确选择适度成熟的雌鳅和雄鳅，对亲鳅的发情、产卵、人工授精和受精卵孵化率十分重要。一般成熟的雄鳅能挤出精液，容易判断。而雌鳅卵巢发育需要达到最佳成熟度，不成熟或过度成熟均不利于人工繁殖，接近成熟阶段则可以采用人工催熟。

亲鳅成熟度鉴定通常采用“一看、二摸、三挤”的方法。首先观察鳅体大小和性状，生殖季节雌鳅腹部膨大、柔软而饱满，呈透亮的粉红色或黄色，生殖孔微红开放，表示成熟度好、怀卵量大；雄鳅腹部扁平，不膨大，轻压有乳白色精液流出，入水散开，镜检精子活泼，表示成熟度好。判断卵成熟情况时，可轻压雌鳅腹部，卵即排出，呈米黄色半透明，有黏着力，则为成熟卵；如需强压腹部卵才排出，且卵白色不透明，无黏着力，则为不成熟卵。初期过熟卵，米黄色，半透明，有黏着力，受精后逐渐变成白色。中期过熟卵，米黄色，半透明，动物极和植物极颜色白浊。后期过熟卵，原生质变白，极部物质变为黄色液体。

生产上可通过解剖观察卵巢发育情况，一般体长5厘米左右的雌鳅腹腔内可见1对卵巢；体长8厘米左右时，两个卵巢愈合成为一个卵巢，并由前向后延伸，卵子发育正常。产卵前，卵巢重为体重的13.2%，产卵后为1.6%。

三、人工催产自然受精

（一）催产期确定

泥鳅性腺发育随季节变化而周期性变化，开春泥鳅摄食增加，卵子迅速发育成熟，3月底达到Ⅳ期，即能产卵。5～6月进入产卵旺季，待水温超过30℃后其卵巢开始退化，进入下一个周期，到秋季达到第二次成熟，形成9～10月的秋季产卵期。从性腺成熟到开始退化之前是亲鳅的适宜催产期。

人工催产时间要比自然繁殖期晚1～2个月，要求水温达到20℃以上时，亲鳅培育池中的泥鳅食量会突然减少，抽样检查会发现有的泥鳅腹侧已形成白斑点，表明性腺已完全成熟，人工催产时机已到。一般，江南地区可在5月上旬开始进行人工繁殖。在最适水温25℃时，受精卵孵化率高于90%。水温过高，如30℃以上，胚胎发育过程易产生死亡。因此，催产适温为22～28℃，最适水温为25℃，水温超过30℃，受精率差。

(二)雌、雄比例

雌、雄配比与个体大小有关。体长10厘米以上的亲鳅,雌、雄配比为1:(2~3);体长小于10厘米时,雌、雄配比调整为1:(3~4)。

(三)催产前的准备

预先消毒催产用具,其中玻璃注射器用蒸馏水煮沸消毒。消毒后的器具要有序放好,避免临用时忙乱而污染。注射器、针头和镊子等最后放置在垫有纱布的磁盘中加盖。亲鳅需预先换清水,除去污物。

(四)催产剂的选择与剂量确定

在人工繁殖中,当亲鱼的成熟度和外界水温达到生殖要求后,催产剂的注射就是关键。因此,要正确选择催产剂的种类,确定适宜的剂量。泥鳅人工繁殖催产剂常用的有HCG、$LHRH-A_2$、DOM和PG等,生产实践中应通过不同催产剂配伍的催产效果比较,筛选催产效果较好的一种进行规模化生产。从实际催产效果和成本考虑,有时几种激素混搭注射的催产效果要明显高于单一激素注射效果,如生产中多用HCG 125国际单位 + $LHRH-A_2$ 2微克 + DOM 1毫克,雌鳅每尾注射0.1~0.5毫升,雄鳅注射0.05~0.25毫升,效果甚好。

就催产剂的用量而言,一般在一定剂量范围内,单一催产激素随着浓度的递增其催产效果越明显,见表5-5。通常,HCG注射剂量为每尾雌鳅注射800~1 000国际单位,或按每克体重注射30~40国际单位;PG用量为每尾雌鳅用鲤鱼垂体1个;$LHRH-A_2$的用量为每尾雌鳅5~10微克。上述催产激素,雄鳅的用量为雌鳅的1/2。实际注射剂量应根据亲鳅个体大小、性腺发育成熟度等灵活调整,如雄鳅性腺成熟且精液充沛就可不注射。为降低催产成本,可根据水温和泥鳅数量进行临时配伍及剂量调整,并把握以下几个原则:①早期剂量适当增加,高于中期用量的25%左右。②早期适当增加脑垂体用量,比中期用量高30%~50%。③对成熟度差的雌鱼可增加脑垂体用量。④成熟度好的雌鱼应适当减少催产剂用量。⑤避免脑垂体总量过大。

依据实践,一般每尾泥鳅注射剂量为0.1~0.2毫升,根据用量合理配制催产剂,配制量要高于实际催产数量的10%~15%,以弥补操作过程中的损失。药液应当天配制当天用完,如有剩余可冷藏保存，并保证在3天内用完，以免降低药效。

表5-5　LHRH-A_2 不同剂量的催产效果（水温20℃）

组别	催产剂量（毫克/尾）	效应时间（小时）	相对产卵量（粒/克）	受精率（%）	孵化率（%）
1	生理盐水对照		0	0	0
2	5		0	0	0
3	10	17	21.4	14	14.3
4	15	10	56.6	82.7	46
5	20	10.5	89.3	89.3	78.3
6	25	10	92.9	93	81.3

（五）注射时间安排

亲鳅注射催产剂后存在一个效应时间。效应时间是指激素注射后至达到发情高潮的时间，其长短与亲鳅成熟度、激素种类和水温等有关，一般与水温关系密切，亲鳅催产的适温为22～28℃，最适水温为25℃，见表5-6。因此，可根据催产后亲鳅所处的环境水温高低，来推算达到发情产卵的时间，以便安排产卵后工作。按照泥鳅自然生活规律，其发情时间一般在清晨，通常上午10点左右自然产卵结束。为获得好的催产效果，一般以亲鳅于翌日凌晨达到发情高潮为标准来掌握注射时间，以每天下午6点左右安排注射催产剂最好。临近效应时间，雌、雄亲鳅会激烈追逐，呼吸急促并从肛门排出气泡，说明发情高潮来临。此时可将其捕起，进行人工授精。

表5-6　注射催产剂后水体温度与效应时间的关系

水温（℃）	效应时间（小时）
20	19.5
22	14
24	12
25	11
27	8～9

（六）注射方法

泥鳅人工催产注射部位可采用背部肌内注射，也可采用体腔注射。

1. 亲鳅的固定或麻醉

泥鳅个体小，行动敏捷，体滑，不容易捉住，故注射时需进行保定。保定时用纱布或毛巾将泥鳅包住；进行背部肌内注射时，可使泥鳅背部露出；进行腹部注射时，可使腹部露出。此时，操作者可一只手轻轻握住盖着毛巾的泥鳅，另一只手掀开纱布或毛巾一角，将注射药液注入泥鳅体内。

保定时也可采用麻醉法。注射前先用 0.4 克盐酸丁卡因溶于 2 600毫升水中，放入泥鳅 1 分后开始麻醉，30 分后泥鳅会苏醒。

2. 泥鳅背部注射法

注射部位以背部肌肉或背鳍前下方两侧为好（图 5－2），进针 0.2 厘米左右。为有效控制进针（4 号针头）深度，可在针头基部套上胶管或塑料管，使针头露出 1～1.5 厘米；注射时，注射器与鱼体呈 45°注射，由后面向前插入，插针深度 1～1.5 厘米。注射后将亲鳅放回产卵池或者网箱中待产。

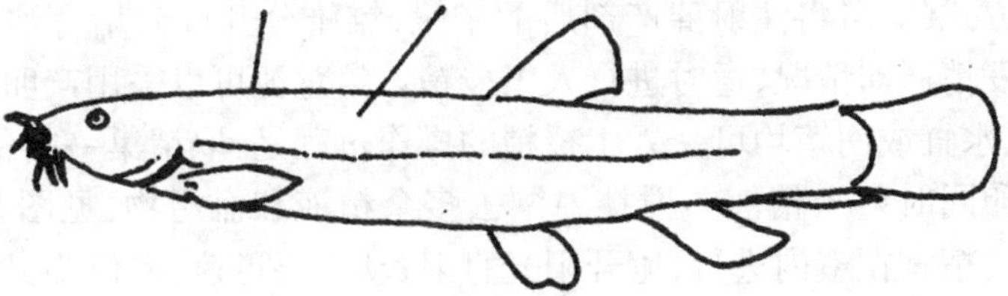

图 5－2　亲鳅催情背部注射部位

3. 腹腔注射法

注射部位一般在腹腔腹鳍前约 1 厘米的地方，避开腹中线。使针管与鱼体呈 30°，针头朝头部方向进针 0.2～0.3 厘米。

（七）自然交配受精

将注射过催产剂后的亲鳅按照 1∶2或 1∶3的雌雄比例放入产卵水体中。产卵可在大水缸或小鱼池中，也可制作专门的产卵网箱。若采用产卵网箱时，网箱可放置在产卵池中，并按 5 千克/米^2 密度放养泥鳅；在网箱外设环流水，网箱内用小皮管冲注水，网顶部用遮光布遮阳；网箱也可设置在池塘中，网箱外为池塘静水环境，网箱内用小皮管冲注水。放入亲鳅后，应再在产卵水体中放入棕片、水草等做成的鱼巢供其产卵。

根据不同水温下的效应时间来推算产卵时间。在临近推算出的效应期时,要及时检查亲鳅活动,当发现雌雄泥鳅相互追逐厉害,尤其是雌鳅呼吸急促时,说明发情高潮来临。产卵一般从清晨开始至上午10点左右结束,产卵过程所需时间为20~30分。自然产卵时,亲鳅追逐激烈,高峰时雄鳅以身缠绕雌鳅前腹部位,完成产卵受精过程。

产卵后,要及时取出所产卵粒,以防亲鳅吞吃卵粒。在网箱中自然产卵的,应先取出鱼巢,然后捞出产后的泥鳅,再洗下附着的受精卵;取出受精卵经过容器计量卵数,分别放入孵化缸中孵化。如果产卵池要兼作孵化池,必须及时将产完卵后的亲鱼全部捕出,移至其他池中。

四、人工催产人工授精

人工授精有利于泥鳅性腺同步发育,缩短产卵时间,提高受精率,可获得更多的受精卵,从而提高亲鳅的利用率;也有利于泥鳅人工规模化孵化和育苗,利于规模化健康养殖。因此,欲采用人工授精繁殖方式的,可将注射催产剂后的亲鳅,雌雄分开放入培育池中,观察其发情产卵情况,适时进行人工授精。培育池可以采用产卵池、产卵箱、水缸或网箱均可。人工授精的操作过程是:取精巢→制备精液→挤卵同时射入精液→搅拌→漂去多余精液和血污物,见图5-3。人工授精宜在室内进行,避开阳光直射,动作要迅速,操作要灵巧,避免损伤。

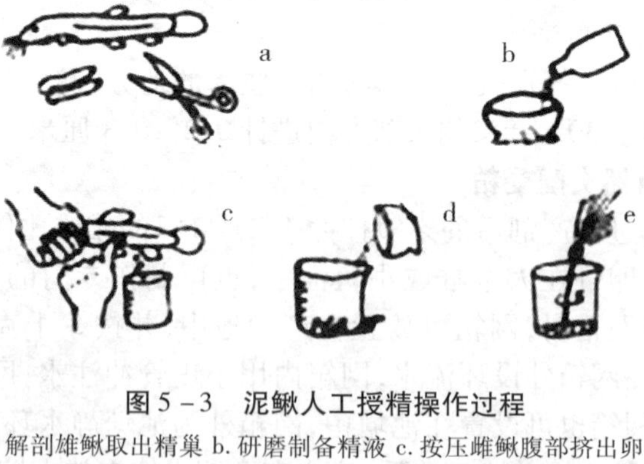

图5-3 泥鳅人工授精操作过程

a. 解剖雄鳅取出精巢 b. 研磨制备精液 c. 按压雌鳅腹部挤出卵子 d. 将制备好的精液倾倒在卵子上 e. 用羽毛轻轻搅动混合受精

（一）人工授精时间的确定

人工授精的关键是要掌握适时授精，即在亲鳅达到发情高潮时立即进行人工授精。授精时间应根据不同水温下的效应时间来推算，一般水温 28～32℃时，效应时间为 6～8 小时；水温 25℃左右时为 10 小时；水温在 25℃以下时为 12～14 小时。在临近效应时间时，要及时检查亲鳅，若发现雌雄亲鳅相互激烈追逐，尤其是雌鳅呼吸急促，说明发情高潮已经来临。此时，若挤压雌鳅腹部，会有金黄色卵粒流出，说明已到授精时间，应迅速做好准备，进行授精。

（二）精子的采集和精液制备

捕起达到发情高潮的亲鳅即可进行人工授精，用手轻压雌雄亲鳅腹部，把卵子和精子在短时间内同时挤入事先清洗干净的瓷碗或瓷盆内混合，即可完成受精。但有时雄鳅精液无法挤出，需剖腹取出精巢，采集精子。

雄鳅精巢紧贴在脊椎两侧，呈乳白色，剖开腹腔后用镊子轻轻取出即可。将取出后的精巢放入研钵中，按每一尾雄鳅的精巢加 10～20 毫升的比例加入适量的林格氏液或生理盐水，剪碎并用钵棒轻轻研磨，制成精液。为了工作的协调，一般每解剖 10 尾雄鳅，应授精 10 尾雌鳅，分批次进行，一次不应解剖太多雄鳅。同时，制备精液时，应避免日光直射，并防止淡水掺入。

（三）人工授精的方法

配制好精液后，可立即进行人工授精。人工授精一般需 3 人操作。首先，一人用干净纱布或毛巾擦干雌泥鳅体表的水，再用纱布或毛巾将雌鳅包裹住，但应露出腹部和生殖孔部位，轻轻挤压雌鳅腹部，将成熟卵子挤入干燥的搪瓷盆、瓷盆或塑料盆。然后，第二个人用 20 毫升的注射器（不用针头）吸取适量配制好的精液，将其浇在卵子上。最后，第三个人用手轻轻摇瓷盘，并用羽毛轻轻搅拌，数秒钟后，加入少量清水，以增强精子活力，使卵子与精子充分结合。最后，将完成授精操作的卵子擦洗几次，倾出血水，将受精卵撒在事先准备好的鱼巢上，待卵附着稳固后，将鱼巢移入孵化池（器）中进行孵化。注意整个授精过程不宜在强光下进行，以免杀伤精子和卵子，影响受精率。

大规模生产时，用 500 毫升烧杯加入 400 毫升林格液，按照上述组合操作，尽快将卵挤入并搅拌，4～5分后倒掉上层林格氏液，并添加新的林格液，洗去血污；将预先配制好的精液倒入烧杯中，使精、卵充分混合，再将精卵进行孵化。人工授精时，若挤出的精液发黄，或呈细线状，遇水不散；卵子灰白色，不饱满，缺乏黏性，或大小不齐，吸水力差等，均不能取得好的效果，应予以抛弃。

五、孵化及其管理

（一）泥鳅的胚胎发育

了解泥鳅胚胎发育规律，有助于孵化管理工作。泥鳅胚胎发育过程与温度密切相关，如24.5℃水温时胚胎发育速率为18℃时发育速率的2倍左右。国内有的研究人员将泥鳅胚胎发育分为细胞分裂期、囊胚期、原肠胚期直到出膜共30个时期。在盐度0.5%、孵化水温22～25℃条件下，泥鳅受精卵40分后进入卵裂期，出现胚盘的第1个分裂期，2.3小时后进入囊胚期，3.6小时后进入原肠期，6.1小时后进入神经胚期，9.5小时后尾芽形成，22.3小时后上颌须原基出现，23小时后心跳开始，25小时后出膜。孵化过程泥鳅胚胎发育的各阶段特征见图5－4和表5－7。

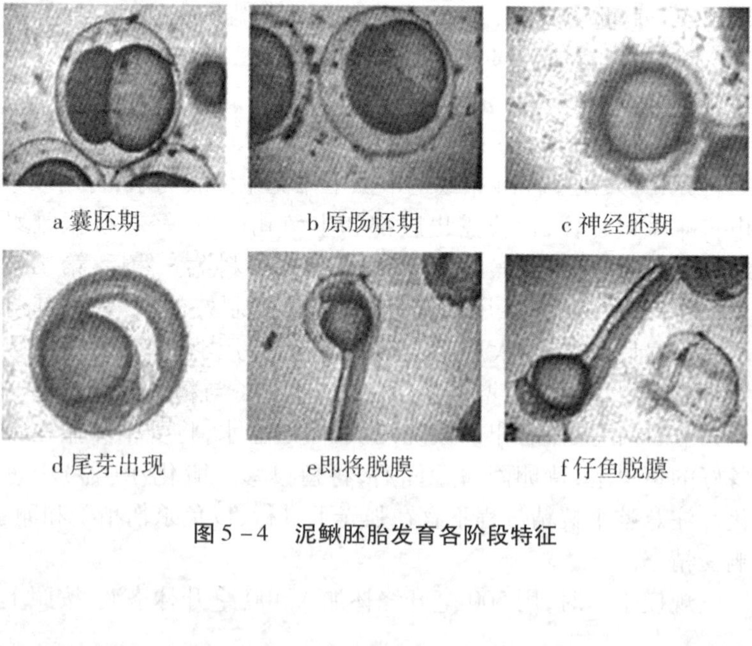

图5－4　泥鳅胚胎发育各阶段特征

表 5－7　20～23℃水温条件下泥鳅胚胎发育及各阶段特征

序号	发育阶段	距受精时间(小时:分钟)	卵径或体长(毫米)	胚胎发育特征
1	受精卵	<0:10	1.0～1.2	可看到精卵结合和受精孔
2	受精卵	<0:30	1.0～1.2	可看到受精卵隆起的胚盘
	细胞分裂期		1.0～1.2	原生质向动物极移动，细胞增多、变小
3	2 细胞期	1:00	1.0～1.2	胚盘纵裂成两个细胞
4	4 细胞期	2:00	1.0～1.2	水平纵裂为 4 个细胞
5	8 细胞期	2:30	1.0～1.2	垂直纵裂为 8 个细胞
6	16 细胞期	3:00	1.0～1.2	水平分裂为 16 个细胞
7	32 细胞期	3:30	1.0～1.2	垂直分裂为 32 个细胞
8	64 细胞期	4:00	1.0～1.2	水平分裂为 64 个细胞
9	128 细胞期	4:30	1.0～1.2	与第一次分裂平行分裂
10	256 细胞期	5:00	1.0～1.2	与第二次分裂平行分裂
	囊胚期		1.0～1.2	约需 5 小时完成
11	囊胚前期	6:00	1.0～1.2	胚层如小丘，高耸于卵黄上方
12	囊胚中期	8:00	1.0～1.2	细密细胞向卵黄四周扩散，胚层变矮
13	囊胚后期	11:00	1.0～1.2	胚层扁平，并有继续下包趋势
	原肠期		1.0～1.2	需 3 小时完成
14	原肠前期	12:00	1.0～1.2	胚层下包卵黄约 1/3，形成胚环
15	原肠中期	13:30	1.0～1.2	胚层增厚，下包卵黄约 1/2
16	原肠后期	15:00	1.0～1.2	具胚体雏形，卵黄下包 4/5，卵黄梨形
17	神经胚期	18:00	1.0～1.2	胚层几乎完全下包，胚体隆起
18	胚孔封闭期	20:00	1.0～1.2	胚层几乎全部包住卵黄，胚胎开始形成
19	肌节出现期	21:20	1.0～1.2	躯干中出现肌节
20	尾泡出现期	22:00	1.0～1.2	尾部出现圆形亮点，即尾泡
21	眼囊出现期	25:00	1.0～1.2	脑前段出现透明囊泡
22	嗅囊出现期	25:20	1.0～1.2	眼囊前方出现暗色斑块
23	尾芽出现期	29:30	1.0～1.2	尾端略突出，形成锥形尾芽
24	听囊期	31:30	1.0～1.2	后脑出现透明囊泡
25	肌肉效应	33:20	1.0～1.2	肌肉开始出现收缩
26	尾褶出现期	35:00	1.0～1.2	尾部边缘形成尾皱，尾泡消失
27	晶体出现期	37:30	1.0～1.2	胚囊出现晶体
28	耳石出现期	41:00	1.0～1.2	听囊出现耳石
29	心跳期	43:00	1.0～1.2	心脏有节律跳动，卵膜变薄、胚体翻滚
30	出膜期	61:30	2.93～3.32	胚体尾部冲出卵膜，头仍在膜内

（二）孵化方法

受精卵的孵化方法有多种，既可黏着孵化，也可脱黏后放在孵化缸、孵化槽、孵化环道或孵化箱内进行微流水孵化。黏卵鱼巢可在静水中孵化，也可在微流水中孵化，要求水深20～25厘米、水质清新、含氧量高，孵化过程尽量少挪动鱼巢，避免受精卵大量脱落。

1. 静水孵化

将粘有受精卵的鱼巢放入孵化池、孵化网箱或产卵池内进行孵化，每升水可孵卵400～600粒。但静水孵化时，缺乏新鲜水体流入，受精卵易出现相互挤压，水质易变坏或缺氧，往往会导致受精卵因缺氧而死亡，从而降低孵化率。

2. 流水孵化

将受精卵放在孵化缸、孵化箱或孵化环道中，用流水或微流水进行孵化。具体方法有两种：一是附巢流水孵化，即将附着有受精卵的鱼巢放入孵化设施中进行微流水孵化，要求水流速度以不冲落附着在巢上的卵为宜，每升水可放800～1 200粒卵；二是去巢流水孵化，将受精卵脱黏或不脱黏，放入孵化环道或孵化缸中进行孵化，放卵密度为每升水放800～1 200粒卵，孵化期间应调控好水流速度。

3. 去巢流水孵化法

目前，泥鳅受精卵的孵化方式大多还停留在鱼巢附卵静水孵化法，该法由于着卵不均匀、水体交换差、鱼巢间距易随水流贴近等，常导致鱼卵从附着物上脱落沉到水底或因局部缺氧而死亡，造成受精卵损失较大。为克服上述缺点，国内一些研究人员尝试采用去巢流水孵化法，对泥鳅受精卵进行孵化，取得了较满意的孵化效果。现简要介绍该法，仅供参考。

去巢流水孵化中亲鱼选择、人工催产和授精与常规方法一样，其关键不同点是受精卵脱黏处理和流水孵化管理。受精卵小批量脱黏时，可用滑石粉，使用时将滑石粉制成20%的悬浮液，然后徐徐倒入受精卵盆中，同时不断搅动，使卵散开；当鱼卵全部呈分散颗粒状时，即可在不同的条件下进行孵化。脱黏的目的是防止孵化过程受精卵的结块，在实际生产中可尝试使用大水流直接冲散卵块而进入孵化设备，则能减少不必要的人力消耗。将脱黏后的受精卵置于孵化缸或孵化环道等流水孵化设施中，水流量控制在15～20分全缸换水一次，以将卵粒冲至近水面处为准,直至受精卵孵化完毕。其他管理同常规孵化。

(三)孵化条件

1. 水质

无论哪种形式的孵化,孵化用水都要求清新、含氧丰富、无污染、溶解氧6.0~7.5毫克/升、pH值7~8。条件许可的情况下,孵化用水需经过二级净化处理,其中一级处理为蓄水池消毒净化,二级处理是将净化过的水再经专用设施过滤,然后再用水泵送入水塔池进行充分的曝气。

2. 水温

泥鳅受精卵的孵化时间因水温而异,水温高孵化时间短,水温低孵化时间会延长(表5-8)。当水温为20~25℃时,孵化需52小时;24~25℃时,需40小时;28~29℃时,需30小时。同时,泥鳅受精卵孵化率与水温也有较大关系,20℃时的孵化率为94%,25℃时的孵化率为98%,而15℃时的孵化率只有80%。泥鳅受精卵适宜孵化水温为20~28℃,最适水温为25℃,在水温24~25℃时需30~35小时即可孵化出苗,此时孵化率在90%以上。过低或过高的水温均会影响受精卵的孵化率和成活率,增加畸形率和死亡率。为避免胚胎因温度波动大而引起死亡,水温温差上下波动不宜超过3℃。

表5-8　泥鳅受精卵孵化时间与水温的关系

水温(℃)	孵化所需时间(小时)
14.8	117
18	70
20~21	50~52
24~25	30~35
27~28	25~30

3. 水流

流水孵化时,需要控制孵化设施中的水流量,一般水流大小以能把受精卵冲到水面,且受精卵接近水面时能逐渐向四周散开并逐渐下沉为准。

(四)孵化期间的管理

1. 放卵密度

采用孵化缸孵化,一般每立方米水体放受精卵200万粒左右,折合每毫升水体放卵 2 ~ 3 粒。采用孵化环道孵化时,放卵量减半,每毫升水体放卵 1 ~ 2 粒。

2. 鳅卵质量检查

鳅卵孵化过程(尤其是早期),应定时检查卵的质量好坏,做到心中有数。表 5 - 9 列出了鳅卵受精与否的主要特征,可作为质量检测的依据。

表 5 - 9　鳅卵质量鉴别

特征指标	质量好的卵	未成熟或过熟卵
吸水状况	吸水膨胀快	吸水膨胀慢、膨胀不足
弹性及大小	卵球饱满、富于弹性,大小整齐	卵球稍瘪皱、弹性差,大小不整齐
颜色	鲜明,轮廓清晰	暗淡,轮廓模糊
卵在盘中静止时胚胎的位置	胚胎(动物极)侧卧	胚体向上,植物极向下
胚胎发育状况	卵粒整齐,发育正常	卵粒不规则,分裂球大小不齐,发育不正常

3. 水质

孵化期间,应防止水质恶化、缺氧而造成的胚胎死亡。为此,应定期向池中注入新水或保持微流水,保持水质清新、溶氧充足;要及时清除池中腐败物如死卵等,未受精卵约经 12 小时后就变成白色,很易识别;室外池塘孵化,不施用未经发酵的肥料,防止水质恶化。

4. 水量控制

孵化设施中的受精卵依托水流运动均匀散布于水体中完成胚胎发育过程,因此水量控制在孵化管理中是比较重要的。一般采用慢—快—慢的方式控制水量。如果采用孵化缸进行孵化,受精卵刚放入时的水流量是使鱼卵冲至水体中处,到接近水表层时逐渐向四周散开后逐渐下沉,表明流速适当,外观缸面如煮粥沸腾状。大约 20 分缸内水体全部交换 1 次。如果鳅卵未及表面就下沉,表明水的流速太小;反之,若水表层中心波浪翻滚,鳅卵急速翻滚,表明流速太快。孵化环道的水流速度控制在每秒 0.1 米,约 30 分交换 1 次水量。

鳅卵出膜前后,必须加大水流量,待鳅苗全部孵化出膜后,水流适当减缓。到鳅苗能平游时,水流恢复到初始状态或略缓于初始状态。

5. 水温控制

水温高低直接影响鳅苗的孵化率。生产实践表明，在25℃水温条件下，鳅苗出膜率最高。水温低，由于胚胎发育时间延长，出膜率势必降低；水温太高，不但造成卵膜易破裂，而且畸形鳅苗增多，出膜率下降。孵化期间水温不能发生较大的升降，孵化用水的水温变化上下波动要控制在3℃以内。因此，遇大风降温天气，应将鱼巢下沉到一定的深度；或在寒潮来临之前用塑料薄膜将孵化设施盖上，但要留下气孔，也可以采用其他保暖的方法进行处理。

6. 光照

泥鳅喜在阴暗环境下生活，因此孵化环境应有遮阳设备，以避免阳光直射而引起泥鳅的畸变和死亡。

7. 溶氧

胚胎发育过程中，受精卵对溶氧变化比较敏感，尤其是出膜前期。为保证孵化时受精卵对溶氧的需求，孵化密度不能太高，或采取微流水孵化。

8. 病害防治

孵化期间要防止缺氧和敌害生物。若静水孵化则要注意充氧。可以在孵化设施上覆盖尼龙网片，以防止敌害生物的侵入。孵化用水需经过严格过滤，防止剑水蚤等敌害生物及其他污物流入孵化设施。

孵化期间，要防止受精卵发生水霉病。预防方法是将黏附有卵粒的鱼巢放入漂白粉溶液（每立方米水体用药1～2克）中浸泡20～30分后再进行孵化。

要慎重使用食盐。受精卵对食盐溶液较敏感，仅3%～4%食盐溶液处理，受精卵就会迅速萎缩死亡，因此生产中最好不用食盐溶液处理。

9. 及时洗刷滤网及清除污物

平时应经常洗刷滤网，防止堵塞。鳅苗出膜阶段更应及时清除过滤网上的卵膜及污物，以免卵膜堵塞筛孔，造成水由滤网上口溢出而逃苗。

10. 及时取出鱼巢

鳅卵附着在鱼巢上孵化时,鳅苗孵出后往往先躲在鱼巢中,游动不活跃,之后则逐渐离开鱼巢。此时应及时取出鱼巢,洗净卵膜,重新消毒后以作再用。

(五)鳅苗出膜后的管理

在水温 18~25℃条件下,泥鳅受精卵 3 天即可孵出鳅苗。孵出后的鳅苗应继续留在原缸内缓流水暂养,待大部分仔鱼卵黄囊基本消失后,向缸内投喂开口饵料,连喂 2~3 天后,即可下池转入苗期培育。池中孵化的鳅苗一般也留原池培育。

1. 初孵鳅苗的形态和行为特征

出膜后的鳅苗生长可分为侧卧期、垂直运动期、倒挂期、平游期等4 个阶段,见表 5-10。

刚出膜的泥鳅苗全长为 3~3.7 毫米,呈透明"豆点状",细小,背部黑色,可明显看见卵黄囊;孵化出 6~8 小时,体色逐渐变黑;孵化出 12 小时后可见位于卵黄囊前下方的心脏微弱的跳动;孵化后 40 小时,体长 4.6 毫米,眼睛由灰色逐渐变为黑色,卵黄囊缩小,口下位,开始能够活动。该阶段鳅苗不能自由活动,横卧于水底,偶尔上游后再沉入水底;第二天则以头部的吸附器附在鱼巢、池壁或其他物体上。此时泥鳅苗完全依靠卵黄营养为生。

孵化后约 3 天,鳅苗全长可达 5.3 毫米,卵黄全部消失,口器形成,肌节增多,尾鳍出现,胸鳍显著扩大,鳔也形成。这时鳅苗开始从侧游转变为短距离平游,开始主动摄食,肠管内充满食物,此时须投喂一些易消化、高营养的精料,开始进行苗种的培育工作。

刚孵出来的泥鳅仔鱼还具有明显的趋光性和集群行为。

表 5-10 出膜后泥鳅仔鱼发育阶段划分

阶段	出膜后时间(小时)	持续时间(小时)	特征
侧卧期	0	3	侧身俯卧于池底
垂直运动期	3	3.5	突然垂直钻出水面,再迅速垂直栽入水底
倒挂期	6.5	10	垂直倒悬于水面
平游期	16.5	7.5	游动迅速,黑色素细胞增加,卵黄囊消耗殆尽

2. 鳅苗的开口与投饲管理

鳅苗孵化后3天，就主动由外界摄取外源性食物。此时应及时投喂开口饵料。稚鱼初期饵料以轮虫最好，蛋黄次之，脱脂奶粉等也可，投饵量不可过多，以免残饵造成水质恶化。经3天的连续投喂，苗体颜色由黑色转变成淡黄色时，便可出池转入苗种培育阶段。

(1)轮虫及其他浮游动物　投喂轮虫时，每毫升水中维持4～5只，也可加喂洄水等有营养的饵料。洄水是指湖泊、坑塘等富含大量草履虫的天然水体，因草履虫大量繁殖使水层呈灰白色云雾状成群漂动回荡，所以称之为"洄水"。打捞鱼虫之后，用200目筛网过滤，过滤后这些极小的浮游生物是鳅苗最喜爱的饲料。

(2)煮熟蛋黄　将蛋煮熟，取出蛋黄装在120目筛绢袋中捏洗，取蛋黄悬浊液泼洒投喂，投喂时环道中水流减慢，投喂量为每100万尾苗第一天10个，第二天15个，第三天20个，每天投喂4次，连投3天。由于蛋黄易沉降、散失和败坏水质，致使鱼苗生长慢，存活率低。因此，应充分降低蛋黄的颗粒大小，使其在水中呈雾状均匀分布，悬浮时间保持在1小时左右。另外，也可用鱼粉悬浮液，一日数次，投喂量以1小时内吃完为限。

泥鳅早期阶段科学高效的投饲方法是混合投饲，即将活饵料和人工颗粒饲料及小球藻营养强化后的水蚤一起混合投饲，一定程度上可减少仔鱼对天然活饵料的依赖性，使仔鱼的转食相对容易，且减少了活饵料的生产和劳动成本。

第三节　影响泥鳅人工繁殖效率的因素

一、亲鳅质量及繁殖生态条件

(一)亲鳅质量

大规格亲鳅是提高人工繁殖效率的基础。泥鳅一般2龄达到性成熟，雌鳅怀卵量因个体大小不同而有很大差异，最小性成熟个体体长8厘米，怀卵量约2 000粒；体长20厘米，怀卵量为24 000粒。亲鳅规格越大，其怀卵量大、性腺发育成熟度好、外观卵巢轮廓明显，所以其催产效果好，每千克泥鳅的产卵量就多。所以，选择大规格亲鳅是提高人工繁殖效率的基础，收集和选择亲鳅是泥鳅人工繁殖规模化生产成功与否的关键之一，尤其是雌鳅的选择。在选择亲鳅时，应选择体长14厘米、体重30克以上的泥鳅个体作为亲鳅，其平均绝对怀卵量达2万粒。选择好的亲鳅，最好经过一定时间的强化培育，投喂一些动物碎肉、碎内脏、鱼粉等动物性饲料和少量米糠、麦麸及鲜嫩水草等植物性饲料，以促进其性腺快速充分地发育。

（二）繁殖生态条件

亲鱼的成熟度受营养、水温、光照、水流等的影响，只有为亲鳅提供良好的繁殖条件，才能充分发挥亲鳅的繁殖潜力。

1. 产卵底质

泥鳅喜卧底、钻软泥，生活环境较为黑暗，底质状况如何，对其产卵生态条件具有重要影响。实践证明，亲鳅最适合的底质为软泥。

2. 水质因素

实验证明水体温度、盐度和 pH 值对泥鳅排卵量均有影响。培育温度的变化对排卵量的影响较小，但影响亲鳅的培育时间。泥鳅适宜在淡水中生活，盐度的变化对其排卵量影响较大，随盐度的增大，排卵量逐渐减小。微酸性的环境有利于泥鳅排卵，它对碱性环境反应敏感，表现出明显的不适。

3. 产卵设施

如采用网箱作为产卵箱时，产卵箱是否设置在流动水体与泥鳅产卵率高低密切相关。网箱设置在流动水体中有利于泥鳅排卵，静止水体可能不利于泥鳅的排卵。

二、人工催产及相关因素

（一）催产剂种类、剂量与配伍

泥鳅催产多用 HCG、LHRH－A_2、PG 和 DOM 等激素，但对各种催产激素的敏感程度不一。如 LHRH－A_2 是一种人工合成的九肽激素，广泛用于鱼类催产，草鱼催产每千克1～5微克用量就能诱导草鱼顺利产卵，但泥鳅每千克剂量加到50微克也无济于事；另外，泥鳅对 HCG 的效应也非常迟钝，按鱼类的常量无效，加大量到 3 000 国际单位/千克，才略见效果。

单一激素和几种激素配伍使用，对泥鳅的催产效果也有影响。如泥鳅对 LHRH－A_2＋DOM 1 毫克/尾合剂和单独 HCG 不敏感，催产效果不好，但加大剂量采用 4 毫克 DOM/尾＋3 毫克 LHRH－A_2/尾复合激素注射就能取得最好的效果和经济效益。另外，选用 HCG 125 国际单位＋LHRH－A_2 2 微克＋DOM 1 毫克来进行规模化生产，雌鳅每尾注射 0.5 毫升，雄鳅注射 0.25 毫升，亦可取得较好的效果。

在适宜的剂量范围内，催情激素的效应时间与剂量间关系不紧密。在自然界中，亲鱼的排卵与否是与生态环境因子的刺激相关，而人工条件下注射催情药物只是起到与生态因子相类似的作用。因此，理论上，在适宜催产剂量范围内，催情药物剂量的大小并不直接影响效应时间，而影响排卵时间的长短。

（二）环境生态因素

1. 温度、渗透压和 pH 值影响雄鳅精子活力

人工授精中精液的制备是一个重要的环节，而渗透压、pH 和温度对泥鳅精子活力及受精率均有影响。研究证实，渗透压和 pH 值分别为 150 毫渗摩尔和 7.6 时，泥鳅精子的活力最强；温度为 25℃时，泥鳅精子的激活率最高。在此条件下，泥鳅受精率最高。

2. pH 值影响雌鳅产卵

pH 值对雌鳅产卵也有影响。在 pH 值分别为 6.0～6.5、6.5～7.0、7.0～7.5 和 7.5～8.0 的水体中，养殖的泥鳅经两种单体激素人工催产后均可正常产卵，但 pH 值过高（pH 值为 7.5～8.0）和过低（pH 值为 6.0～6.5）的水体均严重影响人工催产效果，每尾泥鳅受精卵挤卵量均显著低于其余两个 pH 组；而水体 pH 值为 7.0～7.5 时，试验泥鳅催产后效应时间最短、催产率和受精率最高、每尾挤排卵量和每尾平均受精卵量最大，即催产效果最佳。

3. 水深和水流影响雌鳅产卵量

水深对泥鳅产卵具有影响，在催情受精阶段，水深对其发情产卵具有促进作用，产卵量随着水深的加深而增加。在水温 23℃条件下，水深 60 厘米的催产亲鳅比水深 30 厘米的多产卵 17.8%，而对催产率和受精率影响不大。水流能促进性腺成熟，促进亲鱼发情、产

卵，催产时需 0.3 ~0.6 米/秒的微流水。

4. 温度影响催产率、受精率和产卵量

温度对催产影响较大，通过注射激素，泥鳅亲鱼在水温 15 ~ 28℃范围内均能产卵，但不同温度条件下的效应时间不同。温度在 18℃以下时，催产率、受精率均较低，效果差；在 18 ~28℃时均能取得好的效果，受精率、催产率基本保持在 85%以上，相对产卵量和受精率随温度的升高而提高，效应时间和孵化时间随温度升高而降低。在 20℃时，效应时间为 15 ~18 小时；24℃及以上时，8 小时即开始受精产卵，此时效应时间随温度升高变化不明显。一般催产注射的最适温度为 24 ~26℃。

三、孵化管理及孵化条件控制

（一）水温

温度对泥鳅受精卵的孵化影响很大，是决定人工繁育过程鳅苗成活率的关键因素。泥鳅在 16 ~26℃温度范围内，温度越高，繁殖效果越好，其效应时间和孵化时间也短。泥鳅受精卵在 16℃以下和 33℃以上时，均无法正常孵化，孵化适温范围为 18 ~30℃，最适为 26℃。在适温范围内，水温与泥鳅胚胎发育速度成正相关，温度越高，孵化历时及各个发育阶段所需的时间均相对缩短，如水温 18℃时出膜时间为 70 小时左右，20 ~21℃时出膜时间 50 小时左右，24 ~ 25℃时出膜时间 30 ~35 小时，27 ~28℃时出膜时间为 25 ~30 小时。在水温 24 ~26℃、pH 值为 7.0 ~7.5 的孵化条件下，泥鳅受精卵正常发育，从受精到孵化出膜历时为 30.5 小时左右，孵化率达 91.27%，畸形率为 4.38%。泥鳅受精卵不同发育阶段对温度的敏感程度有差异，胚胎发育后期比前期对温度要敏感，后期所需时间缩短的幅度比前期要大。

泥鳅受精卵孵化的适宜温度为 21 ~27℃，仔鱼生存的适宜温度为 21 ~24℃，水花苗生存的临界水温在 27.5℃附近。因此，水温对泥鳅人工繁殖是否成功及后期繁殖苗的成活率都具有非常重要影响，一般要选择水温在 20 ~25℃进行人工繁殖较为适宜。

（二）pH 值

研究表明，在 pH 值为 5.6 ~6.0 时泥鳅的孵化率均为 0，而 pH

值为6.5～7.0时孵化率则达到78%，此时繁殖效果最佳，见表5－11。

表5－11　不同pH值水体中的孵化效果

pH值	相对产卵量(粒/克)	受精率(%)	孵化率(%)	备注
5.6～6.0	0	0		50%亲鱼死亡
6.5～7.0	136.4	71.8	78	
7.5～8.0	22.3	47	62.3	
8.5～9.0	17.4	34	57.4	

(三)盐度

盐度对孵化的影响较大，只有在盐度为0或者接近0的时候才能正常孵化和发育，见表5－12。当孵化用水盐度等于或大于0.649%，仔鱼即使能孵化出膜，但随时间推移，仔鱼尾部弯曲，静卧水底，心跳微弱等现象出现，经96小时全部死亡。这主要是因为0.649%的盐度水环境属高渗压，仔鱼体液属低渗压，这样将造成仔鱼体内水分会不断向体外渗透，导致仔鱼不断脱水而死亡。

表5－12　不同盐度条件下受精卵的孵化情况

类别	试验分组			
	Ⅰ	Ⅱ	Ⅲ	Ⅳ
水比重	0.998	1.005	1.010	1.015
盐度(%)	0	0.649	1.304	1.961
孵化结果	能出膜	能出膜	不能孵化	不能孵化
仔鱼发育	正常	4天内全部死亡		

(四)水深

泥鳅受精卵在水深20厘米的网箱中孵化，孵化率一般为70%～80%，高的达90%以上；在30厘米水深条件下，利用孵化环道对孵卵鱼巢进行孵化，也可获得理想的效果；在40厘米深的水泥池中静水孵化也能取得较好效果。

(五)不同孵化方式

泥鳅受精卵比重大于水，具微黏性，与常规鱼类孵化方式有一定差别。对孵化缸、孵化桶、孵化环道和网箱静水孵化的比较研究得出，流水孵化时间长，孵化率低(约30%)，且用水量大，成本高；静水孵化受精卵密度不宜过高，在保持微流水条件下能取得较高孵化率，但规模限制较大；而网箱静水孵化，吃水深度20厘米左右，阳光直射箱内，水温随光照延长而缓慢上升，受精卵发育加快，很少出现水霉病，孵化率一般为70% ~80%，高的达90%以上，适合大规模孵化繁殖需要。对去巢流水孵化法和鱼巢附卵静水孵化进行比较，证明去巢流水孵化法在孵化时间与孵化率两大指标上均显著优于后者，前者孵化时间比后者缩短8.31小时，孵化率提高了3.28%。表5-13是不同孵化方式对泥鳅受精卵孵化率的影响的研究结果。结果显示，网箱孵化较孵化缸孵化效果好，其平均孵化率是后者的228%；而网箱孵化之间相比，流水网箱孵化效果最好，充气网箱次之。

表5-13　孵化方式对孵化率的影响

孵化方式	温度(℃)	平均孵化率(3次重复)
静水网箱	21.2	72.9
流水网箱	21.2	84.5
充气网箱孵化	21.2	78.5
静水孵化缸	20.7	15.7
流水孵化缸	20.7	32.5
充气孵化缸孵化	20.7	44.4

四、鳅苗的开口饵料

仔鱼在生长发育的各个时期所需饵料的种类是不相同的，仔鱼开口饵料的种类、性质和大小是直接关系仔鱼正常生长发育及苗种生产成败的首要问题，这也是目前泥鳅人工规模化繁殖成活率低的主要原因。研究证实，单一投喂轮虫和蛋黄作为开口饵料时，它们的生长速相差不多，但投喂轮虫的成活率及仔鱼大小规格和整齐程度明显优于投喂蛋黄。采用蛋黄、轮虫、豆浆、水蚯蚓和奶粉5种开口料进行实验证明，投喂轮虫和水蚯蚓的泥鳅仔鱼成活率较高，分别为55.23%和53.89%，显著高于蛋黄、豆浆和奶粉。因此，轮虫是泥鳅仔鱼的最佳开口饵料。在前期轮虫不足的情况下，蛋黄和奶粉可作为部分补充，但要注意投喂量的控制；水蚯蚓作为开口饵料要注意颗粒大小一致，防止成团。为满足种苗工厂化生产对开口饵料的需要，可以探索采用人工微粒胶囊来替代轮虫。

泥鳅仔鱼摄食方式表明，仔鱼摄食时多在水体底部或池壁游动，觅食固着性的轮虫和附着性的浮游生物。因此，在发塘时可人为创造这种环境为仔鱼开口提供更多适口饵料，以提高鱼苗成活率。其措施是，鱼苗入塘前 10 天，在池底撒一层基肥和少许谷物饵料，注水 30 ~ 40 厘米，待底层出现黄绿色生物薄膜时，即可放苗入塘。

第六章　泥鳅苗种培育技术

当前,我国泥鳅苗种培育普遍存在成活率低、难以规模化生产的现象,这是制约泥鳅规模化养殖的关键因素。究其原因,是对泥鳅早期发育的生理、生态了解不够深入,致使泥鳅苗种培育的一些关键技术无法解决。本章总结最新研究进展,介绍了泥鳅早期阶段的形态特征、摄食营养和生长,使读者了解泥鳅这一特定阶段的生理状况。在此基础上系统介绍了培育前准备、苗种放养、鳅苗饲养、日常管理和运输等相关人工培育技术。

第一节　泥鳅早期阶段发育

一、早期发育阶段划分

根据泥鳅仔稚鱼卵黄囊吸收情况、脊索的弯曲程度和尾下骨出现情况，将其发育阶段划分为卵黄囊仔鱼期、前弯曲期仔鱼、弯曲期仔鱼、后弯曲期仔鱼和稚鱼期5个时期。其中，孵化后至6日龄，为卵黄囊仔鱼期，这一时期主要是头部发育和卵黄迅速消失；7～9日龄，卵黄囊吸收完毕，但脊索仍未弯曲，此期称为前弯曲期仔鱼；10～14日龄，脊索的最后端出现弯曲，尾下骨出现且后缘与脊索倾斜，此期称为弯曲期仔鱼；15～22日龄，尾下骨后缘与脊索垂直，此期称为后弯曲期仔鱼。从前弯曲期仔鱼到后弯曲期仔鱼，有时将这一阶段笼统地称为仔鱼期，在水温23～23.5℃时约需12天，此阶段主要特征是鱼苗外鳃消失、内脏器官开始形成。23日龄时，沿鱼体中轴线出现细小圆鳞，此时鱼苗进入稚鱼期，在水温22.0～24.2℃时稚鱼期发育需10天左右。从稚鱼期一直到首次性成熟，这一阶段称为幼鱼期。

二、早期阶段发育特征

（一）各阶段形态特征

在水温19.5～22℃下，泥鳅胚胎发育需要24～28小时，初孵仔鱼平均体长为3.04毫米，鱼体透明，全身无黑色素，卵黄囊前部膨大呈球形，后部呈棒状，紧贴于身体，粗大的居维尔氏管清晰可见，口和消化管均未形成。初孵化仔鱼大多时间静卧在水底，贴壁不动，偶尔做扭动。出膜后的仔鱼经23～25天的发育进入稚鱼期，平均体长达22.17毫米。泥鳅仔鱼各期形态特征见图6－1、图6－2、图6－3和表6－1。

另外，泥鳅早期发育过程中的形态特征与其他淡海水鱼类有明显的不同，出现了许多与泥鳅仔鱼呼吸作用有关的特征，如粗大的居维尔氏管、3 日龄出现的外鳃丝、颌须，这些多样的呼吸器官和呼吸方式具有互相替代和补偿的作用。这些特有的形态特征与其生活环境有一定的关系，使泥鳅可在不同的发育阶段用不同的呼吸器官进行呼吸，以便在恶劣的环境下获得更强的适应能力，从而保证了泥鳅在仔稚鱼阶段能正常生长发育。

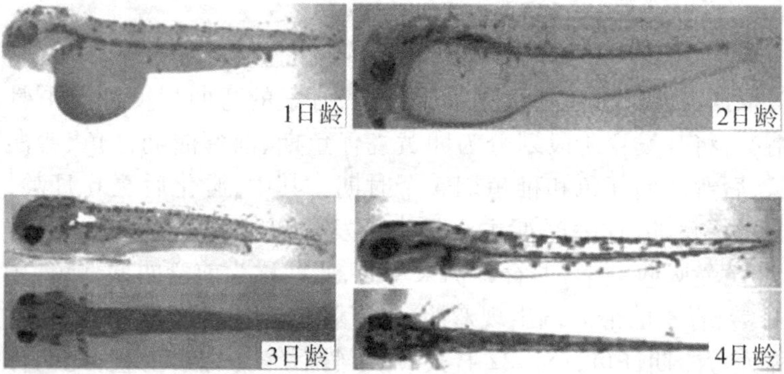

图 6－1　泥鳅 1～4 日龄形态特征

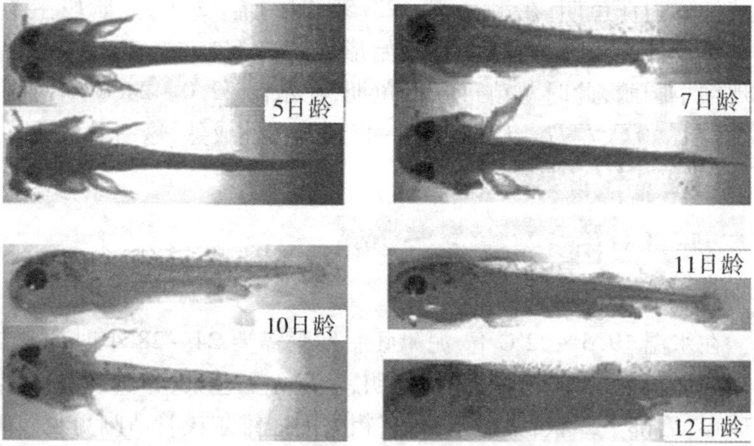

图 6－2　泥鳅 5～12 日龄形态特征

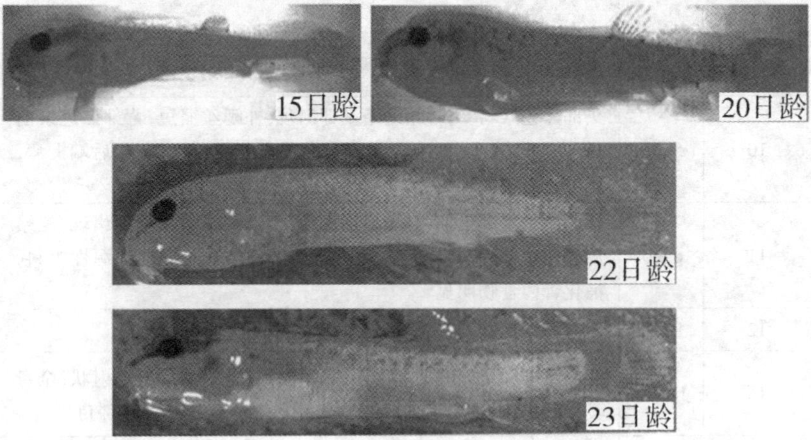

图 6－3　泥鳅 15～23 日龄形态特征

表 6－1　泥鳅早期仔鱼各阶段发育特征

发育阶段（日龄）	大小（毫米）	形态特征
1	3.58	具明显的卵黄囊，眼黑色素出现，体侧中央出现一排黑色素，卵黄囊右上方色素与眼睛后色素呈“V”字形，同时体背及头部也出现分散性状的黑色素
2	3.93	卵黄囊前部分已被吸收呈近似椭圆形，眼黑色素继续增多，雄鳅原基出现，口凹形成
3	4.03	卵黄囊被吸收，体积明显减小呈棒状，头部黑色素变粗，鳃盖上出现簇状黑色素，同时鱼体侧黑色素增多，呈分散点星状色素，胸鳍形成，鳃弧上出现短小外鳃丝。消化管形成，呈直管状
4	4.17	雄鳍鳍褶增大，呈扇形，外鳃丝增多，为 5～7 根；口形成，消化管贯通，肛门开口，仔鱼已开口摄食，进入混合营养期；头部和背部黑色素增多，呈椭圆状，不规则分布
5	4.80	卵黄囊被吸收，明显减少，胸鳍褶进一步增大，口角长出 1 对颌须；尾鳍基部开始出现，此时仔鱼基本静卧池底，营底栖生活
7	5.51	卵黄囊被完全吸收，仔鱼进入外源营养期；仔鱼口完全形成，上下颌已经分开，消化管变粗；尾鳍放射性鳍条明显

续表

发育阶段（日龄）	大小（毫米）	形态特征
10	5.83	头部黑色素增多，背鳍鳍条基部出现，外鳃丝缩短，背部黑色素前后分成 6～8 行，也有无规则分布的点状黑色素；脊索后端上弯，尾下骨出现
11	6.60	背鳍鳍条基部更加明显，口须出现 3 对；臀鳍鳍条基部出现，尾鳍放射性鳍条进一步增长；此期泥鳅仔鱼已开始摄食外源性饵料，消化管内食物明显
12	8.14	尾鳍鳍条逐渐增多，雏形逐步形成，消化管增粗
15	10.63	背鳍鳍条和尾鳍鳍条基本形成，呈扇形；臀鳍鳍条呈辐射状；全身具星状黑色素；尾下骨后缘与脊索垂直，进入后弯曲期仔鱼
20	12.5	背鳍鳍条和臀鳍鳍条发育伸长，体背具 7～10 行黑色素分布，腹鳍鳍条基部开始出现；外鳃丝退化，收入鳃盖内，内鳃形成
22	16.28	背鳍、尾鳍、胸鳍、臀鳍和腹鳍鳍条均已发育完全，各鳍鳍条全部长出，鱼体与成体相似
23	22.17	沿鱼体中轴线出现细小圆鳞，此时进入稚鱼期。此时泥鳅已与成鱼生活习性相似

（二）摄食营养

仔鱼发育期间，内源性营养向外源性营养转换是鱼类早期发育阶段的一个重大临界期。泥鳅孵化后前 2 天，完全依靠卵黄囊营养维持生命；到 3 天，卵黄囊仍然存在，但口已经完全张开，肠道发育成型，仔鱼此时变得健壮活泼，大部分可以在水表面和中层游动，开始进入混合营养期，一直到 6 日龄卵黄囊完全消失。6 日龄后，仔鱼开始完全靠吸收外界营养维持生命，标志着混合营养期的结束和外源性营养期的开始，进入稚鱼期。混合营养期为孵化后 3～6 天，共 3 天，仔鱼必须在这段时间内建立外源性摄食关系，否则将忍受饥饿，延迟投饵 1～2 天将对仔鱼的生长造成严重影响。孵化后 6～25 天，泥鳅各个器官鳍、鳔逐步发育完善，鳞片逐渐布满身体，体色变为暗褐色，捕食能力增强，开始完全营底栖生活，标志着泥鳅稚鱼期的结束，进入幼鱼期。

另外，泥鳅在幼苗阶段，即体长 5 厘米以下时，主要摄食轮虫、枝角类等浮游动物；体长 5～8 厘米时，转为杂食，除甲壳类幼体、昆虫幼体、丝蚯蚓等底栖动物外，还摄食藻类、高等植物和有机残渣、碎屑等;体长8～9厘米时,摄食硅藻和植物的根、茎、叶;10厘米以上摄食植物性饵料。

(三)生长

鳅苗出膜后的生长呈直线生长,且生长速度与温度密切相关。当水温在20℃以下时,生长速度较慢,而当温度达到20℃以上时,生长速度加快,随温度升高变化不大。泥鳅仔鱼体长的增长在10日龄之前较慢,但11日龄后增长速度加快。

(四)自相残食现象

自相残食现象在自然界比较普遍,尤其是在饥饿的条件下极易发生。在泥鳅苗种培育过程中,也曾发现泥鳅存在大吃小的现象。在泥鳅规格悬殊较大时,不同个体之间存在自相残食现象;在规格大小相差不大的情况下,小规格泥鳅具有较强的躲避敌害攻击的能力。当饵料缺乏时,泥鳅苗种因规格差异而产生的自相残食现象会增加。因此,在泥鳅苗种规模化培育过程中,应充分保证饵料的适口性,保持同池同批次苗种规格的一致性,以减少或避免因规格悬殊大而造成自相残食。

第二节　泥鳅苗种培育

一、泥鳅苗种培育阶段划分

泥鳅苗种培育分为鳅苗培育和鳅种培育两个阶段。其中,鳅苗是指泥鳅从受精卵孵出,卵黄囊吸收完毕,鳔的功能发挥,能平衡游动,开始主动摄取外界食物,但尚未出现性分化,且习性和体形开始向成体变化的早期发育阶段。鳅苗培育是将刚孵出体长3.5毫米的水花培育成3厘米左右,供培育鱼种用。鳅种是指经过一段时间培育,形态特征、习性与成体完全相同,性腺开始发育的个体。而鳅种培育是将体长3厘米左右的泥鳅培养成5～6厘米,供成鳅放养用。5厘米以上鳅种经1年的养殖,便可养成每尾重10克以上的商品泥鳅。泥鳅苗种培育阶段划分及特征见表6－2。因此,如果鳅卵在5

月上、中旬孵化，到6月中、下旬便可开始培育鳅种，7～9月是培育鳅种的黄金时期。

另外，泥鳅苗种培育也可划分为仔鱼培育、稚鱼培育和鳅种培育3个阶段。其中，仔鱼培育是将刚孵出的鳅苗，经过15～20天培育至体长1.0～1.5厘米，相当于鳅苗前期培育；稚鱼培育是将体长1.5厘米的鳅苗，经过30～40天培育至体长达3～4厘米，转变为幼鱼，此时可分池转入池塘进行大规格苗种培育或成鱼的养殖；鳅种培育是将体长3厘米以上的鳅苗，进行分池饲养，当年培育到5～6厘米。

此外，泥鳅苗种还有水花、夏花、冬片和大规格鱼种之分。其中，水花鱼苗是早期发育阶段的一个阶段，有嫩口苗和老口苗之分。嫩口苗是孵化后半天到两天的个体，其鳔未出现、体透明、色素少，尾鳍和背鳍未分开。老口苗则鳔已形成，可水平游动，色素较多。夏花鱼种是鱼苗下池后经20～30天饲养，体长达3厘米左右的鱼，其出塘时正值夏季故称夏花，也称乌仔、寸片和寸苗等。冬片鱼种是指将夏秋季繁殖的泥鳅苗培育到冬季，体长达5～6厘米的鱼。一般春季繁殖的泥鳅小苗培育到体长5～6厘米时，常被称为大规格鱼种。

表6－2　泥鳅苗种培育阶段划分与特征

培育阶段		体长	时间	特征
鳅苗培育	前期培育	3.5～15毫米	21天	刚孵出时，鳅苗多黏附在鱼巢或其他物体上，不活泼，内源性营养；3天后开口摄食，此期若不投喂，第5天便出现死亡，第10天则全部死亡；体长达15毫米时，形态已与成鳅相仿，呼吸功能逐渐健全，此时不能投喂太饱
	夏花培育	1.5～3.0厘米	1个多月	体长达3厘米时，已具有钻泥习性，适应环境能力增强，可转入成鱼饲养阶段；但各种生理功能尚未完全发育成熟，进行长途运输或直接进行成鳅养殖成活率尚不能保证
鳅苗培育	鳅种培育	3.0～5.0厘米	1个月	具钻泥习性，但钻泥不深，容易起捕，主要摄食浮游动物，此时出塘放养比较理想
	大规格鳅种培育	5.0～6.0厘米	4～5个月	体重2克以上，逐渐转向杂食性，可转入成鳅池养殖

二、育苗池建造与培育前准备

(一)育苗池建造

泥鳅苗种人工培育主要有池塘和水泥池两种方法。

1. 水泥池的规格与建造

鳅苗阶段,鳅苗还没有钻泥习性,因此可利用水泥池作为泥鳅苗种培育池。培育泥鳅苗种的水泥池面积以 6~20 米^2 为宜,池深 60~70 厘米,水深 50~60 厘米;要求进水口高出水面 10 厘米。建造时,先在池底铺上 20~30 厘米厚的松软土,泥土中混入腐殖质,以利泥鳅的生长和天然饵料的培育;进、排水口用 80 目以上的筛绢包裹,以防泥鳅逃跑和敌害生物进入;在培育池上方,搭建遮阳棚,满足鳅苗喜阴暗环境的生态条件;育苗池四周围防护栏,避免敌害生物进入;池水中放置少量水葫芦遮阴降温,池中开挖鱼溜。

2. 池塘培育池的建造

(1)场地选择　养殖场地应选在避风向阳、光照充足的地方,要求水量充足、排灌方便、水质清新、无污染、中性或微酸性黏质土壤、环境安静、交通便利、供电正常。池塘环境和底质符合《农产品安全质量　无公害水产品产地环境要求》(GB/T 8407.4)的规定。

(2)池塘条件　面积 50~100 米^2,池塘四周高出水面 40 厘米,池埂坡度 60°~70°,池深 80~100 厘米。池塘挖成后应把池壁夯实,用 50 厘米×50 厘米水泥板做护坡,池底铺设腐殖泥土 20 厘米左右,水深保持在 30~50 厘米。要求进水口高出水面 20 厘米,排水口用 120 目密眼网纱遮挡,排水口设在池沟底部。池中投放浮萍,浮萍的覆盖面积占土池总面积的 1/4 以上。最好有几个池用于泥鳅苗种的培育。

(3)池塘建造

1)防逃设施　池的四周须高出水面 20 厘米,用纱窗布沿池塘四周围栏,窗纱下埋 20 厘米至硬土中,贴着池埂。其他围栏材料最好用水泥板、砖块、硬塑料板、网片或瓷板等,以防蛇、鼠等敌害进入养殖区。在进、排水口处,用 120 目密眼网布包裹,以防止泥鳅逃跑及敌害生物和野杂鱼卵、苗种进入池塘。

2)进、排水设施　进、排水口呈对角线设置,进水口高出水面 20

厘米，排水口设在鱼溜底部，并用 PVC 管接上以高出水面 30 厘米，排水时可调节 PVC 管高度。

3）鱼溜（集鳅坑） 为方便捕捞，可在与排水底口相连的位置设置鱼溜，面积约为池底面积的 5%，比池底深 30～35 厘米，四壁用木板围住或用水泥砖石砌成。

4）安装微孔增氧系统 根据条件，在夏花培育池中也可安装微孔增氧系统，包括增氧主机、主管道和充气管道等设施，每 4 000 米^{2}池塘水面配置 1.5 千瓦主机 1 台，每亩水面配备 5 个微孔增氧盘。

（二）培育前准备

1. 培育池清整消毒

（1）池塘清整消毒 鳅苗下池前 10 天，对池塘进行清整消毒，察洞堵漏，疏通进、排水管道，翻耕池底淤泥。采用带水清塘，方法为将池水加至 10 厘米，用 50～100 千克/亩水面生石灰化浆后全池泼洒；或用浓度为 50 毫克/升的漂白粉，加水溶化后立即遍洒全池。另外，要彻底消灭有害生物，新挖池塘要注意消灭龙虾、寄生虫和蛙类等敌害生物。清塘 2～3 天后，注入新水，使池水深度控制在 50～60 厘米。

（2）水泥池消毒 放养前 4 天，清洗贮水池，清除池壁上的附着物及池底的沉积物；清洗后用漂白粉或者高锰酸钾溶液进行消毒；之后池水加至 20 厘米，再加入 0.1% 的食盐消毒曝气预处理 1 天。连接好气泵、气管、气石，将气石均匀分布到池中为佳。

2. 池塘水质培育

为使鳅苗一下池就能摄食到大量的适口饵料，可在下池前肥水。若培肥时间太短，水中浮游生物少，且大量未分解有机物易引起水中缺氧，鱼苗不宜下池；若培肥时间过长，大型浮游动物易使鱼苗伤亡，则大大降低鱼苗成活率。实践证明，池水为淡绿色时，浮游植物和轮虫数量最多，对鳅苗下池有利。

利用有机肥肥水时，在清塘 3 天后施基肥，池水加深至 30 厘米，按照 300～400 千克/亩水面的量施入经腐熟发酵的畜禽粪；若施化肥，可施氮肥 3 克/米^2、磷肥 1 克/米^2，以便培养浮游生物。待水色变绿、池水透明度达 15～20 厘米后即可投放鳅苗。

若用豆浆作肥料，可在下池前 3 天左右泼洒。具体情况应根据气温而定,气温高时,下池前培肥水质的时间相应缩短,反之则长。

放苗前 3 天,可用生物制剂来调控水质,以降低培育池中氨氮与亚硝酸盐的含量。

3. 饵料准备

为提高苗种成活率,必须满足泥鳅苗开口饵料的供应。泥鳅苗在卵黄消失后的 1 个多月内,主要以水中的轮虫和水蚤为食,且随着鳅苗生长对饵料的需求量也越来越大,仅靠育苗池自身的浮游生物远远满足不了鳅苗的需求。因此,进行规模化苗种培育时,建立独立的浮游生物培育池非常必要,通过专门培育轮虫、水蚤等浮游动物来保证泥鳅苗的饵料供应。

在苗种培养池边建一个蚤(藻)种培养池,通过施入鸡粪、猪粪、绿肥等基肥,保持池水深度 0.8 ~1 米,使池中溶氧达到 5 毫克/升以上、pH 值 7.0 ~8.0、底层水氨氮小于 0.2 毫克/升、透明度 30 ~50 厘米,即可培育出轮虫和单细胞藻类。

三、鳅苗的培育

(一)鳅苗的来源与质量

鳅苗应来源于国家级、省级良种场或专业性鱼类繁殖场,外购鳅苗应检疫合格。选购时,应根据以下几个方面的内容来判断鳅苗质量的优劣:①要查看鳅苗的人繁档案,选购受精卵、孵化率高的批次。②要现场观察鳅苗,选购体色鲜艳,体形匀称、肥满,大小一致,游动活泼有精神的鳅苗。③用白瓷盆人为检测鳅苗的动态,选购检测时奋力顶风、逆水游动,离水后在盆内剧烈挣扎、头尾弯曲厉害的批次。

(二)鳅苗的放养

1. 放苗时间

鳅苗破膜后第 3 天便开口摄食,饲养 3 ~5 天后体长达 7 ~8 毫米,卵黄囊消失,营外源性营养,此时即可下池进入苗种培育阶段,时间大致为每年的 5 月左右。放苗应在上午 8 ~9 点或下午 4 ~5 点进行,避免中午放苗。

2. 放养密度

鳅苗的放养密度应结合培育方式、规格等实际情况灵活掌握。一般静水放养密度以 800 ~1 000 尾/米^2(5 万 ~7 万尾/亩) 为宜,有微流水条件时可适当增加，当体长长至3厘米左右时应进行筛选分塘。如果从仔鳅苗培育成夏花，则放养密度为500尾/米^{2}左右，饲养20～30天即可，不能超过30天；从0.7厘米仔鳅苗直接养到6～9厘米大规格鳅种（需要饲养90天），其放养密度以300尾/米^{2}左右为宜，若养成10～13厘米的成鳅，其放养密度可在260尾/米^{2}左右；从3厘米左右的夏花养到10厘米左右的成鳅（需要饲养60多天），则放养密度可为116尾/米^2。

3. 注意事项

主要有：①做到饱食下塘，在鳅苗放养前，先在孵化池中投喂开口料，有超过95%的鱼苗进食后方可下塘。②放苗时，应从池塘上风处轻轻放入池水中。③放养前应先进行试水，检查水体毒性是否消除。④注意温差应激，放苗时盛苗容器内的水温与池水水温温差不能超过2℃。如是用尼龙袋充氧运输鳅苗，则下塘前应作“缓苗”处理，即将充氧尼龙袋置于池内20分，等袋内外水温一致时再把鳅苗缓缓放出。⑤苗种规格要一致，同一培育池中要放同批孵化、规格一致的鳅苗，以确保苗种均衡生长，避免出现大吃小现象，提高成活率。⑥保持充足的溶氧，放苗时须注意水中的溶氧，若氧气不足，鳅苗常在一夜之间全部死亡。

（三）鳅苗的饲养

1. 合理投饲

（1）选择合适的开口料　优良的开口饵料应满足以下条件：①形态及大小适于仔鳅摄食。②游泳速度及分布便于仔鳅摄食。③饵料比较容易消化，营养价值高，对水质的影响小等。鳅苗的最佳开口饵料是浮游生物和轮虫，用浮游生物喂养鳅苗不仅成活率高，而且生长速度快。

（2）正确投喂　正确的投食方法，是决定苗种早期培育中鳅苗成活率的关键。刚下池的鳅苗，对饲料有较强的选择性，所以要培育轮虫等适口的饵料生物；同时，刚下池的鳅苗仅在小范围内活动，不善于全池奔走觅食，故不宜在少数位置定点投饲，应多设投食点，分散、均匀投喂，且少量多次。如若不然，将会使鳅苗因缺食而大量死亡。投喂配合饲料时，应将饲料投放在离池底5厘米左右的饲料台上，切忌撒投。

投饵量和次数要视天气、水质而定，但在仔鱼、稚鱼阶段一定要足量、均匀投喂，避免大小个体间的自相残食。

2. 分阶段饲养

泥鳅早期各发育阶段生理特征存在差异，因此要区别对待，分阶段饲养管理。

（1）仔鱼培育　此期仔鱼应以肥水与投喂相结合进行培育，方法有豆浆培育法和肥水培育法两种。

1）豆浆培育法　鳅苗下塘后，每天泼洒3～4次豆浆，每天每100米^{2}池塘需干黄豆0.5千克左右，下塘5天后黄豆用量增加到0.75千克以上，上午、下午各1次。另外，投喂时在豆浆中加入少量蛋黄和奶粉等，能促进鳅苗快速发育。

2）肥水培育法　在饵料不足的情况下，根据水色情况可适当施肥。先施基肥，后再追肥，无机肥和有机肥可混合使用。泥鳅苗放入池塘后要勤施肥。追肥可用经过发酵的猪、牛、鸡、人粪等农家肥，也可用过磷酸钙、尿素和碳酸氢铵等化肥，采取少量多施的方法，水色以黄绿色为好，水深控制在30厘米以内，透明度控制在20厘米左右。由于刚出膜的鳅苗对化肥的耐受能力较低，此时要限制单次用量，尿素、碳铵等含氮化肥用量不要太高。一般隔天施1次，连续施2～3次，以后则根据水质肥度调节施肥浓度与间隔时间。

除上述方法外，也可投喂捣碎的丝蚯蚓、蚕蛹、动物内脏、血粉和豆饼等。每天上午、下午各投1次，开始时每天投喂量占体重的2%～5%，随着生长日投喂量可增加到体重的8%～10%。

（2）稚鱼培育

1）池塘培育　池塘面积300米^{2}左右，清整消毒后施入底肥，注水深40厘米，培养浮游生物，使鱼苗下塘时小型水蚤数量达到高峰。下苗后可投喂剁碎的鱼、虾、螺蚌等动物性饵料，每天3次，初期投饲量为鳅苗总体重的2%～5%，随鳅苗生长可增加到8%～10%；饲料应投放在离池底5厘米处的食台上，切忌撒投；每日投饵量以1～2小时吃完为宜。亦可投喂配合饲料，日投饵量为泥鳅体重的4%～10%，每天分早、中、晚各投喂1次，每次按日投喂量的30%、40%、30%进行投喂。具体投饵量应视水质、天气、摄食情况灵活掌握。投饵要做到定时、定点、定质、定量。

2）水泥池培育　培育池面积100～500米^2，放养量1 500尾/米^2。下塘前施肥、培好水。下塘后，前两周撒喂粉状配合饲料，以后改喂糊状饲料，定点投喂，并配合动物性鲜饲料。日投喂量3%～5%，每天上、下午各1次，以泥鳅苗2～4小时内吃完为度。池水深度控制在30～50厘米，每3天交换一部分水量。

（四）日常管理

1. 水质调控

鳅苗虽然耐污水和低氧的能力较强，但集约化养殖中不注意水质调节，常造成大批死亡。大规格鳅种培育时，正处在7～8月酷暑期，水质容易恶化而造成泥鳅的大量死亡。由于泥鳅体形细长，死后很少漂浮在水面，加之水体透明度低，不易观察，往往出现“养鳅养到最后而不见鳅”的现象。因此，日常管理中要时常注意水质变化，加强水质调控管理。

（1）适时加注新水，保持适当水位　发现有较多泥鳅在水层游动甚至浮头时，应立即加注新水。日常要定期注水，一般每10～15天注水1次，每次注水占总池水体积的40%；高温季节每周换水1～2次。鳅苗刚下塘，池水不要太深，保持50厘米即可；一周后要逐步加入新水，做到每周加水1次，每次加水15厘米。加注新水的数量和次数，根据具体情况灵活掌握。

（2）勤施肥　保持池塘水色“肥、活、嫩、爽”，水色以黄绿色为佳，池水透明度保持在20～30厘米。要经常观察水质变化，根据水质情况确定施肥数量。

（3）定期药物消毒　如定期泼洒生石灰，浓度为5～10毫克/升。

（4）放养少量滤食性鱼类　如鲢鱼、鳙鱼，控制水体肥度。

（5）控制水质　利用水泥池培育泥鳅苗种时，由于水体中亚硝氮、硫化氢等物质易于富集，日常应通过投饵、换水和生物制剂方法来控制水质，经常泼洒EM复合菌可以改善和调节水质，抑制有害病菌的滋生。

2. 水体溶解氧管理

从开口到夏花鱼苗阶段，水中适宜的溶氧对鳅苗存活十分重要，水体缺氧时鳅苗会游到水面直接吞食空气，水体氧气过多时可造成池底、池壁和水中形成气泡而容易使鳅苗误食气泡，这两种情况均能引起鳅苗的气泡病。因此,鳅苗池充氧时应采用间歇式充氧法。生产中,可根据鳅苗栖息情况准确判断池水是否缺氧,当溶氧不足时多数鳅苗会集中到水的中上层,而水中溶氧充足时鳅苗会集中在水体的下层或池底。另外,鳅苗浮头不同于家鱼,其缺氧时多集群在池壁,并沿池壁慢慢上浮,很少浮到水面,仅在水面形成细小波纹,缺氧死亡多发生在半夜到黎明这段时间。

3. 巡塘

泥鳅的呼吸机制和生理特征不同于其他鱼类,苗种培育开始阶段,泥鳅肠道还没有形成主动吸氧能力,直到孵化后半个月才开始用肠呼吸,所以早期泥鳅苗不耐低氧,在天气闷热、气压低、下雷阵雨或连续阴雨天气等情况下容易造成缺氧而死亡。所以,泥鳅夏花培育期间要加强巡塘工作。

应坚持每天巡塘 4 次,分别在每天的夜间、早、中、晚各巡塘 1 次,巡塘时要注意池水水色变化和泥鳅活动情况。一般第 1 次巡塘在夜间 1 点左右进行,主要检查鱼苗是否缺氧,一旦发现鳅苗集群在水池侧壁下部,并沿池壁游到水的中上层,却很少游到水面,这是水中缺氧的信号,应立即开启微孔增氧设施 2 ~ 3 小时,或向水体泼洒“粒粒氧”实施药物增氧,并同时加注新水。鳅苗 2 厘米之前主要靠鳃呼吸,稍有不慎,就会因缺氧而死亡,这是泥鳅夏花鱼种培育早期成活率低的主要原因之一。因此,该时段的巡塘非常重要,应一直坚持到鳅苗长至 3 厘米以后。早晨巡塘主要检查进、出水口,捞取青蛙卵,防止蝌蚪和鳅苗争食争氧。午后巡塘主要查看鳅苗活动与摄食情况。傍晚巡塘主要查看水质,并做好塘口记录。

4. 防害防逃

要定期对进水口、排水口、塘埂进行检查,发现漏洞及时修复,以防敌害入侵和泥鳅逃跑。

5. 定期预防病害

泥鳅患病主要由外伤和水质不良引起。因此,要勤打扫、清洗饲料台,做好饲料台、工具等消毒工作,保持良好的水质。鳅苗培育阶段常见病主要有气泡病、车轮虫病、舌杯虫病、三代虫病、水霉病、赤鳍病和打印病等,根据这些疾病发生的季节定期投喂药物进行预防。

6. 适时分养

当鳅苗大部分长至3～4厘米的夏花鱼种后，要及时进行分养，避免密度过大和生长差异扩大。分养操作的方法是：先用夏花渔网将泥鳅捕起集中到网箱中，再用泥鳅筛进行筛选。泥鳅筛长和宽均为40厘米，高15厘米，底部用硬木做栅条，四周以杉木板围成，栅条长40厘米、宽1厘米、高2.5厘米。

7. 加强防暑与越冬管理

鳅苗生长适宜水温为22～28℃，33℃以上时死亡率急剧增加，36℃时死亡率可达70%以上。因此，盛夏应注意调节水温，将水温控制在30℃以内，可采用搭建荫棚、遮阳网、加注水温较低的水和放养漂浮性水生植物等来加以调节。冬季水温降低时要做好越冬工作，使越冬池封冰前水深保持在1.5米以上，增加放养密度为0.75千克/米^3。

四、鳅种的培育

当鳅苗大部分长成3厘米左右的夏花鱼种时，要进行适时分养，进入鳅种培育阶段。

（一）放养前准备

1. 培育池准备

鳅种培育池同鳅苗培育池基本一样，只是面积稍大，最大不宜超过1 200米^2，水深40～50厘米。要预先做好清塘修整工作，施基肥，做到肥水下塘。清塘消毒可用生石灰，按10千克/100米^{2}对水进行全池泼洒，澄清一夜后，第二天用耙将塘泥与石灰耙匀，然后放水70厘米左右，1周后即可放养鳅种。

2. 培肥水质

鳅种培育采用肥水培育法。在放养前1周，适量施入有机肥以培肥水质，生产活饵料。待生石灰药力消失后，放苗试水，1天后无异常且轮虫密度达4～5只/毫升时，即可放苗。鳅种培育期间，应根据水色适当追肥，可采用腐熟有机肥对水泼洒，或将有机肥在塘角沤制。当水质过瘦，可于晴天上午9～10点追施尿素，少量多次，保持水色黄绿和适当肥度。

（二）鳅种放养

1. 鳅种质量

放养的夏花鳅种要求规格整齐、体质健壮、无病无畸形，体长3厘米以上。外购夏花应经检疫合格后方可入池。如果是自己培育的夏花鳅种，也应在放养前进行拉网检查，判断其活力和质量。外购鳅种，更需检验质量，方法是：将鳅种放入水桶或水盆中，搅动水流成漩涡状，此时观察鳅种运动情况，若大部分能在漩涡边缘溯水游动且动作敏捷者为优质鳅种，否则不宜购买，亦可在白瓷盆中观察鳅种的运动状况。另外，不宜购买暂养时间太久的鳅种。放养时，同一培育池中规格要整齐一致。

2. 放养密度

土池培育时，一般放养密度为200～300尾/米^{2}泥鳅夏花，并少量搭养一些鲢鱼、鳙鱼等滤食性鱼类。水泥池培育时，放养密度为500～800尾/米^2，有流水条件放养密度可加倍。

（三）饲养管理

1. 投饲

除施肥培育天然饵料外，还应投喂人工饵料，如鱼粉、鱼浆、动物内脏、蚕蛹等动物性饲料及米糠（煮熟）、饼类等植物性饲料，以满足泥鳅生长所需能量和营养。

放养后10～15天内投喂粉状配合饲料，之后将粉状配合饲料调成糊状定点投喂，要逐步增加配合饲料的比重，使泥鳅逐步过渡到适应人工配合饲料。配合饲料中蛋白质含量为30%，动物和植物性饲料原料比例为7∶3，水温25℃以上时动物性蛋白饲料可提高到80%。

日投饲量随水温高低而变化，一般占泥鳅总体重的3%～10%，水温20～25℃时，饲料日投饲量为鳅体重的2%～5%；水温在25～30℃时日投饲量为泥鳅总体重的5%～10%；水温在30℃以上或低于12℃时，不喂或少喂。

投饲方法遵循“四定”原则，将饵料搅拌成软块状，投放到食台上，食台沉于水下离池底3～5厘米，切忌撒投。每天上、下午各1次，上午投喂30%，下午投喂70%。投喂量以1～2小时内吃完为宜。同时，还应根据天气变化、水质、水温、饲料性质等情况适当调整投喂量。

2. 日常管理

要经常清除池边杂草,检查防逃设施,发现漏洞及时抢修。每日观察泥鳅的吃食情况和活动情况,发现鱼病及时治疗。适时加注新水或追施肥,保持池水透明度 15～25 厘米。定期消毒水体。

五、鳅种质量评价与检验检疫

泥鳅健康养殖必须选择纯种、健康亲体繁育的苗种,以确保养殖对象具备优良的性状,这是实施健康养殖的重要环节。因此,购买鳅种时要严格进行质量鉴定和检验检疫。

(一)鳅种质量鉴定

鳅种质量优劣,可按照“四看、一抽样”的方法来鉴别。

1. 看出塘规格的均匀度

同一批鳅种,凡是出塘规格均匀,个体间差异很小,各种规格的全长、体长、头长、体高、体重等数据符合国家有关规定指标,通常体质健壮。

2. 看体色

优质鱼种体色光亮、纯正、一致。线条完整,没有杂色与斑点。反之,为劣质鱼种。

3. 看体表光滑度

健壮鱼种体表具有一薄层丰富的黏液,呈一定光泽,无伤病。病弱受伤鱼种缺乏黏液,体表无光泽,俗称鱼体“出角”“发毛”。

4. 看游动情况

健壮鱼种在水中游动活泼,逆水性强,跳跃有力,在网箱中密集时,头向下,尾朝上,游泳迅速,顶水,“只见鱼尾不见鱼头”,否则,为劣质鱼种。

5. 抽样检查

随机选择同种、规格一致的鱼种 1 千克,数出尾数,然后与优质鱼种规格标准进行对照比较,按照畸形率小于 1%,损伤率小于 1% 的标准,确定鱼种的优劣。

(二)鳅种的检验检疫

用于生产的鳅种必须按照制度和程序进行严格的检验检疫。包括以下基本内容:①繁殖、孵化、培育用水符合国家渔业用水标准。

使用优质开口饵料和培育饵料，严禁投喂腐烂、变质饲料。②培育过程尽量稀放，防治必须使用安全环保的消毒剂、杀菌剂和治病药物，严禁使用“三致”（致癌、致畸、致突变）药物、化学药品和高残留药物。③定期对每个批次的苗种进行抽样检测，对外观、可量可数性状、生长发育和病害状况进行详细检查，并做好详细记录。④由外地引进的卵、苗、种，均要严格检疫，严防携带病原体卵、苗、种入境。未经审批的卵、苗、种不得入境。不得销售未经审批的卵、苗、种。⑤对新购入的苗种，尤其是来自疫区的苗种，必须进行隔离暂养观察，一般暂养3～4周，发现病症应立即治疗或捕杀。⑥检验、检疫和暂养相结合，但期间必须严格注意隔离、消毒和灭菌，杜绝病原的传播、扩散。

六、鳅种的运输

（一）鳅苗运输的基本方法

鳅种在运输前应先拉网锻炼1～2次，运输前1天停止投喂饵料。装运前将苗种集中于网箱内暂养2～3小时，促使其排出粪便，减少体表分泌黏液，以提高运输成活率。

运输时盛水量为容器的1/3～1/2，每升水放种量按鳅体规格大小而定。一般体长1.2～1.4厘米鳅种的运输密度为3 000～3 500尾/升；体长1.5～2厘米鳅种的运输密度为500～700尾/升；体长2.5～3厘米鳅种的密度为300～350尾/升；体长3.5～4厘米鳅种的密度为150～200尾/升；体长5～6厘米鳅种的密度为120～150尾/升。

运输过程中要注意容器内水体溶解氧情况，如鳅种浮头则应及时换水。每次换水量为总水体的1/3左右，换水温差不要超过3℃；也可在容器内装一个充气头进行不间断增氧。运输路程较长时，应在运输途中及时捞出死苗，并用塑料管采取虹吸法排尽水体中的鳅鱼粪便和剩饵。

（二）不同规格鳅苗的运输

1. 水花苗（开口苗）的运输

购买水花苗一定是开口苗（已经孵出4天以上，并已开始投喂饵料），刚孵化的小苗不宜购买。水花苗采用鱼苗袋充氧包装运输，在气温不超过32℃的情况下,可安全运输24小时左右。

2. 寸苗的运输

应购买体长3厘米左右的小苗(寸苗),短途运输可使用塑料箱、塑料盆、铺有塑料膜的竹筐等容器,在24小时内到达。长途运输可采用空运,一般用充氧鱼苗袋带水运输,24小时内到达。

3. 大规格鳅苗的运输

大规格鳅苗指体长5~6厘米、体重1克左右的人工繁殖苗。一般大规格鳅苗应就近购买,不宜长距离购买。当气温较高(超过32℃)时,可采用封闭容器加冰或选择晚间凉爽时间运输。

第七章　成鳅养殖通用技术与收获管理

成鳅养殖是指将越冬后的鱼种，养到体重 10 克以上的商品鱼，一般养殖期为 1 年。成鳅养殖方式主要有池塘养殖、稻田养殖、网箱养殖、庭院式养殖等。本章仅从苗种放养、投饲管理、日常管理和越冬管理等方面介绍了各种养殖方式的通用技术。另外，也系统介绍了泥鳅的捕捞、暂养和运输方法。

第一节 成鳅养殖通用技术

一、养殖场地选择和前期准备

无论采用何种养殖方式，都应具备一些基本的设施和做好相应的前期准备工作。

（一）基本设施准备

主要项目有：整修池埂、田埂，加设防逃设施，使池埂高出水面30厘米；在进、排水口设置防逃栅；于排水口一侧修建1～2个平水缺，每个平水缺深5～10厘米、宽1～2米；养鳅稻田中开设集鱼道。

（二）其他前期准备

1. 养殖水域的清整消毒

放养前10～15天，应放干池水，清整池塘，填塞漏洞，疏通进、排水管，翻耕池底淤泥，除野灭害。一般预先晒塘到塘底出现裂缝后再在塘周挖若干小坑，将块状生石灰放入浇水，并趁热全池泼洒，第二天将石灰与泥混合。一般生石灰用量为10～15千克/100米^2。

2. 施基肥

清塘3天后，加水20～30厘米即可施基肥，以培育浮游生物。基肥可使用鸡粪（200千克/亩），或人粪、猪粪、牛粪（334千克/亩），或化肥（每立方米水体施氮肥7克、磷肥1克），施入时可均匀撒在池内，或集中堆放在鱼溜内，让其发酵腐烂，也可堆放在鳅池向阳的一侧，使其慢慢浸入水中，使水体透明度保持在20厘米左右。

3. 泥鳅饲料准备

泥鳅规模化人工养殖条件下，为达到预期产量，应准备充足的饲料。泥鳅食性杂，饲料来源广，除了通过施肥培育水质培养天然饵料外，还可收集农副产品加工下脚料，也可专门培养生物活饵料。重要的是，要配制或购买相应的人工配合饲料。同时，还要准备相应的动物性饲料和植物性饲料。

4. 野生鳅种的驯养

养殖选用野生鳅种的，需要预先进行规格分选和食性驯化，使野生鳅种逐渐由夜晚摄食变为白天摄食，由分散摄食变为集中摄食，由习惯吃天然饵料变为吃人工饵料。具体方法是：于下塘后的第三天晚上8点左右，分若干个食台投放少量饲料。以后每天逐步推迟2小时投喂，并逐步减少食台数目，约经10天驯养即可。

二、鳅种放养

(一)鳅种的来源

目前，鳅种来源主要有人工繁殖鳅苗和野生鳅苗两种途径。在实际生产中，两种来源的鳅苗的养殖效果和养殖效益差异较大，一般野生泥鳅苗种的成活率仅在40%～60%，而人工养殖的泥鳅苗种则在80%以上。相对于野生鳅苗，人工鳅苗的投放成活率高、生长速度快、养殖成本低、养殖更容易成功，分析原因主要有：①野生泥鳅苗种多为在外收购或捕捞，加上筛选和运输的不当，容易造成伤害。②野生泥鳅苗捕获后，经过长时间高密度暂养、筛选和运输等复杂的中间过程，体质十分虚弱。③在暂养、筛选和运输过程中，基本不喂食饵料，易造成鳅苗营养不良。④野生鳅苗放养时间较迟，多在6月甚至7月进行。

基于上述原因，最好投放人工鳅苗进行养殖。但不论野生苗或人工鳅苗，在放养前都要筛选好的苗种进行饲养，剔除劣质苗种，这直接影响着泥鳅养殖的成败和效益。可从以下几个方面鉴定购买的泥鳅水花苗质量好坏：①选购受精率和孵化率高的批次的鱼苗，这样的鳅苗体质较好。②体色鲜嫩、体形匀称、肥满，大小一致，游动活泼有精神的为好苗。③在白瓷盆中试水，用口适度吹动水面，强者顶风、逆水游动。④盛苗在白瓷盆，沥去水后，优质苗在盆底剧烈挣扎，头尾弯曲厉害。

(二)鳅种的规格

投放鳅苗的规格与其成活率密切相关。一些生产数据表明，投放体长1.5～2.5厘米的鳅苗死亡较少；体长3～5厘米的鳅苗，放养后几乎没有死亡；体长6～8厘米的鳅种，放养后有部分死亡，若操作不当，死亡会更多。从泥鳅发育的生理和生态来看，体长1.5～2.5

厘米的鳅苗，刚完成身体结构的变态发育，进入食性转变阶段，对外界环境的适应能力比较差，此时出塘放养容易引起死亡；体长3～5厘米的小规格鳅种，对环境的适应能力明显加强，已具钻泥习性，但钻泥不深，容易起捕，此时出塘放养比较理想；体长6～8厘米的大规格鳅种，虽然对外界适应能力很强，但其活动能力也很强，受惊吓后会钻入较深的泥层，不易起捕出塘，且捕捞过程极易受伤、感染而生病死亡。因此，泥鳅苗种体长3～5厘米的放养效果最好，成活率高。

另外，从经济角度考虑，放养3～5厘米的鳅苗成本也最低。比如，体长4厘米的鳅苗，一般体重在0.5克左右；而6～8厘米的鳅苗，体重在3～4克。一般1亩水面投放量为10万尾，则4厘米的鳅苗约需50千克，体长6～8厘米的鳅苗则需500千克左右（考虑成活率因素），按照市场价格计算4厘米鳅苗所需费用仅为6～8厘米鳅苗的1/4。

（三）放养时间

收购的野生苗，放苗应尽量选择气温比较稳定的晴天，阴雨天对泥鳅的存活率有一定的影响。因此，在气温和水温都比较稳定的5～7月放苗最好，此时放苗死亡率最低；同时，夏秋季节也可以选择连续晴天、气温比较稳定的天气收购鳅苗投放。对于自行人工繁殖的鳅苗，长到适宜规格后就可投放入池饲养，只需注意不要在冬季等低温季节进行投苗就行。

（四）放养密度

由于投放鳅苗规格大小和投放时间各不相同，各地水源条件差异较大，养殖者采用的养殖方式也不同，所以鳅种投放密度没有一个固定的数据可以参考。一般情况下，每平方米放养3～4厘米体长的泥鳅50～60尾，5～7厘米体长的泥鳅30～40尾。如有流水条件或较高饲养管理水平的，可适当多养。

池塘围网养殖，是一种较高密度的养殖方式，在水源条件较好时可按照亩产商品泥鳅2 000千克左右的密度来确定投苗量，水源条件较差的地方可根据换水能力酌情降低投苗密度，以确保养殖安全。下面以水源条件好、投放自行培育的寸苗来说明投苗数量的计算方法：首先称取100克小苗，清单数量为100尾，算出平均尾重为1克；按5月投苗，年底养成商品规格平均尾重为18克；按亩产商品鳅

2 000千克计算，每亩需投放鳅苗 11 万尾；11 万尾乘以 1 克，得到每亩投放鳅苗的重量为 110 千克。

稻田养殖，投放鳅苗的密度比池塘低很多。一般每亩计划产量为 150 ~ 300 千克时，投苗量为 1 万 ~ 2 万尾。

水泥池和网箱养殖泥鳅，一般每平方米产出商品泥鳅 5 ~ 8 千克，如果商品规格按 20 克左右计算，则每平方米水面投苗 250 ~ 400 尾即可。

（五）鳅种的投放及注意事项

刚购买的鳅苗身体纤弱，入池时稍不注意，就有可能造成较大损失，甚至全军覆没。因此，在泥鳅苗入池时一定要注意以下事项。

1. 泥鳅种入池前

要注意：①泥鳅苗入池前一天应用密眼网拉几次空塘，以使堆积在池底的剩余清塘药物充分溶解，并清除敌害。②泥鳅苗入池前一定要检查清塘药物的毒力是否消失，以及水的肥度是否合适。方法是：取半桶水，放入鱼苗，观察 8 ~ 10 小时，看是否正常，以确定鱼苗能否入池。水的肥度可根据水色、透明度和饵料生物情况进行判断，如发现池水过肥，可加注清水；若池水肥度不够，应补施少量化肥或发过酵的粪或增投人工饵料。③鳅苗入池前应进行药物消毒，可用 1% 小苏打水浸洗 20 ~ 30 分或 1 万国际单位/升的青霉素溶液浸洗 1 小时。④池塘养殖时，投苗时池塘水不宜过深，保持在 40 厘米即可。

2. 泥鳅种入池时

要注意以下几个方面：①鳅苗下塘的时间要选择无风晴天的上午，避免风天、雨天或夜间入池。②同一池塘应放养规格一致的同种鳅苗，且一次放足，以免发生大吃小及出池规格不齐现象。③坚持鳅苗饱食后下塘。生产实践证明，鳅苗入池前喂 1 ~ 2 次熟蛋黄、饲料酵母或轮虫等，可提高成活率。鳅苗运到后，先用网箱喂饵，再重新过数入池。在网箱内取苗时，上风头的鳅苗一般体质较强，个体较大，下风头的鳅苗体质较差，个体较小，以此将个体大小不同、体质强弱有别的鳅苗分开放养。在操作过程中要严防网箱中缺氧，以免造成损失。④要求池水温度不能低于运鱼水温 3℃，如果水温相差过大，应进行“缓苗”处理。方法是：入池前先将塑料袋开口并缓慢放入预先安置好的水箱内,10～20 分后再将鳅苗连水一起缓慢倒入箱内。开袋时如果发现鳅苗呈仰卧状态,这是二氧化碳中毒现象,经过“缓苗”处理即可恢复。切记不能将鳅苗从袋中直接倾入池内,以免造成运输后的死亡。⑤要选择深水处下塘,紧贴水面慢慢放苗。有关试验表明,从 30 厘米高处将鳅苗倒入水中,可损伤 5%～10%;距水面 60 厘米高时,鱼苗损伤率可达 20%～30%。因此,鳅苗入池一定要缓慢轻放,且放养后不要立即离开,要等鳅苗散开游入池中后再离去,如发现鳅苗密集成团,要用水滴轻轻泼洒,使其散开游入池中。遇到起风天气,要在上风头深水处入池,以免鳅苗被风吹到池坡或压到池底而造成伤亡。

三、鳅种投放初期的饲养管理

鳅苗投放养殖初期,有一个适应阶段,该阶段内泥鳅死亡率较高,甚至会出现大量死亡,养殖者通常将这一阶段称为“危险期”。鳅苗投放初期危险期长短与水温、苗种来源和质量等多方面因素有关。一般利用收购的野生鳅苗进行养殖,其危险期在春季长达 20 多天,夏季在 15 天左右;利用自行培育鳅苗进行养殖,一般危险期比较短,多在 1 周左右。危险期内,野生鳅苗的死亡率在 15%～25%,自行培育鳅苗死亡率在 5%左右。因此,抓好入池初期的管理,将损失尽可能降到最低,是养殖者在该阶段的重要管理目标。

(一)做好消毒工作

泥鳅入池后就要进行消毒处理,第 1 天用 2 毫升/米^3 的“鳝宝益碘”对水全池泼洒,第二天用 1 克/米^3 的漂白粉对水全池泼洒,以后每隔 5 天再连续使用 2 天,直到危险期度过,有效地预防泥鳅体表的疾病。用药量计算时,水体水位超过 30 厘米的,按照 30 厘米水体体积计算;不足 30 厘米的按照实际水深进行计算。

(二)做好投喂工作

入池后的当天晚上就要投喂,使泥鳅早日开食,增强鳅体抵抗力,让它们安全度过危险期。投喂过程,以颗粒饲料为主,第 1 天投喂量占泥鳅体重的 0.2%,以后每隔一天增加 0.2%,直到泥鳅危险期过去,能正常进食。另外,入池前 3 天,要注意对泥鳅肠道和体内疾病的治疗,一般每天投喂 1 次“鳝宝肠炎灵”和维生素 C,均按每千克饲料中添加2克计算；以后每隔2天再投喂1次，直到泥鳅度过危险期。待泥鳅度过危险期，进入正常投饲阶段后，应严格按照“四定”原则要求进行投饲。

四、投饵施肥

泥鳅为杂食性，但其食性与生长发育阶段密切相关。幼苗阶段摄食动物性饲料，后逐渐转为杂食性，成泥鳅偏植物性。通常情况下，体长5厘米以下个体，摄食小型甲壳类动物；体长5～8厘米时，除摄食小型甲壳类，还摄食丝蚯蚓；体长8～9厘米时摄食硅藻，植物的根、茎及种子等；体长达10厘米以上时，以摄食植物性饵料为主。另外，泥鳅的摄食强度和水温有关，水温20～30℃是泥鳅的适温范围；水温15℃以上时，摄食开始增加；水温在25～27℃时，摄食旺盛，水温超过30℃后，摄食量减少。因此，在养殖过程中，既需要利用肥水培育天然饵料，又需要进行人工投饵。

（一）追肥

放养前要施足基肥，养殖阶段要巧施追肥。日常管理过程，应根据水色，及时追肥，常用猪粪、牛粪、鸡粪、人粪等农家肥，也可施用过磷酸钙、尿素、碳铵等化肥。追肥量视水色而定，一般为基肥的30%～50%，保持水质一定肥度，池水透明度控制在15～20厘米，水色以黄绿色为好，使水体始终处于活爽状态。

（二）投饲

投饲应遵循“四定”原则。

表7－1为成鳅各月的投喂比率，应结合具体情况灵活调整。

表7－1　成鳅各月投喂比率

月份	4	5	6	7	8	9	10	11
水温（℃）	17	23	26	32	29	25	21	16
占年投喂量（%）	7	18	21	5	15	24	8	2

五、水质管理

泥鳅抗性较强，基本没有病害。但在高密度养殖时，会因密度大、投喂饲料过多、产生的粪便多等原因，造成池塘里pH值的改变、溶氧量的改变和氨氮含量的改变。当养殖池水质变坏，就会影响泥鳅的生长发育。一般养殖泥鳅要求水质清新,达到“肥、活、嫩、爽”的标准。所谓“肥”就是水体要有较多浮游植物,水色以黄绿色为好,即所说的“肥水养肥鱼”。所谓“活”就是水体随外界光照、温度的变化而出现相应的变化,池水呈现多变的颜色,即所说的“早淡晚浓”或“早红晚绿”。所谓“嫩、爽”就是水体肥但不能过度到出现变质,水体透明度保持在 25 ~30 厘米,即所说的“肥而不腐”。因此,日常管理要勤观察,发现水色发黑或过浓时要及时加注新水,一般每周加水 1 ~2 次,每次换水 30 ~40 厘米。夏季高温阴雨天,要注意防止泥鳅浮头,尤其是静水养殖,出现浮头现象,应及时加注新水或采取增氧措施。

(一)水温

泥鳅适宜的生长温度为 22 ~30℃,当水温超过 30℃时,泥鳅摄食减少,甚至停食钻入土中。所以,日常管理中要常测水温,尤其是夏季,每天下午 2 点左右要测量一次水温。养殖池的水温可通过加注新水和调节水位来调控。

(二)溶氧

溶氧量指水中氧气的含量,水中溶氧不足会影响泥鳅的正常生长,泥鳅养殖池水体溶解氧要求在 3 毫克/升以上。当温度过高,水中浮游生物过多时,会造成溶氧量降低。水体溶氧量主要通过加注新水来调控,通过加注新水,换去旧水,使整个池水形成对流,清新的水就能带进足够的溶解氧,从而增加水体氧气含量。

(三)pH 值

pH 值指水中的酸碱度,泥鳅生长最适合的 pH 值为 7 ~7.5。养殖池中藻类植物的过度生长,常常会引起池水 pH 值偏高。生产中可利用 pH 试纸,按照说明书上的方法操作,通过与 pH 值试纸上的颜色比对,就可知道养殖池水的 pH 值是否符合要求。池水 pH 值可通过泼洒生石灰的方法来调节。

(四)氨氮

水体氨氮含量过高可造成泥鳅慢性中毒,抑制生长,泥鳅养殖池中氨氮含量不能超过 0.03 毫克/升。氨氮含量过高主要是由于泥鳅的排泄物、残饵、浮游生物残骸等分解造成的。因此,可使用光合细菌等微生物制剂,分解和降低底质和水质中有机物含量,从而减少氨氮的释放。

六、日常管理

（一）巡塘

坚持每天巡塘3次，随时掌握水质、水色变化，注意观察泥鳅摄食和活动情况，做好投喂、水温、溶氧等方面的记录。其中，早上巡查要注意检查和清扫食台，观察泥鳅摄食情况；中午巡查要注意水温；晚上巡查要注意泥鳅缺氧浮头情况。下雨天巡查要注意防逃，查看排溢水管是否通畅，避免发生溢水逃鱼现象。

（二）消毒

日常管理中，应定期进行消毒，尤其是要定期对食台进行漂白粉消毒，及时清理食台上的残饵及池中死亡个体，防止水质恶化和疾病的传播。在疾病流行季节，应定期使用少量生石灰化浆泼洒，对养殖池进行消毒。做好病害防治工作，坚持无病预防，有病早治的原则。

（三）防逃、防浮头

应定期检查防逃设施的安全情况，检查进、出水口防逃网是否破损，查看塘埂是否有漏洞等。在气压低、久雨不停或天气闷热时，如池水过肥易发生浮头泛池，尤其是静水养殖，要及时加注新水或采取增氧措施。

（四）水草管理

在养殖池中种植一定数量的水葫芦、空心菜等漂浮性水生植物，可以起到遮阳、吸收水体过剩养分的作用，并吸引水生昆虫作为泥鳅的饵料。同时，植物嫩的根、芽也可以被泥鳅自由食用。但养殖池内水草不宜过多，以免影响饵料投喂和观察泥鳅的活动，一般水草占水面面积的20%～30%，过多的水草要予以去除。对于稻田养殖，要及时清理水中过多杂草和鳅池四周的水草。

（五）食台管理

经常检查食台，了解泥鳅吃食情况，以便调控投喂量；及时捞出残余饵料；每天或隔天清扫食台1次，并定期对饲料台消毒。

（六）防止敌害

清除养殖池四周害兽易潜伏之地，设置驱赶鸟兽的设备，防止野杂鱼特别是肉食性鱼类进入池内。

七、越冬管理

泥鳅对水温变化比较敏感，除我国南方终年水温不低于15℃地区，可常年饲养泥鳅外，其他地区一年中泥鳅的饲养期为7～10个月，有2～5个月的低温越冬期。当水温降至10℃以下时，泥鳅生长缓慢，摄食停止，逐渐进入冬眠期。泥鳅的越冬管理，一要做好越冬前的投饲，在秋季水温较高时进行催料长膘，使鱼体累积足够的能量来安全越冬；二要创造良好的越冬环境，做好越冬期间的管理。

(一)越冬前的管理

主要是加强投饲，多喂一些营养丰富的饵料，让泥鳅吃饱吃好。泥鳅越冬育肥饵料的配比应为动物性饵料和植物性饵料各占50%。随着水温下降，泥鳅摄食量开始下降，投饵量也应逐渐减少。当水温降至15℃时，每天只需投喂泥鳅总体重1%的饵料；水温降至13℃以下时，则停止投饵。

(二)越冬场所的选择

选择背风向阳、保水性好、池底淤泥厚的池塘作越冬池。越冬前要对越冬池、食台等进行清整消毒处理，防止有毒有害物质危害泥鳅越冬。越冬池消毒清理后，泥鳅入池前，先施入适量有机肥料，如猪粪、牛粪、家禽粪等，铺撒于池底，增加淤泥厚度，发酵增温，为泥鳅越冬提供理想的“温床”，以利于保温越冬。

(三)鳅种的选择

选择体质健壮、规格大、无病伤的鳅种作为来年繁殖用的亲本。越冬泥鳅的放养密度可比常规饲养高2～3倍。

(四)越冬方式

自然条件下的越冬方式主要有两种。一种是干池越冬，泥鳅停食后，放干池水，待泥鳅钻入池底泥土中后，在上面覆盖15～20厘米厚的干草或秸秆，保持池底湿润、不结冰。覆盖物不可堆积过密，保证泥鳅不缺氧窒息，池底泥土较干时可掀开覆盖物进行喷水。另一种是深水越冬，越冬期将池水水位调高至1米左右，让泥鳅钻入水下泥土中越冬，若池水结冰应及时破开冰层，避免其缺氧窒息，还应及时补充新水，防止水位过低导致泥鳅冻伤。

此外，还可采用越冬箱进行越冬。越冬箱采用木质材料，大小以装下 6～7 千克泥鳅为宜，一般规格为（90～100）厘米×（25～35）厘米×（20～25）厘米，箱内装细软泥土 18～20 厘米。装箱时，土和泥鳅要分层装，先在箱底铺上 3～4 厘米厚的细土，再放 2 千克左右泥鳅，如此装 3～5 层，最后再装满细软泥土，适当拌入一些有机肥，钉好箱盖。将越冬箱箱盖钉好，打上若干孔洞方便透气，选择背风向阳的越冬池，将越冬箱沉入 1 米以下的水中即可。

（五）越冬期间管理

主要做好进、排水管理及水温和水位管理。越冬期间水温应保持在 2～10℃，水深控制在 1.5～2 米。加注新水时尽可能用地下水。在池塘或水田中开挖深度 30 厘米以上的坑、溜，使底层温度有一定的保障，再在坑、溜上加盖稻草，保温效果则更好。

第二节　泥鳅的收获、暂养与运输

一、成鳅捕捞

养殖泥鳅常用捕捞方法有笼捕、敷网捕、张网捕、拉网捕、袋捕、药物驱捕和干塘捕捉等，生产中可根据池塘养殖、稻田养殖等不同养殖方式来选用适宜的捕捞方法。

（一）笼捕

笼捕是根据泥鳅生活习性，将笼设置在养殖泥鳅的池塘、稻田、浅水沟等水体中，同时在笼内放上泥鳅喜食的饵料，引诱泥鳅进到笼内而被捕获。在泥鳅入冬休眠以外的季节均可采用笼捕，尤其水温在 18～30℃时捕捞效果较好。

常用工具有须笼和黄鳝笼。须笼是一种用竹篾编成的专门用来捕捞泥鳅的工具，长 30 厘米左右，直径约 10 厘米，一端为向内的漏斗状，另一端为锥形。须笼里面为聚乙烯布做成的同样形状的袋子。捕泥鳅时，先将鱼粉团、炒米粉糠、麦麸等做成的饵料团，或者是煮熟的鱼、肉的骨头等放在须笼或鳝笼中，将笼沉入池底，1 小时左右即可将笼拉出。采用该法捕捞，每亩水面池塘放10～20只须笼或鳝笼，连捕几个晚上，起捕率可达60%～80%。

（二）敷网捕

敷网捕泥鳅是将网布设在养殖水域中，预先将诱饵放入网内，或直接采用冲水或驱赶等方法，使泥鳅进入网中，然后突然迅速上提网具而将泥鳅捕获。敷网捕泥鳅有两种方法。

1. 罾捕泥鳅

一般在水温18～30℃，泥鳅活动、吃食良好的季节里，多采用罾捕法。罾的网片方形，面积1～4米^2，用聚乙烯网片做成，网目1～1.5厘米；捕捞鳅苗时，则用聚乙烯网布。四角用弯曲成弓形的二根竹竿十字撑开，交叉处用绳子和竹竿固定，用以作业时提起网具。罾捕泥鳅有两种作业方式：一是罾诱，即按每亩放10只左右的标准，将罾放入养殖水域中，并预先放上诱饵，放罾后每隔0.5～1小时，迅速提起罾一次，收获泥鳅；另一种方法是冲水罾捕，即在靠近进水口的地方敷设好罾，然后放水进行微流水刺激，泥鳅就会逐渐聚集到进水口附近，待一定时间后，将罾迅速提起而捕获泥鳅。

2. 食场敷网捕泥鳅

泥鳅摄食旺盛季节，用大小为食场面积3～5倍的敷网在食场处捕泥鳅。作业时，先拆除食台和食场底部木桩，然后敷设好敷网，并在网片中央即原食场处，投饵引诱泥鳅进网摄食，待绝大多数泥鳅入网后，突然提起网具而捕获泥鳅。

（三）张网捕

张网捕捞养殖泥鳅有两种方法。

1. 笼式小张网捕泥鳅

根据泥鳅生活习性，将网具放在养殖泥鳅的水域中，并在网中放上诱饵，引诱泥鳅进入装有倒须的网内，使其难以逃脱而捕获。笼式小张网一般呈长方形，用聚乙烯网布做成，四边用铁丝等固定成形，宽40～50厘米，高30～50厘米，长1～2米，两端呈漏斗形，口用竹圈或铁丝固定成扁圆形，口径约10厘米。作业时，在笼式小张网内放上诱饵，将网具放入池中，一般每亩水面的池塘放4～8只网，过1～2小时收获一次，连续作业几天，起捕率可达60%～80%。如捕前能停食一天，并在晚上诱捕作业，则效果更好。

2. 套张网捕泥鳅

套张网捕泥鳅适于入冬休眠以前，且泥鳅摄食旺盛时进行，多用于有闸门的池塘，所用网具为方锥形的套张网。该网具由聚乙烯线编织而成的网身和网囊两部分组成，从网口到网囊网目由大变小，网囊网目1厘米左右，网口随闸门大小而定，网长为网口径的3～5倍。作业时，将套张网固定在闸孔凹槽处，开闸放水，放水后提起网囊取出泥鳅，反复几次则起捕率达50%～80%。该法起捕率与池水排干程度有关，若池水能一次性排干，则起捕率较高，反之则低。

（四）池塘拉网捕

在泥鳅摄食旺盛季节，可用拉网扦捕池塘养殖的泥鳅。作业时，先清除水中障碍物，然后将鱼粉或炒米糠等香味浓厚的饵料做成团状硬性饵料放入食场作为诱饵，等泥鳅上食场摄食时，可下网快速扦捕泥鳅。

（五）袋捕

根据泥鳅喜欢寻觅水草、树根等隐蔽物栖息和寻食的习性，利用麻袋、聚乙烯布袋，内放破网片、树叶、水草以及诱饵等，置于养殖水域中，定时提起袋子捕获泥鳅。该法在稻田养鳅时多用，4、5月作业以白天为好，8月后至入冬前捕则应在夜晚放袋。

（六）药物驱捕

药物驱捕法适用于稻田养鳅，主要是利用药物的刺激，强迫泥鳅逃窜到无药性的小范围内集中受捕。常用药物为茶饼，即茶籽榨取茶油后的剩余渣滓，用前置于火中烘烤3～5分使茶饼表面处于微燃状态，此时取出趁热碾成粉末，然后加清水适量浸泡5小时左右，待用。一般每亩稻田需用茶饼5～6千克，实际用量随水深而增加。

作业时，先将稻田内水面降至刚好淹没田泥为止，并铲平高出水面的泥堆；然后，在稻田四角用淤泥堆成斜坡状，面积0.5～1米^2，并逐渐高出水面3～8厘米的聚鱼泥堆；大面积稻田，还需在中央置鱼堆。傍晚，将泡好的茶饼对水后均匀地泼洒在稻田里，聚鱼泥堆上不要施药；次日早上，用田泥围住泥堆，排干圈内积水，便可在泥堆中捕捉泥鳅。在水温10～25℃时，起捕率达90%以上。

（七）干塘捕捉

池塘排干水捕捉泥鳅，多在泥鳅进食量较少，但还未钻泥过冬的秋季进行；或是上述各种方法捕捞后的余留泥鳅，可采用干塘捕捉。方法是：排干池水，并根据泥鳅池大小，在池底开挖几条宽40厘米、深25～30厘米的排水沟；于排水口附近挖坑，使池底泥面无水，沟、坑内积水；将泥鳅聚集到沟坑内后，可用抄网捕捞。若池中还有钻泥泥鳅未能捕到，可再进水淹没池底过夜，第二天太阳未出之前慢慢放水，重复捕一次即可捕尽池中泥鳅。

稻田排干水捕捉泥鳅，多在深秋水稻熟或收割后进行。方法是：先进行第一次排水，露出稻田表面，使泥鳅汇集到鱼沟或鱼溜内；1～2天后再进行第二次排水，将鱼沟和鱼溜中的水排出。此时，可用抄网捕起集中于鱼溜和鱼沟中的泥鳅，然后再用铁丝制成的抄网连泥一并捞起，挑出其中的泥鳅，放入容器。

二、泥鳅的暂养

泥鳅起捕后，需经过暂养，经过暂养可达到以下目的：①排除泥鳅体内的残物及粪便，降低运输过程中的耗氧量，提高运输存活率。②去掉泥鳅泥腥味，提高食用价值。③可将分散少量的泥鳅集中，便于运输。④能够依据市场价格适时出售。因此，暂养可分为短期暂养和长期暂养，其中短期暂养是为了提高鱼产品质量及运输、出售时的成活率。常用的暂养方法有水泥池暂养、网箱暂养和木桶暂养等。

（一）水泥池暂养

该法适宜于长期暂养和泥鳅数量多时暂养。暂养水泥池应建在水源充足、水质良好和交通便利的地方，池子大小根据暂养泥鳅数量而定。一般每个池子蓄水量10米^{3}左右，规格6米×3米×0.8米（长×宽×深），上部设置进水口，底部边缘设一排污口并安装阀门，进、排水口均安装防逃网，以防泥鳅跳逃。每个暂养池应配备一台200～300瓦的增氧机，以确保氧的供应。

秋季捕捞的泥鳅按照每池400～500千克的密度放养，可暂养到冬季出售。放入水泥池暂养之前，应先将泥鳅在木桶或网箱中暂养1～2天，待其排出体内大部分粪便后再移放到水泥池中暂养。暂养过程，应保持流水状态，将水流速度控制在0.5米/秒左右，使入池水量与排污孔排出水量相等，维持暂养池中蓄水量的恒定，切忌中途断水，否则应立即开启增氧机增氧。

当长期暂养时，应采用低温暂养，将蓄水池水温保持在7～10℃。暂养时间超过3～4天，应根据情况每隔1～2天按每千克泥鳅投喂生大豆100克、辣椒50克（打酱后与大豆浆混合），以增强泥鳅体质，减少死亡。室外暂养时，应注意高温期的遮阳和冬季的保温。

（二）网箱暂养

网箱由尼龙线或维尼龙线制作，网目0.3厘米。网箱大小视暂养泥鳅数量而定，一般采用2米×1.2米×1.5米（长×宽×高）的五面体敞口箱。网箱暂养泥鳅的关键是选择网箱的放置地点，网箱宜放在水质优良、水面开阔的河（湖）或池塘中，切勿放在浑水或水质受污染的水域，放置时网箱应露出水面0.5米左右。

一般网箱暂养的时间为4～7天，暂养密度为80～100千克/米^{3}水体。如要延长暂养时间，可适当降低暂养密度。暂养期间，要经常检查网箱，以防网箱破损而造成泥鳅逃跑。同时，每天要洗刷网箱1次，确保网箱内外水体畅通。

（三）用木桶等暂养

该法适于短期暂养，暂养容器有塑料桶、木桶、铁皮桶、竹桶或水缸等。一般容积30升的木桶或其他容器，可盛水20千克左右，能暂养泥鳅2千克。暂养的1～2天，每天需换水4～5次；从第三天起改为每天换水2～3次，每次换水量为桶内水量的1/3左右。此法能暂养5～7天。也可用竹篓作为暂养容器，暂养时只需把竹篓放于水中，露出水面1/3即可。

三、泥鳅的运输

泥鳅具皮肤和肠呼吸功能，可暂时离开水或者在含氧极低的水中生活，因此泥鳅的运输比较方便。泥鳅运输按规格分为苗种运输、成鳅运输和亲鳅运输；按运输工具分为鱼篓鱼袋运输和箱运输等；按运输距离分为近程运输、中程运输和远程运输；按运输方式分为干法运输、带水运输、低温休眠运输和降温运输等。比较而言，泥鳅苗种运输要求相对较高，一般选用鱼篓和尼龙袋装水运输；成鳅运输要求较低，除远程运输需要尼龙袋装运外，其他均可因地制宜选用适宜的方法。

泥鳅运输前均需暂养1~3天。运输途中要加强管理，注意泥鳅和水温变化，及时捞出病、伤、死鳅和去除黏液，防止阳光直射和风雨吹淋引起的水温变化。到达目的地后，应尽可能保持泥鳅的运输水温与放养水温相近，两者温差最大不超过5℃。

（一）尼龙袋充氧运输

该法适于远距离和苗种的运输。尼龙袋为白色透明聚乙烯薄膜、规格为70厘米×40厘米×40厘米的双层长形袋，也可视情况自定大小。

装鱼前，应先严格检查每只尼龙袋是否漏气，然后每袋装入清水2/5后再装入商品泥鳅或泥鳅苗，接着应快速充氧。充氧时，要将输氧管放入袋中，压出袋内空气；随后让氧气徐徐注入，切勿过快过猛；当手感有较大压力时停止充氧，迅速拔出输氧管并用粗橡皮筋（或细橡皮筋3~4条）扎紧袋口。启运前，将充氧尼龙袋放入纸箱或泡沫箱内，以免被硬物刺破；空运时，要放在专用空运水产品运输箱内。高温季节，可在箱内四角各放一小冰袋打包运输，以进行降温，可连续运输10~15个小时。

尼龙袋充氧运输的装运量与泥鳅大小、水温和气温高低及运输时间长短有密切关系。在水温25℃时，一只规格为70厘米×40厘米×40厘米的双层尼龙袋，可装运成鳅10~15千克/袋或泥鳅苗12万~15万尾/袋或鳅种（5~8厘米规格）3 800尾/袋，可连续运输10~15小时。随着装运密度的降低，运输时间可延长，一般装运密度每降低20%，运输时间可延长50%。

另外，在7~9月高温期运输，可在装袋前对泥鳅进行“三级降温法”处理，以增加运输效果。方法是：将泥鳅从水温20℃以上的暂养容器中放入水温18~20℃的容器中暂养20~40分，然后再放入14~15℃的容器中暂养5~10分，随后放入8~12℃的容器中再暂养3~5分，最后装袋充氧，并在箱四周放置冰袋后运输。

（二）带水运输

该法适于7~10小时的中程运输，容器可用木桶等。运输前，先将暂养泥鳅捞起，放入盛有占容器1/4~1/3清水的容器中；容器不可装满，需留出1/4空间，以便泥鳅浮出水面吞吸空气。一般，容器内水和鱼的比例为1∶1，即容器中1升水可装运1千克泥鳅。装入泥鳅后，再在容器上盖上打有孔的盖或罩上网布（网目0.3厘米以下），以防运输途中泥鳅被颠簸晃出。运输途中，应每隔2～3小时换水1次，每次换水1/3左右。

（三）降温运输

该法适合于气温较高时和运输路程较长的泥鳅运输。运输时间在20小时内成活率可达90%以上。根据运输方式不同，常见有下列3种方法。

1. 鱼筐降温运输

盛鱼容器用鱼筐。运输时，先将暂养过的泥鳅放入60厘米×40厘米×12厘米的木框内，每框装泥鳅7～10千克，每4～5个框叠成一叠；最上层的木框用木条，其上铺一层略大于木框的泡沫塑料，上面再放冰块，冰块上面再覆盖一块与木框一样大小的泡沫塑料或海绵，其外面均用旧棉絮或布包着。木框用绳子系紧，冰块融解时冰水会慢慢从上层流到下层，起到降温、保湿的作用。

2. 带水降温运输

多采用鱼桶装水加冰块运输。运输时，将冰块放入网袋内，再将其吊在桶盖上，使冰水慢慢滴入容器内，达到降温的目的。放养密度可按6千克水装8千克泥鳅计算。

3. 箱运法

该法适用于运输时间在30小时以内的中、短途运输，运输容器为木板制作的3层结构木箱，其上层放冰、中层装鳅、下层为底盘；箱体规格50厘米×35厘米×8厘米，箱底和四周钉铺20目的聚乙烯网布。运输时，先在上层装满冰块，中层装泥鳅10～15千克，之后把两个箱子与底盘一道扎紧，即可运输。此法运输成活率在90%以上。

（四）干法运输

干法运输，俗称“干运”，就是采用无水湿法运输的方法。一般，该法适用于成鳅短程运输，运输时间不超过3小时。运输时，可在泥鳅体表泼些水，或用水草包裹，保持泥鳅皮肤湿润，然后再置于袋、桶、筐等容器中，即可进行短距离运输。

第八章　泥鳅的养殖方式与混养模式

泥鳅为小型鱼类，适应性广，可利用多种类型水体进行养殖，目前国内成鳅的养殖方式主要有水泥池养殖、土池塘养殖、稻田养殖、网箱养殖、流水养殖、家庭养殖等多种方式。另外，泥鳅为杂食性、底栖性鱼类，可以与多种鱼类一起混养以充分有效利用养殖水体，增加养殖效益。常见混养品种有鲤鱼、鲢鱼、鳙鱼、小龙虾、日本沼虾、南美白对虾和河蟹等，既可采取池塘混养，亦可进行稻田混养。这些养殖方式和混养模式为泥鳅健康养殖提供了多种选择途径。

第一节　泥鳅的常见养殖方式

一、池塘养鳅

泥鳅池塘养殖是目前采用比较广泛的一种养殖模式，技术水平要求较高，产量也高，适合于大规模养殖。利用池塘既可单养，也可混养。

养殖池大小规格无具体要求，一般多在200～500米^2，池深多为80～120厘米，水深50～70厘米。池塘有土池和水泥池两种，土池塘埂要加固，可用砖石浆砌，具有防逃作用；水泥池池底要铺设20厘米厚的泥土层供泥鳅钻泥栖息。池塘进、排水口都要设置防逃网，阻止泥鳅逃逸和野杂鱼或凶猛肉食性鱼类进入池塘。池塘出水口应设置鱼溜，以利于捕捞和高温季节泥鳅的避暑。鱼溜深30～50厘米，周围可用水泥砌成或塑料板围住，面积可根据放养密度来决定，通常为池塘总面积的5%～20%。

二、稻田养鳅

稻田养殖泥鳅，是广大农村地区充分利用水资源、增加单位面积产出、调整农业产业结构、增加农民收入的一种生态种养结合项目。在种植水稻的田块内利用田中蚯蚓、水蚤和杂草等天然饵料生物，结合投喂少量的饲料来养殖泥鳅，能够达到稻—鳅互利共生的目的，具有诸多优点和意义。稻田养鳅中，泥鳅能充分摄取水中饵料和杂草，减少饵料成本；泥鳅排泄物可作为水稻的肥料，两者互利；泥鳅呼吸产生的二氧化碳能促进水稻进行光合作用；泥鳅的活动起到松土的作用，促进水稻根系的生长；稻田养殖泥鳅节地节水，起到了保护环境的作用。

稻田养鳅在放养苗种之前要对稻田进行改造，开挖鱼溜等设施，同时要施足底肥，创造适合泥鳅生活的生态环境。泥鳅苗种多在插完稻秧后放养，单季稻在第一次除草后放养，双季稻宜在第二季稻秧插完后放养。养殖期间主要是通过施肥和辅助投饵为泥鳅提供食物。

三、网箱养鳅

网箱养殖泥鳅，可充分利用河沟、池塘、湖泊或者稻田等水体，进行高密度集约化养殖，分为土养和无土养两种形式。该养殖方式具有单产水平较高、便于捕捞和防逃等优点。但由于养殖密度较大，泥鳅的发病率较高，管理难度较大，因此技术操作水平要求也较高。

（一）养殖水域选择

水位落差不大、水质良好无污染、受洪涝及干旱影响不大、水体中无损害网箱的鱼类或水生生物、深度达 2 米以上的河沟、池塘、湖泊或者稻田等水域均可考虑设置网箱，无论是静水或是微流水均可设置网箱养殖泥鳅。在选择网箱设置地点时，应考虑以下问题：

第一，所选水域应避风、向阳、水质清新、风浪不大、安静、无污染、水交换量适中、有微流水、周围开阔、附近没有有毒有害物质污染源。

第二，所选水域底部平坦，淤泥和腐殖质较少，没有水草，深浅适中，长年水位保持在 2 米左右。若是池塘，最好能有微流水，流速 0.05～0.2 米/秒，池埂的纵横方向要有 2 米的宽度，便于人工操作活动。

第三，鱼池走向最好为东西向，以增加日照时间，有利于池中浮游植物的光合作用。另外，东西走向有利于避风，可减少南北风浪对池埂的冲刷和网箱的拍打。

第四，符合养殖对水质的要求，水温变化幅度在 18～32℃为宜，水质清新无污染，溶氧在 5 毫升/升以上，其他水质指标应完全符合渔业水域水质标准。

第五，电力通达，水路和陆路交通便利，管理方便。

（二）网箱与设置

养鱼网箱主要有浮动式、固定式和下沉式 3 种，而泥鳅养殖多用封闭式浮动网箱。以下根据池塘网箱养殖，对网箱的规格、设置等进行简述。

1. 网箱规格

一般长方形或正方形，大小因养殖量而定，10～20 米^2 为好，太大不利于管理，太小则增加成本。网箱高度 80～100 厘米，一般保持水下 50 厘米、水上 50 厘米。根据泥鳅好钻泥的习性特征，建议采用双层网箱最好。

2. 网箱制作

网箱由网衣、框架、撑桩架、沉子及固定器等构成。网衣多用聚乙烯制作而成，网目大小以鳅种不能逃脱为准，一般 30 目左右（0.3～0.5 厘米）。网箱可采用框架式或无框架式网箱，无框架网箱要将箱体用毛竹等固定，即在网箱的四角打桩，将网箱往四个方向拉紧，使网箱悬浮于水面。网箱底部一般用石笼或用绳索将网箱的底部固定。网箱上四角连接在支架的上下滑轮上，便于网箱升降、清洗和捕捞。

3. 网箱设置

安装时，视不同区域的水深的差异，使网箱上部高出水面 40 厘米以上，使箱底距池底 50 厘米以内，通常浅水处箱底着泥，并在箱底层铺上 15～25 厘米厚的粪肥、泥土（上层为泥土）。网箱四周用竹竿固定在池塘中。在固定网箱四角的竹竿上端装上滑轮，便于网箱随水位变化进行升降调节。网箱放置深度，根据季节、天气和水温而定，春、秋季可放到水深 30～50 厘米，7～9 月天气炎热，可放到 60～80 厘米。

网箱应在鳅苗放养前 15～20 天安置好，以便箱体浸泡在水中附着藻类物质，使网衣变得柔软光滑，可防止苗种入箱后擦伤体表。网箱养殖泥鳅以人工投饵为主，应在网箱内设置食台，食台需低于水面且距网箱底 20～25 厘米，投喂时将饵料投在食台上。一般每个网箱内设置 1～2 个 2 米^2 的食台。在网箱上方加设盖网以防止鸟类的危害。

4. 网箱密度

网箱可并排成行设置，但应考虑箱与箱之间的间距和行距，一般行距控制在 1.5～2.0 米，便于船穿行其中，间距要求在 1 米左右。

池塘网箱设置数量主要受水质因素限制。一般，静水池塘设置网箱的总面积以不超过池塘总面积的 30% 为宜。有流动水的池塘，网箱面积可达池塘总面积的50%，但同时应考虑以下因素而增减设置面积：池塘水源好、排换方便的，可多设；池塘内不养鱼或养鱼密度低可多设；养殖耐低氧鱼类的池塘可多设。反之，应适当控制网箱的设置面积。

（三）放养前的准备

1. 网箱的消毒和安全检查

网箱在下塘前，应使用高锰酸钾或漂白粉进行消毒处理20分，再将网箱放置在池塘适宜的位置。同时，应对网体进行严格的检查，发现破损、漏洞等，马上进行修补，确保网箱的安全。

2. 移植水草

网箱设置并且消毒肥水后，应向其内部移植水葫芦、水花生、油草、浮萍等水草，作为泥鳅的隐蔽场所，夏季可防止水温过高，调节水质，避免阳光直射，利于泥鳅摄食生长。移植前，水草应经消毒处理，以免携带有害生物。移植水草面积占网箱面积的70%～85%。

3. 备足饵料

泥鳅进箱后1～2天就要投喂，所以要根据泥鳅进箱的规格事先准备好饵料。如果进箱泥鳅规格小，未经驯食或驯食不好，应准备新鲜的动物性饵料；反之，泥鳅进箱规格大，且已经驯食，应准备相应规格的人工颗粒饲料。

（四）鳅种放养

放养鳅种应无病无伤、体质健壮，大小规格整齐。放养前应对鳅种进行消毒处理，一般用3%～5%的食盐水浸泡5～8分；也可采用10毫克/升的高锰酸钾溶液或10毫克/升的漂白粉溶液浸浴消毒10～20分。

鳅种放养，要求一次性放足，一般每平方米可放养规格3～5厘米的鳅种1～2千克，每只网箱可放养20～40千克。此外，还应根据水质条件、技术水平等合理调整放养密度。

（五）科学投饲

网箱养鳅以人工投饵为主，泥鳅为杂食性，饵料种类较多，在培肥水质，提供天然饵料的基础上，植物性饲料有米糠、麦麸、豆渣、菜饼、玉米粉等，动物性饲料有鱼粉、蚕蛹粉、蚯蚓、蚌肉、小杂鱼虾、畜禽下脚料等，此外还有人工配合饲料。养殖生产中，应根据当地的饲料来源、成本等因素，选择 1 ~ 2 种主要饲料。在规模化养殖时，建议先驯养，再使用配合饲料。

鳅苗放入网箱后 1 ~ 3 天不需要喂食，使泥鳅体内食物全部消化完，形成饥饿状态。从第四天开始投喂饲料，并进行驯食，刚开始时以每天下午 6 ~ 7 点时投喂饲料最佳，此时泥鳅采食量最高。经过驯食，逐步达到一天投饲 2 次，上午 9 点时、下午 6 点时各 1 次。每天的投喂量应根据泥鳅的生长状况、摄食状况、水温、水质、天气等情况随时调整，投喂量以每次 2 ~ 3 小时内吃完为准，初期日投饲量为鳅苗总体重的 2% ~ 5%，中期为泥鳅体重的 5% ~ 6%，后期为泥鳅体重的 8% ~ 10%。泥鳅夜间摄食量较大，因此下午的投饲量要占全天投喂量的 70%。

（六）日常管理

要实行专人管理，制定切实可行的管理制度。日常管理工作主要有以下几个方面：

1. 巡箱观察

鳅种放养后要勤做检查，时间最好安排在每天的傍晚和第二天早晨。检查时，要将网箱四角轻轻提起，仔细观察网衣是否有破损，如有则应及时修补。同时，要观察泥鳅的动态、有无疾病和异常等情况，了解泥鳅的摄食情况和清除残饵。及时驱除杀灭鼠、蛇等敌害。保持网箱清洁，使水体交换畅通。

2. 调控水质

养殖期间应经常移动网箱，20 天移动一次，每次移动 20 ~ 30 米远。要经常清除残饵，捞出死鱼及腐败的动物、植物、异物，并进行消毒。保持水体 pH 值在 7 ~ 8。

3. 防逃

网箱养鳅要特别注意防逃。生产中网箱养鳅造成逃跑的主要原因有：一是网箱本身加工粗糙，给泥鳅造成逃跑的机会，因此网箱加工时要力求牢固，尤其是底部四角，网布连接缝合要求有 2 ~ 3 条线缝；二是网箱本身破损，故网箱下水前要仔细检查，日常巡塘要及时修补；三是网箱固定不牢固造成逃跑，因此固定网箱的木柱及捆绑绳索要结实；四是溢水式逃跑，多是因为池塘急速加水或遇到暴风骤雨造成水位突然升高，使泥鳅逃跑；五是鼠害和蛇害；六是人为破坏。

基于以上原因，日常管理中要做好针对性防逃管理。

4. 防病防敌害

按照“以防为主、有病早治”的原则进行病害防治。鱼病流行季节要坚持定期以药物预防和对食物、食场消毒。在网箱内利用滤食性鱼类、水草、换水等措施来调控水质，进行生态防病。

（七）捕捞

网箱养殖泥鳅的捕捞较为简单。捕捞时，将网衣提起，使泥鳅集中一块，用抄网捕捞即可。因此，可根据市场行情随时进行捕捞，没有达到上市规格的可以转入到另外一个网箱中继续饲养。

四、水泥池养殖泥鳅

（一）鳅池建造

1. 选址

选择日照充分、水源良好、温暖通风的地方建养鳅池，要求防旱防涝，水源清新，无工、农业废水污染，交通便利。建造时，养鳅池的池口应高于地面 20～25 厘米，防止下大雨时地面污水进入鳅池。

2. 类型和规格

鳅池形状为长方形、方形、圆形、椭圆形均可，面积为 30～200 米^2，可建成地下式、地上式或半地上式。先按设计挖好池塘，四周用水泥板或砖石砌成，池底与内壁用水泥抹平，池顶砌成向池中延伸约 10 厘米的“T”字形防逃倒檐。池深 1～1.4 米，注水深度为 60～80 厘米。水泥池池底必要时应先打一层三合土，其上铺垫一层油毛毡或加厚的塑料膜，以防渗漏，然后再在上面浇一层厚 5 厘米的混凝土。

（1）有土饲养　回填到池底的泥土最好用壤土而不能用黏土，厚度为 20～30 厘米。在集鱼坑四周应设挡泥壁，并在泥面水平处设 1 个排水口，以便换水。池深为 0.7～0.8 米。

（2）无土流水饲养　池深为 0.5 米，池中放置长 25 厘米、孔径 16 厘米的多孔管，每 6 根为一排，每 2 排扎成一层，每 3 层垒成一堆，每平方米放置 2～3 堆。

3. 排灌设施

排灌设施要能自行排尽池水，并能及时加注新水。应设独立的进水口、排水口、溢水口。进水口要高于池水水面约 20 厘米,水源如为地表水,进水口应用滤网罩住;如为地下水,在加水时应有一段曝气的过程,以便地下水增温、增氧。在养鳅池的另一端(进水口的对角处),设排水口和溢水口,这样可在进水时充分换掉池中的老水,增加池中的新水。排水口设在池底最低处集鱼坑的底面,排水口直径为 10 ~20 厘米,其上用直径 60 ~ 80 厘米、高 1.0 ~ 1.2 米的圆桶状滤网罩住,既避免因吸附污物而影响排水,又不伤鱼。池外的溢水口,可设一活动的竖立圆管,池水从该管上部排出,该管的高度即为池水的深度,可根据需要设计该管的高度;将该管从排水口拔出,则可排尽池水。

4. 其他设施

(1)集鱼坑　在池中排水口一端,开挖一个集鱼坑,大小根据池子大小建造,面积占全池面积的 1/3 左右,深 30 厘米;或开 50 厘米宽、200 厘米长、30 厘米深的沟,以供泥鳅在高温季节栖息和捕捞时用。

(2)饵料台　为了让泥鳅集中到一定的地点摄食,必须在池中搭设摄食台。用于制作食台的材料一般为芦席或竹席,也可用尼龙布制成。食台的位置最好设在鳅池中向阳的地方,搭设的方法是:将芦席或竹席的四角向里折拢,呈圆形,使食台成内陷状,用绳子把四角扎捆在四根木竹枝上。食台要靠近水底的位置,以适应泥鳅底栖生活和觅食的习性。

(3)遮阳设施　泥鳅具有避光性,水泥池上应搭建遮阳网,在炎热的夏季也起到降温的作用。

5. 鳅池的处理

养鳅池建好后,要先注水浸泡半个月,使池壁中的碱性物质散发出来排掉。放苗前,先在池中铺设 20 ~30 厘米厚的带有腐殖质的黏土,以供泥鳅钻泥栖息。如果是老池,则要清整鳅池,查堵漏洞,疏通进、排水口管道,更换防逃网,翻晒池底淤泥等。在池中施生石灰,用量为 100 ~ 150 克/米^2,对鳅池进行彻底清池消毒,杀灭池中敌害生物和致病菌。7 天后加注新水,蓄水深度为 20 ~ 30 厘米,并在鳅池向阳一边堆施基肥。基肥以家畜粪便等有机肥为主,施肥量为 0.5 千克/米^2,约 3 天后注入新水,将池水加至 40 ~50 厘米,使肥堆浸入水中。数天后池水变肥，池水透明度为15～25厘米，池中出现水蚤等浮游动物，此时即可进行鳅苗下池。

鳅池建成后，可在池内种植一些水生植物，如凤眼莲、水浮莲和浮萍等。

（二）放养前准备

新建水泥池首次使用前，需用清水浸泡15天以上，“试水”无害后方可放鳅苗。

水泥池使用前用清水将池子洗刷干净，曝晒4～5天，然后用漂白粉20克/米^{3}或三氯异氰尿酸钠5～10克/米^{3}等消毒液全池泼洒消毒。24小时后将消毒液排净，并加入新水50～70厘米，10天后就可以放泥鳅苗了。

（三）鳅苗下池

1. 放养时间

一般选择晴天的下午投放鳅苗。选择无病无伤、游动活泼、体格健壮、规格一致的鳅苗进行放养，放养时动作要轻，防止鱼体损伤。

2. 鳅苗消毒

鳅苗在下池前要进行严格的鱼体消毒，杀灭鳅苗体表的病原生物，并使泥鳅苗处于应激状态，分泌大量黏液，下池后能防止池中病原生物的侵袭。可先将鳅苗集中在一个大容器中，用3%～5%的食盐水浸洗10分左右，然后放入养鳅池中，具体消毒时间视鳅苗的反应情况灵活掌握。由于食盐溶液对泥鳅有较强的刺激作用，泥鳅会分泌大量黏液，不利于泥鳅成活，故建议用高锰酸钾溶液消毒，用量为10～20毫克/升，浸浴5～10分。

3. 放养密度

放养密度视鳅苗的规格、鳅池条件和饲养水平而定。鳅苗规格整齐，体质健壮，水源条件好，饲养水平高，则可适当多放。由于泥鳅对低氧的耐受力较高，其放养密度可按春季水体缓冲度的上限来设计，这是泥鳅进行高密度养殖的依据之一。

在有土饲养时，一般每平方米可放养鳅苗（体长1厘米）500～1 000尾，放养体长3～4厘米夏花鳅种100～150尾，体长5厘米以上则可放养50～80尾。

在无土流水养殖时，一般每平方米可放养体长3～4厘米夏花鳅种300～400尾，体长5厘米以上则可放养150～200尾。

（四）饲料与投喂

1. 饲料

泥鳅的饲料来源比较广，其中动物源性饲料有蚕蛹、黄粉虫、鱼粉、骨粉、猪血、轮虫、蚯蚓、螺蛳、河蚌及动物内脏等，植物源性饲料有米糠、麸皮、豆渣、各种饼粕、农副产品的加工废料及蔬菜等。如有条件可以购买泥鳅专用（膨化颗粒和沉性颗粒）饲料。其中，膨化颗粒饲料对水质污染较小，使用时易于掌握泥鳅的摄食量，但养殖对象较小时适口性较差；沉性颗粒饲料价格便宜，但采取全池抛洒投喂时对水质污染大，且泥鳅的摄食情况不易掌握。

提倡使用粉状配合饲料，采用饲料台团块投喂。这样的饲料不需颗粒成型，养殖者可以自己加工，并可以将螺、蚌、蜗牛、蚯蚓、杂鱼等动物性饲料剁碎掺入（5%～40%），营养全面成本低，便于观察泥鳅的摄食情况。缺点是需要加大黏合剂的比例，残饵对水质有一定的污染。配制配合饲料时，饲料中粗蛋白含量前期为36%，后期降为32%；饲料中动物性蛋白的含量要高一些（15%～20%），菜籽粕小于10%，棉籽粕不提倡使用；使用黏性较大的膨化玉米粉做黏合剂，不用次粉和麸皮。参考配方有：①鱼粉10%～15%、豆粕25%～20%、花生饼20%、菜籽粕5%、啤酒酵母5%、膨化玉米粉35%、食盐0.2%、磷酸二氢钙2%、添加剂。②小麦粉50%、豆饼粉20%、菜饼粉10%（或米糠粉10%）、鱼粉10%（或蚕蛹粉10%）、血粉7%、酵母粉3%。投喂前，将上述人工配合饲料按照料水比1∶1，对入一定量水，用搅拌机或人工搓制成团状或块状进行投喂。

泥鳅偏爱动物源性饲料，如果饲养时连续投喂单一的高蛋白质动物源性饲料达一个星期以上，就会导致泥鳅群集，并引起肠呼吸次数急剧增加。由于肠吸入的空气无法畅通排出体外，致使泥鳅浮于水面。群集在一起的泥鳅游动时容易被飞禽猎食，并互相擦伤，感染病菌，最后引起大量死亡。因此，人工饲养泥鳅时要注意将高蛋白质的动物源性饲料与植物源性纤维饲料配合投喂，以促进泥鳅消化。

2. 投喂方法

鳅苗在入池后的第二天就可以投喂，但刚下池由于池水较肥，池中天然饵料较多，每天应选择傍晚时间进行一次投喂，以适应泥鳅在暗光条件下活动和觅食的习性。投喂时，先将饲料全池均撒，然后逐渐将投饲点固定到食台附近，当鳅苗养成群体摄食习惯后，即可将饵料均匀投放在食台上。一般将粉状配合饲料拌和成软团状置于饲料台上，有条件的话可将动物性饲料剁碎掺入（鳅苗 40%、中鳅 20%、成鳅 5% 左右）。投喂饲料要做到"四定"，即定时、定量、定质、定点。

（五）日常管理

日常管理主要集中在水质管理、食台管理、防逃、防病、防敌害和调节水温等几个方面。

1. 水质管理

水质好坏，对泥鳅的生长发育至关重要。饲养泥鳅的水要求"肥而爽"，溶氧量要大于 2 毫克/升，pH 值保持在 7.5 左右。成鳅饲养，一般多采用投饲结合施肥的方法进行饲养，池水较肥，水质变化快，如果发现池水过浓，发黑发臭，泥鳅不停地蹿出水面进行肠呼吸（即吞气）或浮头时，则应停止施肥，并及时加注新水，增加池水的溶氧量。一般每半月左右加注一次新水，用以改善水质，增加池水的溶氧和调节水温。如果有条件则可换掉部分老水，每次更换 30 厘米左右。换水时注意水温温差不能过大，变幅在 5℃ 以内。定期用药物全池泼洒，杀灭池中的致病菌。调节水质，一般每半月左右用生石灰或漂白粉全池洒一次。每天早晚巡池和投喂饲料时，应检查和清扫食台，防止残饵败坏水质。在高温季节和低温季节要相应加深池水，使其温度保持相对的稳定。

2. 投饲管理

鳅种入池后，在投喂人工饲料的同时，还要根据池塘水质情况，经常投施有机肥，培养水中天然饵料。要在池中向阳、人畜少至、离岸边 1.5～2 米处搭设饲料台，将饲料投放在食台上，供泥鳅集中摄食、均匀摄食，减少饲料的浪费，同时便于检查泥鳅的摄食和生长情况。每天投喂饲料时应观察泥鳅聚集、摄食状态，观察长势，每 10～15 天抽样 1 次，测算泥鳅生长速度、饲料系数，以便调整日投饵量和饲料配方。

每天或隔天要清扫食台一次，清除食台上的残饵，刷洗食台上的生物膜。定期对食场进行消毒，如有条件最好每半个月将食台取出暴晒一次。

3."三防"管理

(1)防逃　泥鳅善逃,当进、排水口的防逃网片破损,或池壁崩塌有裂缝时,泥鳅便会随水流逃逸,甚至可以在一夜之间全部逃光。另外,在下雨时,要防止溢水口堵塞,发生漫池。

(2)防病　泥鳅在饲养过程中很少发病,但是在水温过高或过低、水质严重败坏、投喂的饲料腐败变质或营养不全面时,也会发生疾病。在饲养过程中,对鳅病应以防为主,可从以下几方面采取措施:①鳅苗下池前应进行严格的鱼体消毒,避免被病原体感染。②定期加注新水,改良池水水质,增加池水溶氧,减少疾病的发生。③定期投喂药饵,防止疾病的发生和蔓延。④饲养过程中定期进行药物全池泼洒消毒,调节水质和杀灭池中的致病菌。⑤捕捞运输过程要规范操作,避免损失鱼体而引发疾病。⑥每天巡池时要注意观察,发现病、死鱼要及时捞出,查明发病、死亡原因,及时采取治疗措施。

(3)防敌害　泥鳅的敌害生物种类很多,也极易被敌害生物猎食,因此饲养过程中,要坚持早晚巡池,杀灭和驱赶敌害生物。在泥鳅养殖池中,蝌蚪是泥鳅的争食性敌害生物,不仅吞食池中的天然饵料,争食人工投喂的配合饲料,而且还会集群摄食,搅乱泥鳅的摄食。因此,在巡池时发现饲养池中有蛙卵或蝌蚪时,应及时捞出,投放到自然水体中。另外,青泥苔(水绵、双星藻、转板藻等丝状藻的总称),是泥鳅池中常见的有害藻类,常生长在池壤、滤网、饲料台处,与水体浮游生物争夺营养,缠绕泥鳅,败坏水质。一旦发现必须清除,可用0.7 毫克/千克的硫酸铜全池泼洒清除。

4.调节水温

春、秋季需要阳光照射,夏季需要遮阴。夏季高温季节,水温过高时,泥鳅会减少摄食或停食,常潜入池底泥中避暑,影响泥鳅的正常生长。因此,夏季泥鳅养殖水温应控制在30℃以下,为此可在池子上方设置遮阳网和定期加换新水,来降低池水水温。加换新水时,要注意新水的量和温度,避免换水前后水温变化超过5℃。另外,也可在池中一边或四角栽种藕、茭白等挺水植物,种草面积应控制在15%左右。

(六)收捕

经过4 ~5 个月的饲养,泥鳅体重达10 克以上,即可上市出售。

收捕时先缓慢放干水泥池中的水，让泥鳅集中到排水口处的鱼溜中，然后用抄网捞起即可。如果水泥池面积比较大，在排干池水，捕捉完鱼溜中的泥鳅外，还应将池中的淤泥翻动收捕泥鳅。

五、无土养殖泥鳅

无土养殖泥鳅是利用非泥土物质来为泥鳅提供钻洞隐蔽的栖息空间的一种养殖方式。该养殖方式易于起捕，克服了池塘和稻田等养殖方式中人工捕捞工作强度大、捕捞率低等缺点，养出的泥鳅品质好、口感佳，泥腥味小；同时，其具有水质宜调控，成活率高、生长速度快等的优点。所以，无土养殖具有广阔的发展前景和市场优势，值得推广。

（一）人工鱼巢建造

泥鳅无土养殖的关键是要为泥鳅提供钻洞隐蔽的适宜场所，目前相关研究多采用不同类型的材料建造人工鱼巢以供泥鳅隐蔽栖息。常见的鱼巢形式有：

1. 多孔塑料泡沫

常规塑料泡沫，大小不定，厚度以 15 ~ 20 厘米为宜，每隔 5 ~ 7 厘米钻直径 2 厘米左右的孔数个；然后重叠为立体，加以固定，让其浮在水面以下即可。

2. 多孔木块或混凝土块

大小、厚度、间距同多孔塑料泡沫，重叠后从池底往上铺排于水中。

3. 废弃自行车外胎

将收集的废弃自行车外胎洗净，用 20 ~ 30 毫克/升的高锰酸钾溶液浸泡消毒后，以 20° ~ 30°倾斜均匀摆放在池底，摆放密度为 4 ~ 5 只/米^3。废旧自行车外胎作为鱼巢，柔软性强，遮光性能好，可自然沉于水中为泥鳅提供隐蔽的栖息场所，是比较理想的人工鱼巢。

4. PVC 塑料管

选取管孔直径为 15 ~ 30 毫米大小不等的 PVC 塑料管，截成 20 ~ 30 厘米的短管，用 20 ~ 30 毫克/升的高锰酸钾溶液浸泡消毒后，每 20 根短管扎成一捆，成排排列在池底，每排堆 2 层，排间距为 80 ~ 100 厘米，塑料管上方用砖块压好，防止加水后管状鱼巢上浮。

5. 水草隐蔽

也可在池中放上水草，如水葫芦、水花生等，漂浮在水面，为泥鳅遮阳隐蔽，水草覆盖面积占水面的2/3左右。使用水草效果较好，高温季节能吸收强紫外线对泥鳅的直接照射和调节水温；水草根系发达，可为泥鳅提供良好的栖息场所；能够净化水质，改善泥鳅养殖池的生态环境。

（二）放苗前的准备工作

1. 养殖池整理

可利用泥鳅专用养殖池塘、水泥池或其他鱼类养殖的废弃养殖池。放养前，要清整池底，修正坡堤或池壁，然后将防渗专用复合土工膜，通过使用双面胶带，把整口池塘从池底一直铺设到护坡，然后到田埂，用泥土压紧压牢，铺设时要注意膜的平整，四个塘角要拼接自然，不留空隙。铺完防渗专用复合土工膜后，可布置鱼巢。

2. 安装防逃防鸟设施

可采用尼龙网片护坡，并装置1米高的防逃聚乙烯网片和离池塘水面2.5米高的防鸟网。

3. 安装增氧设备

规模化养殖时，可安装增氧设备，可采用底充式增氧机。底充式增氧机主供气管采用直径6厘米的PVC塑管，支供气管为微孔曝气增氧盘，增氧盘直径1.5米，曝气管直径1.2厘米。安装方法：将底充式增氧机固定在池塘的中间塘埂上，通过支气管分流到每个池塘中，每个池塘连接若干个微孔增氧盘，均匀分布。增氧盘要求高于池塘底部10厘米。

4. 池塘消毒

池塘留水10～15厘米，鱼种放养前10天用生石灰对池塘进行清塘消毒，每亩用量为100～120千克，均匀撒入，使之在池水中溶解，隔天后将水位加到1米深，一周后投放鱼种。

5. 施基肥

清塘加注新水后，按每亩150～200千克施腐熟发酵过的粪肥作基肥，培育水质，做到肥水下塘。

（三）苗种放养

选择体质健壮，体色光亮，无病无外伤，规格整齐的优质泥鳅苗种。体长 5 ~ 6 厘米的鳅种，放养密度为每亩 10 万尾，鱼种放养前用 3% ~ 5% 的食盐水浸泡 5 ~ 10 分进行消毒，以杀灭体表病原体和防止鱼体受伤感染。

（四）饲养管理及投喂技术

1. 饲料选用

可采用膨化颗粒饲料，粗蛋白含量和粒径根据泥鳅不同生长阶段及规格大小合理选用。

2. 投喂次数

根据水温和季节情况，一天投喂 1 ~ 3 次。4 月下旬，气温刚上来，一天投喂 1 次；5 月气温开始升高，泥鳅吃食增加，一天投喂 2 次，分别于上午 7 点和下午 3 点投喂；6 ~ 8 月是水温最高的季节，泥鳅摄食旺盛，生长速度快，一天应投喂 3 次，投喂时间分别为上午 7 点、下午 1 点、晚上 6 点；9 ~ 10 月水温逐渐降低，应减少投饲量，一天投喂 2 次。随季节的变化，每次投饲时间可超前或推后半小时。

3. 投喂技术

日投饵量应根据泥鳅的摄食强度灵活掌握，做到“四定”和“四看”原则，即定质、定量、定时、定点和看吃食、看天气、看水质、看季节。看吃食，若饲料投喂后，泥鳅抢食剧烈，很快吃完，就要适当增加投饵量，反之，若较长时间吃不完，则应减少投饵量。投饵量以八成饱为限，以投喂后 1 小时内吃完为宜。看天气，天气晴朗可多投，阴雨天要少投，天气闷热雷雨时停止投喂。看水质，水质若“肥、活、嫩、爽”，可正常投喂，水色过淡应增加投喂量，过浓则减少投喂量。看季节，4 ~ 5 月，水温逐渐升高到 15℃，可进行投喂；水温在 15 ~ 20℃时，投饵量按 1% ~ 3% 计算；20 ~ 25℃时，投饵量按 3% ~ 5% 计算；6 ~ 8 月，水温升高达 25 ~ 30℃时，投喂量为 6% ~ 8%；9 月以后，天气逐渐转凉，水温也慢慢降低，日投饵量也降为 3%，然后降为 1%。水温低于 15℃或高于 30℃，泥鳅几乎不摄食，要少投或不投。

4. 坚持巡塘

每天早、中、晚各巡塘 1 次，及时掌握鱼的活动和摄食情况及水质好坏，以便在第一时间发现是否有泛塘和鱼病情况，及时采取相应措施。

（五）水位水质调控

1. 水位调控

水位过深不利于泥鳅生长，应随水温和季节的变化适时调节。水位过浅，水温过高会影响泥鳅生长；水位过深，泥鳅呼吸必须游到水面，上下行程长，体能消耗大，不利于生长。初夏前和深秋后，水温降低，水位可控制在60厘米以下。夏季水温高时水位在80厘米左右，最深不要超过1米。最好种植一些水葫芦、空心菜等水生植物，以供泥鳅庇荫栖息，同时可以降低水温。

2. 水质调控

水质好坏可通过观察水色来分辨，根据水色适时调节水质。水色以茶褐色或油绿色为好。这种水色的水，浮游生物种群结构合理，数量适宜，水质“肥、活、嫩、爽”，最适宜泥鳅的生长。水质清瘦时应适当施追肥，有机肥和无机肥均可；水质过肥时，可通过施入有益菌或水净宝等生物或化学方法进行调节和改良，以利于泥鳅的生长。

以上泥鳅无土养殖技术措施，主要是以池底铺泥鳅养殖防渗专用土工膜为主。这种做法使池底淤泥与池水完全隔开，改变了过去养殖水体重复污染宜得病的现象，而且防渗膜光滑，不仅消毒清淤方便，同时有利于阻止底部病原的传播，减少鱼病的发生。同样，因为防渗膜光滑，不仅起捕方便，而且起捕率高，解决了土池养殖中因泥鳅喜欢钻入泥土而难以起捕的问题。另外，该技术也使用了底部曝气管增氧技术，不仅增加了养殖泥鳅的放养密度，还防治了缺氧现象的发生，提高了单位面积的产量和效益。

第二节　泥鳅的常见混养模式

泥鳅除了可以单养外，还能与鱼、虾等其他一些水生动物混养，可以充分利用资源，降低成本，增加效益，是很好的健康养殖方式。现将常见的泥鳅混养方式简单介绍如下。

一、泥鳅和鱼池塘混养

泥鳅和一些鱼类在栖息环境及食性等方面是互补的，可以充分利用它们生物学上的互补性进行混合养殖。下面简单介绍以泥鳅为主，搭养鲤鱼、鲢鱼和鳙鱼的池塘混养技术。

（一）池塘条件

泥鳅养殖池塘的面积可大可小，要因地制宜、因需而定，一般混养鲤鱼、鲢鱼、鳙鱼的以 2～5 亩为宜，水深 1.5～2.0 米。建造时，最好为东西走向，长宽比为 2∶1，池底平坦，淤泥厚度 15～25 厘米。进、排水方便，水源充足，水质清新，无污染。交通方便，便于运输。每口池塘至少安装功率 5 千瓦的叶轮式增氧机 1 台，功率 2.2 千瓦左右的潜水泵 2 台，池塘要设置进水口和排水口。进水口设置在池塘内高于池内水平面以上的地方，出水口设置在靠池底部，进、排水口用聚乙烯网片作防逃设施。在靠近出水口处，设置面积几十平方米、深 20 厘米左右的集鱼坑，以方便捕捞。同时，根据养殖面积的大小合理设置食台。

（二）放养前准备

放养前应对养殖池塘进行药物消毒，以清除池塘内的野杂鱼和有害水生物，如细菌、寄生虫、蝌蚪、水蜈蚣等。选择晴天，用生石灰 1 200～1 500 千克/公顷，水化后全池泼洒；2 天后将池塘注满水，经 7～10 天，待药物毒性彻底消失后准备投放鳅种、鱼种。鳅种、鱼种放养前，用夏花网拉塘 1 次，以进一步清除水中的杂物。随后，向池塘里放几尾鱼和泥鳅苗种，进行试水，试水 1 天后泥鳅苗种和鱼种若无不良反应，即可进行放养。

（三）鳅种和鱼种放养

鳅种以人工繁殖苗种最好，有利于人工饲养。选择体质健壮、规格整齐、无伤无病和体质肥壮的鳅种进行放养，规格 15～20 克/尾的鳅种放养密度为 3 万尾/公顷；同时，放养鱼种规格为 25～50 克/尾，密度为鲤鱼 9 000 尾/公顷、鲢鱼 1 200 尾/公顷、鳙鱼 1 800 尾/公顷。鳅种和鱼种在入池前，需用 3% 食盐水浸泡 5～10 分。泥鳅于池底污泥中生活，活动空间为底质及底质与水的结合部，鲤鱼为中下层鱼类，鲢鱼、鳙鱼为中上层鱼类。这种模式有效地利用了水体和底质，扩大了池塘水体有效利用空间。

(四)合理投饲

该养殖模式最好以人工配合饲料为主,以天然饵料为辅。人工配合饲料,粒径2.0~5.0毫米,蛋白质含量30%~35%。一般每天上、下午各投喂1次,水温20℃以下时每天投喂1次,水温较高时每天投喂2次,7~8月每天晚上8点至9点可以加喂1次。投喂量应根据泥鳅摄食情况及时予以调整。另外,泥鳅可取食鲤鱼剩余残饵,起到清除残饵的作用。泥鳅喜欢从池底到水面运动,有效促进上下水层交换,增加底层水的溶氧。滤食性鱼类鲢鱼、鳙鱼作为服务性鱼类,可起到净化水质的作用。

(五)日常管理

每天坚持巡塘,清晨和晚上查看池鱼有无浮头,检查鱼的活动和摄食情况,查看水色,分析水质,发现异常,及时采取措施。每10~15天冲换新水1次,每次更换池水原有量的1/6~1/5。定期用生石灰化水全池泼洒,改善水质,保持水质"肥、活、嫩、爽"。闷热天气,气压低,暴风雨过后,特别是在凌晨,池水容易出现缺氧,鱼和泥鳅浮头,甚至"泛塘"死鱼。因此,要勤开增氧机,一般晴天中午和阴天清晨开增氧机,阴雨天,气压低,夜间开增氧机。7~8月气温高,溶氧消耗大,每天清晨和中午开2~3小时增氧机,补充池水中的氧气。

(六)病害防治

贯彻"以防为主"的病害防治原则,每隔15天用生石灰15克/米^{3}或用溴氯海因1克/米^{3}全池泼洒1次,另外要定期投喂药饵。及时驱赶水禽和蛇类,以免泥鳅游到水面吞气时遭到它们的危害。泥鳅常见疾病主要有腐皮病、水霉病、原虫寄生虫病、三代虫病,要根据病害种类合理防治。主要生物敌害有水禽、蛇类、水蜈蚣。

二、泥鳅和小龙虾稻田混养

(一)稻田选择与改建

选择水质优良、水量充足、排灌方便的田块,面积5~50亩为宜。加宽、加高和加固田埂,并沿田埂内侧四周开挖环形养虾沟,沟宽1.0~2.0米、深1.0~1.5米。面积在20亩以上的田块,还需在田中间开挖"十"字形田间沟,田间沟宽0.5~1.0米、深0.5米。环形虾沟和田间沟面积占稻田面积3%～6%。

（二）放养前准备

1．清沟消毒

放虾前10～15天，清理环形虾沟和田间沟，每亩稻田虾沟用生石灰20～50千克，进行彻底清沟消毒。

2．施足基肥

稻田消毒后，应在环形沟中注水20～40厘米，每亩均匀施粪肥、厩肥300～500千克。3～4月，水温升至12℃时，每月施肥1次，用量50～100千克。

3．移栽水草和投放有益生物

虾沟消毒3～5天后，在沟内移栽水生植物，如轮叶黑藻、马来眼子菜、水花生等，栽植面积控制在10%左右。虾沟水面移植水葫芦、水花生等漂浮植物，并用竹篁围栏，占水面的20%。在虾种投放前后，沟内再投放一些有益生物，如水蚯蚓（投0.3～0.5千克/米^2）、田螺（投6～8个/米^2）、小河蚌（放3～4个/米^2）等，既可净化水质，又能为小龙虾提供丰富的天然饵料。

4．过滤及防逃

进水口要安装过滤设施，排水口建2道防逃网，外侧可用聚乙烯网，内侧用金属网。严防敌害生物进入或小龙虾、泥鳅逃逸。排水口要开挖较深的鱼溜，有利于水流的畅通和泥鳅的栖息、捕捞。

（三）苗种放养与水稻移栽

首次进行养殖的稻田，投放苗种时间为5月中旬。每亩投放规格为2～3厘米的幼虾1万尾左右或6～8厘米的虾种6 000尾；投放6～10厘米的泥鳅种8 000～10 000尾。

坚持“早插秧，早放养”。一般在中稻插秧后10天左右投放鳅种。秧苗一般在6月中旬开始移植，采取浅水栽插，条栽与边行密植相结合的方法。插秧密度以30厘米×15厘米为宜，以营造小龙虾和泥鳅通风透气的生活环境。

（四）饲料投喂

鳅种放养1周后开始喂食，每隔3～4天投喂1次。开始驯食时，饵料须撒在鱼沟和田间水面上，以后逐渐缩小范围，集中在鱼沟内投喂。1个月后，泥鳅正常吃食时，每天喂2次。先期饲料可以投喂鱼粉、豆饼粉、玉米粉、麦麸、米糠、畜禽加工下脚料等；水温25℃以上时，动、植物饲料组成为7∶3；水温25℃以下时，动、植物饲料组成为1∶1。投饲量为虾、鳅体重的2%～4%，以4～6小时吃完为宜。

（五）日常管理

稻田水位应根据稻、虾、鳅的生长需要适时调节。水位控制的原则是：平时水沿堤，晒田水位低，虾沟为保障，确保不伤虾。具体做法是：3月，为提高稻田内水温，促使小龙虾和泥鳅尽早出洞觅食，稻田水位一般控制在30厘米左右；4月中旬以后，稻田水温基本稳定在20℃以上，水位应逐渐提高至50～60厘米，以利于小龙虾和泥鳅的生长，避免小龙虾提前硬壳老化；越冬期前的10～11月，稻田水位以控制在30厘米左右为宜，这样既能够让稻蔸露出水面10厘米左右，使部分稻蔸再生，又可避免因稻蔸全部淹没水下，导致稻田水质过肥缺氧，而影响小龙虾的生长。越冬期间，要适当提高水位保温，一般控制在40～50厘米。

日常管理中可适量施用生石灰，一方面可作为肥料，另一方面可起到消毒作用。5月之后进入高温季节，每15天换水1次，每次换1/3，每10～15天向虾沟内泼洒生石灰1次，用量为10～15千克/亩，保持水质清新和水位稳定。

三、泥鳅和日本沼虾池塘混养

日本沼虾，俗称青虾，肉质细嫩、味道鲜美、营养丰富，经济价值高，是我国传统的养殖品种。青虾塘搭养泥鳅，可充分利用泥鳅杂食性的特点，不需专门投饲，又可将青虾繁殖过多的幼虾和病弱虾吃掉，调节青虾塘青虾的养殖密度，提高青虾商品规格，起到既提高青虾效益又获得泥鳅效益的双赢优势。下边简要介绍青虾塘搭养泥鳅的综合养殖技术。

（一）养殖条件

选择水源充足、水质良好、无污染的地方建场。池塘养殖面积大小根据实际条件而定，要求池塘整齐、排灌方便，进、排水口全部设置网布，防止泥鳅外逃。根据需要可建造配套水泥池用于泥鳅人工繁育，大小依据规模而定。

（二）放养前准备

1. 干塘清整虾池，控制病害

利用5～7月青虾繁育期将养殖塘干塘，清除过多淤泥，曝晒和泼洒无公害消毒药物，降低塘内有机物，减少有机质发酵产生氨氮、硫化氢、亚硝酸盐等有害物质，杀灭淤泥中的病原体。

2. 控制好水源，确保水质优良

要求养殖用水水质好、无污染，达到《无公害食品　淡水养殖用水水质》（NY 5051—2001）的标准。放养前，进水口设置60～80目的尼龙绢网袋，过滤水源，防止野杂鱼及卵进入池塘。

3. 培育天然饵料

放养前7～10天，注水0.8～1.0米，每亩用无机肥（磷肥或复合肥）5～10千克或用生物肥1～2千克全池喷洒，保持池水透明度30～35厘米。通过施肥大量培育浮游生物，使放养后的鳅苗和虾苗能够获得充足的适口天然饵料。

（三）合理放养

放养密度直接影响产品规格、产品质量、生长速度、病害发生等情况，与养殖效益密切相关。青虾塘套养泥鳅的合理放养模式有：

1. 青虾养殖

采用春季和夏季两次放养、一年养两茬的养殖模式。夏季放养在7月左右进行，每亩放1厘米/尾左右的虾苗5万～6万尾。放养时要求规格整齐、体质健壮，放养时间应选择晴天的清晨或阴天不闷热的时候进行。放养时要避开青虾苗种蜕壳高峰期。

2. 青虾塘套养泥鳅

每亩放养3～5厘米/尾鳅苗1万尾，青虾放养量不变。

（四）科学投饲

根据泥鳅、青虾的投放数量、生长规格，投喂相应规格的颗粒饲料，并根据其摄食生活习性，坚持“四定”投喂原则。按照青虾养殖技术，一般春季每天投喂1次，时间为下午5～6点；夏季每天投喂2次，时间为上午8～9点、下午5～7点。饵料应投在长有水草的浅水区，且要均匀投撒。每次投喂量以2～4小时吃完为宜。

（五）水质调控

水质较瘦时，可通过追施生物肥或泼洒豆浆来调节水质；高温季节做到每 5～7 天加水或换水 1 次，先排底层老水，再加 15～20 厘米新水。

高温季节应适时使用微生物制剂（EM 菌、光合细菌等）调控水中微生物，改良水质。每半月使用一次，晴天中午将制剂用池水稀释后全池泼洒，并加开增氧机。8～9 月青虾性腺成熟大量繁殖时，每隔 7～10 天使用一次微生物制剂，使用 3～4 次，可有效控制自繁的小虾数量；用生石灰 10～15 千克/亩全池泼洒也能起到良好的控制效果。合理控制塘内青虾的养殖密度，保证出产大规格商品虾。

（六）防病、防逃

定期对养殖塘进行消毒，以溴氯海因及二氧化氯为主。定期在饲料中添加败毒散、三黄粉等药物预防疾病。

泥鳅善于逃跑。春、夏季节雨水较多时，必须加强防逃管理。检查进、出水口防逃设施是否有堵塞现象，是否完好，要及时排水，防止池水溢出。

（七）轮捕上市

在南方地区，泥鳅、青虾可以自然越冬，可采用地笼轮捕方式，捕大留小，长效供应。

四、泥鳅和南美白对虾池塘混养

南美白对虾与泥鳅池塘混养是一种生态养殖方式，两者均为杂食性，处在同一生态位，鱼虾共处，不存在相互残杀。混养时，泥鳅既可摄食动植物饵料和碎屑，还能摄食对虾粪便，起到净化水质减少污染的作用，是淡水养殖品种间比较合理的搭配。下面简单介绍池塘南美白对虾与泥鳅混养技术要点。

（一）池塘养殖条件

养殖池塘面积以 3～5 亩为宜，东西长，有效深度 1.8 米左右，要求堤坝牢固不漏水，池底平坦，进排水畅通。水电充足，配置 3 千瓦叶轮式增氧机 1 台，备用 12 千瓦发动机 1 台。

（二）放养前准备

1. 清塘消毒

用泥浆泵将池底淤泥全部清除，然后用含氯 30% 的漂白粉 10 千克干法清塘消毒，个别有水处适当加量灭杀敌害生物。

2. 生物肥水

清塘消毒、暴晒 3 天后，往池塘注水，保持水深 20 厘米；注水时用 100 目筛绢网袋过滤野杂鱼及有害生物，然后用 0.2 毫克/升的特效肥水素和 20 毫克/升的光合细菌泼洒肥水，培育有益藻类。

(三) 苗种放养

1. 泥鳅同塘繁养

当池塘自然水温达到 20℃时，即可开始进行泥鳅孵化，并提前向池塘内放置编织袋和网片等作鱼巢。选择 2 龄以上、性征明显、体质健壮、无伤病、体表黏液正常的泥鳅作亲鳅，按照雌雄 1∶1.7 的比例进行配组。亲鳅放养后，用 2 寸水泵往池塘注水，采取流水刺激法诱导亲鳅排精、产卵与孵化。当鳅苗平游摄食后，即可进入鳅苗培育和养成阶段。

2. 虾苗放养

当池塘中的鳅苗平游摄食时，做好南美白对虾虾苗放养准备工作。用 0.25 毫克/升的二氧化氯进行池塘水体消毒，3 天后用 0.2 毫克/升的特效肥水素泼洒池塘肥水，再过 5 天即可投放虾苗。放苗前一天，每亩池塘泼洒食盐 300 千克，以减少虾苗在池水中渗透压的应激反应，提高虾苗的成活率。

(四) 饲养管理

1. 水质调控

水质调控应贯穿养殖全过程。要定期进行水质指标测定，使池塘溶氧保持在 5 毫克/升以上，养殖前期透明度保持在 20～30 厘米，中后期 30～40 厘米，pH 值保持在 7.5～8.5，氨氮控制在 0.2 毫克/升以下，硫化氢不超过 0.1 毫克/升。水质调控措施有：

(1) 及时补、换水　换水量要根据池塘水质动态及水源供应条件而定，养殖前期以加水为主，中后期每 10 天换水一次，每次换水量不超过池水的 1/3，以防止大量换水造成鱼虾的应激反应。

(2) 用生物制剂净化水质　养殖前期每 7 天泼洒一次光合细菌，中后期每 10～15 天泼洒一次枯草芽孢杆菌，并在饲料中拌入生物制剂及时分解池水中的有机物，起到改良底质、净化水质、生物防病的作用。

(3) 增氧　采取定时与灵活的开机增氧方法。养殖过程中，随着池塘生物量的增加，水中溶氧量需求越来越大，所以养殖前期视水质情况采取间歇性开启增氧机，以后随着鱼虾的生长逐渐延长开机时间。根据测定池水的溶氧，中后期除喂料外全天开机，以保证池水溶氧在5毫克/升以上，使池水中的氨氮、亚硝酸盐和硫化氢等有害物质散发出去，减少对鱼虾的危害。

2. 饵料投喂

南美白对虾和泥鳅均为杂食性，饵料选择基本相同。在饵料投喂上以南美白对虾为主，兼顾泥鳅。根据鱼虾不同生长阶段采取相应的投喂方法，虾苗入塘3天后开始投喂蛋白质含量为42%配合饲料，日投喂量2%～3%，每天投喂3次，投喂时间分别为上午7点、下午1点、晚上6点。随着虾苗生长，要更换成不同蛋白质含量的饲料。当虾苗长到5厘米时，每天投喂4次，即晚上9点增加1次。视鱼虾摄食、天气、水质等情况灵活掌握投喂量。

3. 病害防治

采取消毒剂、中草药及生物制剂联合进行疾病防治。养殖高温期，每10天用溴氯海因0.3毫克/升全池泼洒，灭杀病菌。采取内服保肝抗病毒的龙胆泻肝散等中草药。每15天用光合细菌及枯草芽孢杆菌等10～20毫克/升全池泼洒，调节水质，用EM菌等生物制剂拌饵料投喂鱼虾，连用3天。

五、泥鳅与河蟹混养

河蟹与泥鳅混养分为池塘混养和稻田混养两种。

（一）河蟹与泥鳅池塘生态混养技术

1. 池塘条件与准备

（1）池塘条件与防逃设施　池塘最好是方形或东西向的长方形，要求水源充足，水质清新无污染，符合渔业水质标准。四周开挖上口宽6米、底宽4米、深1米的环沟，所挖泥土用于加高加固圩堤，并夯实，确保不漏水、不渗水。池塘靠近水源的一端设进水口，安装固定的水泵，另一端设出水口，进、出水口均用60目纱绢袋套住，防止野杂鱼等敌害生物进入和养殖水产品逃逸。同时，安设双层防逃设备，池埂防逃墙用废旧铁皮或塑料薄膜等材料围栏，用竹、木桩固定，高70厘米，埋入土下20厘米；离池埂1米左右用密眼网作防逃网，埋入土下30厘米，土上70～90厘米，上网口加缝25厘米高的光滑塑料膜。

（2）注水与消毒　老池塘要清除环沟中过多的淤泥，并曝晒半个月以上；新开池塘要清除杂草等，然后注水50厘米，每亩用生石灰150千克在池塘中溶化后全池泼洒消毒。新开池塘每亩需施腐熟的鸡粪、牛粪等有机肥100～300千克，以培养水中生物饵料。

（3）种草与投放螺蛳　池塘消毒后1周，经过滤注水至田面水深20厘米左右，环沟外侧用高1米的密眼网将田面围拦起来（作用是不让蟹种进入，在水草生长茂盛后的5月中旬拆去网围），在里面种植轮叶黑藻和苦草，苦草采取播种法，每亩用种100～200克，轮叶黑藻采取切茎分段扦插法，每亩用鲜草25～30千克，水草栽种面积占池塘总水面的60%左右。清明前每亩投放活螺蛳250千克，让其自然繁殖，用于净化水质和提供优质天然动物蛋白饵料。

2. 苗种放养

（1）蟹种放养　选购规格每千克160～200只、肢体完整、无病无伤的蟹种，每亩放养量400～600只。放养时，先将蟹种进行浸水适温处理，然后用3%～5%的食盐水浸泡5分，让其自行爬入环沟水中。3月底放养结束。

（2）鳅种放养　选购体表光滑、游动活泼、身体无伤、活动力强的鳅种，规格尾重10～15克，放养时间为4～6月，亩放600～1 000尾。亦可放养一些尾重35克以上的亲本，按照每亩放10千克，雌雄比例1∶3，让其在蟹池中自然繁育鳅种。放养前，鳅种需用3%～5%的食盐水浸浴5分进行消毒。

（3）其他苗种放养　为充分利用池塘空间和饵料生物，3月可亩套放尾重150克以上的鲢鱼、鳙鱼种50尾；4月亩放青虾苗2万尾或抱卵虾0.5千克；6月上旬亩放8厘米以上的鳜鱼种15尾。

3. 投饲与日常管理

（1）饲料品种与投喂　整个养殖期内以河蟹饲料投喂为主，中后期适当补充投喂泥鳅饲料，其他套养品种不专门投喂饲料，仅利用剩渣残饵和池中天然生物饵料。河蟹饲料前期（5月底前）和后期（9月上旬以后）以投喂海、淡水小杂鱼为主，搭配1/3左右的玉米、小麦、麸皮或配合饲料，中期投喂专用河蟹配合饲料，高温期可补充部分南瓜片、土豆丝等鲜嫩植物饲料。每天上午和晚上各投喂1次,分别占全天总量的30%和70%,投喂量按在池蟹体重的5%~7%计算,并根据天气、吃食情况适时调整,一般以饲料投喂后3小时左右吃完为准。在蟹池中设置一定数量的1米^{2}左右的食台,定期投喂泥鳅专用配合饲料,以补充天然饵料的不足,投喂量视泥鳅摄食情况适当增减。

(2)水质管理与水草管护　6月底以前以加水为主,每次10~20厘米;7~8月高温期,勤添加新水,加至最高水位,每月换水2~3次,每次10厘米,中后期在凌晨换掉底层老水;养殖后期每月换水4~5次,每次20厘米。6~10月每月泼洒1~2次芽孢杆菌、EM菌等生物制剂,以降解水中硫化氢、氨氮、亚硝酸盐等有害物质,改良水质和底质环境。养殖期间,水草覆盖面占池塘面积的50%~70%,水草偏少的深水区可补充少量固定的漂浮植物如水花生等,8月以后如水草过多要进行刈割、疏理1次,割除的水草及时捞出。中期视蟹池螺蛳密度,每亩再补投200~300千克。

(3)病害防治与巡塘　4月底5月初,在河蟹蜕壳前7天使用1次杀灭纤毛虫药物;5~6月使用1次杀菌剂;6~9月每月使用1次生石灰,用量为每亩5~10千克。每天早晚各巡塘1次,观察河蟹、泥鳅等养殖品种活动及摄食情况,并根据天气、水质、吃食情况调整饲料投喂量。经常检查防逃设施,发现问题及时处理。防止水蛇、老鼠、鸟类等敌害生物进入养殖池。同时,要认真做好养殖塘口档案记录。

(二)河蟹与泥鳅稻田混养技术

1.基本工程设施建设

(1)田间工程　根据泥鳅生活习性,要加高、加固稻田田埂,要求田埂高60厘米、顶宽40厘米。在田埂内侧1米处挖环沟,开口60厘米、底宽30厘米、沟深40厘米。

(2)防逃设施

1)架设防逃围布　在田埂靠近稻田侧挖一条宽15厘米、深15厘米的小沟,然后插竹竿(竹竿一般70厘米长,插入土中15厘米),间距为0.8~1.0米,在距竹竿顶部5厘米处拉上聚乙烯绳。将宽度适宜的塑料布一边固定在绳上,另一边放入小沟内,将浮土回填踩实。防逃围布要高出地面50 厘米。

2)设置注、排水口　稻田的注、排水口设在稻田相对应的两角处,采用直径10～15 厘米的陶瓷或聚乙烯管,上下水管用20目的双层筛绢网包扎好。排水口外设2 个固定袖网,防止河蟹、泥鳅逃窜。

3)设置纱网　泥鳅有打洞的习性,在水稻插秧前后,需在田埂内侧20 厘米处设一道高出地面15 厘米的纱网,避免泥鳅游到田边打洞逃走。

2. 水稻栽培

(1)品种选择　选择抗病害、抗倒伏、抗逆性强、米质优良的水稻品种。

(2)施肥管理　为增加稻田地力,培育大量的浮游生物和底栖生物作为泥鳅的天然饵料,稻田翻耕前施用农家肥1 000～1 500千克/亩。同时,施用配制的有机肥,翻耕时一同埋入土壤的浅表层。在水稻生长阶段,出现脱肥时,可施用少量尿素(不超过3 千克/亩),使水中氨氮不超标。

(3)水稻插秧　采用人工常规插秧或机械插秧方式,在田埂内侧到环沟边缘范围内,利用边际优势进行密插,弥补田间工程占地所减少的插秧穴数。

3. 蟹鱼混养

(1)扣蟹的选择与放养规格、密度　选择个体整齐、肢体完整、体表光泽、体质健壮的扣蟹,规格为120～160 只/千克,放养密度为500 只/亩。

(2)泥鳅苗种的选择与放养规格、密度、时间　选择个体整齐、体表无伤、无病菌感染、体质健壮的泥鳅苗种,规格为300 尾/千克,放养密度为12.5 千克/亩。在放养时间上,要坚持一个“早”字,做到“早耙地,早放苗”。

4. 饵料投喂

河蟹按常规方式投喂。泥鳅属杂食性鱼类,稻田中的浮游生物、底栖生物及河蟹的残饵不能满足其需求,每天按单位面积稻田内泥鳅重量的1%～3%投喂稻糠、麸皮等饵料2 次。

5. 病害防治

鳅苗放入稻田后,禁止施用除草剂和杀虫药。水稻发生病害时,可选用高效低毒农药，并严格控制用药量。用药时，选择晴天，将稻田灌满水，将药物喷在水稻叶面上，尽量减少落入水中的药物量。若河蟹、泥鳅出现不良反应，要立即换水，确保蟹鱼安全。

6. 适时起捕

进入 8 月下旬以后，水温逐渐降低，要陆续用须笼网等捕获泥鳅。捕捞时要捕大留小，提高泥鳅的起捕率。一般经过 5 ~6 次夜间捕获后，回捕率可达 70% 以上。

第九章　泥鳅池塘健康养殖技术

池塘养殖是我国泥鳅人工养殖的主要类型，并由此形成了池塘主养、套养、混养、轮养、网箱养殖等多种方式。本章着重阐述鱼种池套养泥鳅、鳅鳝套养、龟鱼螺鳅套养、泥鳅和龙虾混养及池塘微流水养殖等几种常见的泥鳅池塘养殖方式以及泥鳅池塘养殖施肥技术，并重点从场址选择、池塘条件与建设、鳅苗放养和饲养管理等几个方面系统介绍泥鳅池塘健康养殖技术。

第一节　泥鳅池塘养殖方式

成鳅池塘养殖技术主要有池塘精养技术、池塘套养技术、庭院式小池养殖技术、池塘混养轮养技术、池塘网箱生态养殖技术、池塘反季节养殖技术等,各地应根据具体情况因地制宜地发展泥鳅养殖。

一、泥鳅池塘套养方式与养殖技术

池塘混养套养是我国池塘养殖的特色,是提高池塘水生经济动物产量的重要措施之一。泥鳅可在家鱼亲鱼池、成鱼池中以及与其他鱼类混养,利用池塘野杂鱼、残饵为食,不需专门投饵。混养套养可合理利用饵料和水体空间,发挥鱼、鳅、虾之间的互利作用,降低养殖成本。

泥鳅为底栖性鱼类,池塘单养不能充分利用水体空间而影响经济效益,而通过鱼虾混养或多品种混养、轮养或和经济水生作物进行轮养,可提高池塘利用率和经济效益。尤其是主养滤食性、草食性鱼类的池塘,泥鳅与主养鱼类在食性和生活习性等方面几乎没有矛盾,不需要因混养泥鳅而减少放养量。泥鳅混养类型有以泥鳅为主,混养其他鱼类的。该模式的养殖池塘,水体上层空间和水体中的浮游生物(尤其是浮游植物)没有得到充分利用,可以适当套养一些中上层滤食浮游生物的鱼类,如鲢鱼、鳙鱼。另外,还有以其他鱼类为主,混养泥鳅的养殖方式,其主要形式有:①在主养滤食性鱼类的池塘中混养一定数量的泥鳅。②在主养草食性鱼类的池塘中混养一定数量的泥鳅,草食性鱼类所排出的粪便具有肥水作用,肥水培育的浮游生物可作为鲢鱼、鳙鱼的饵料,俗话说“一草养三鲢”,因此主养草食性鱼类的池塘可搭养鲢鱼、鳙鱼,同时也可搭配养殖泥鳅。

(一)鱼种池塘套养泥鳅

鱼种塘一般面积不大、池水不深、水质好,在充分利用有效水体和不影响鱼种生长的情况下,可适当套养泥鳅。

1. 池塘条件

混养泥鳅的池塘必须水源充足、水质良好且无污染，pH 值为 6.8～8.5，溶氧 5 毫克/升以上。必要时，池塘中可配备增氧机或其他增氧设备。另外，池塘要有良好的排灌系统，进、出水口要有防敌害、防逃网。

2. 主养鱼类

适于与泥鳅进行套养的鱼类主要是草鱼、鳊鱼、鲢鱼、鲮鱼和鳙鱼等不争饵料、不争空间的鱼类，不能与鲇鱼、乌鳢等肉食性鱼类套养，也不宜和罗非鱼、鲤鱼、鲫鱼等底层鱼类套养。

3. 泥鳅的放养

放养品种以黄斑鳅最好，灰鳅次之。放养时间一般在 4 月中旬进行，与鱼种下塘时间相同。投放规格 6 厘米的泥鳅，放养量为 0.8 万尾/亩；体长 3 厘米左右的鱼种，每亩套养 0.5 万尾左右。同一池塘放养的鳅种规格应大小一致、均匀整齐。鳅种放养前应用 3%～5% 的食盐水浸泡 5～10 分，以降低水霉病的发生；或用 8～10 毫克/升的漂白粉溶液浸洗鱼种 20～30 分(10～15℃水温)，杀灭鳅种体表病原菌。

4. 投饲

一般不需投饵，但如若发现鱼塘中确实饵料不足可适当投喂泥鳅专用饵料，投喂时应先喂主养鱼，后喂套养的泥鳅。

5. 日常管理

每天坚持早、晚各巡塘 1 次，早上主要观察鱼的浮头情况，下午检查鱼的吃食情况。适时注水，改善水质，一般 15～20 天加注新水 1 次。定期检查生长情况。

(二) 鱼苗池套养泥鳅

1. 池塘条件

鱼苗池塘要求水质较肥，透明度在 25 厘米左右，水深 1.2 米以内，具浅坡和浅滩，坡比 1:(1.5～2)。

2. 主养鱼类

主养鲢鱼、鳙鱼苗的池塘套养泥鳅效果较好。

3. 放养前准备

鳅苗放养前 7～10 天要进行池塘消毒，2 天后施肥并注水。另外，要做好防逃设施维护。

4. 泥鳅的放养

池塘经药物消毒1周后，当轮虫大量出现时即可同时投放泥鳅水花和花白鲢夏花，也可在主养鱼投放前先培育泥鳅水花。放养时，选择晴天上午，在上风口浅水处投放，每亩放5万~10万尾。

5. 饲养管理

主要应加强主养鱼苗的投饲管理，可投喂豆浆，并施有机肥。泥鳅饵料以沉性颗粒饲料或自配粉料为主。

（三）泥鳅和黄鳝套养

1. 鳅鳝池的改造

饲养黄鳝、泥鳅的池子，要求土质坚硬，池深0.7~1米，水深20~35厘米，池底填充厚30厘米的肥泥层，建造时，安装好进水口、溢水口，且均需用拦鱼网扎好，以防黄鳝、泥鳅外逃。

2. 黄鳝、泥鳅种苗的选择与放养

黄鳝种苗最好选用人工培育驯化的品种，不用杂色鳝苗和未经驯化过的鳝苗，大小以每千克50~80条为宜。黄鳝投放后20天再投放泥鳅苗，最好选用人工养殖繁殖的品种，以黄鳅为好。

以黄鳝养殖为主，泥鳅套养为辅，放养密度为每平方米放鳝苗1~1.5千克为宜。泥鳅放养密度为黄鳝的1/10。

3. 投饲

鳝鳅套养时，主要以投喂黄鳝为主，泥鳅以黄鳝粪便和残饵为食，不需专门投饵。黄鳝饲料主要以配合饲料为主，适当投喂一些蚯蚓、黄粉虫等动物性饵料。严格按照“四定”原则进行投喂。

4. 日常管理

日常管理要做到“勤”和“细”，即勤巡池、勤管理，发现问题及时解决；细心观察池塘中黄鳝、泥鳅的生长动态，以便采取相应的措施。做好水质管理工作，保持池水水质清新，pH值保持在6.5~7.5。控制适当、稳定的水位，避免水位过深。坚持“无病先防，有病早治，防重于治”的原则，做好鳅鳝疾病防治工作。

（四）龟、鱼、螺、鳅套养

龟喜潜底，又喜上岸活动，使养龟池大量空间处于闲置状态。利用龟池水体空间，进行龟、鱼、螺、鳅套养，可控制龟病，减少龟饲料投放，降低养殖成本。

1. 池塘建造与清塘消毒

该模式以养龟为主，鱼、螺、鳅养殖为辅，故养殖池应按照养龟池的要求设计建造，也可利用一般的鱼塘改造，但均需注意防逃设施建造，同时要根据需要修建饵料台、休息场及亲龟产卵场。龟池水位保持在 80 厘米左右。

龟、鱼、螺、鳅在放养前，要对养殖池进行彻底的清塘消毒，药物主要是生石灰、漂白粉等。

2. 品种选择

龟类以七彩龟、草龟和黄喉拟水龟为好，鱼类以鲢鱼、鳙鱼、草鱼、鳊鱼等温水性非肉食性鱼类为主，螺类以福寿螺和中华圆田螺为好。泥鳅以捕捉的野生黄鳅为好，泥鳅由于喜食池中杂草及寄生虫，是水底的清洁工。同时，仔螺和幼鳅又是龟类的最好饵料。

3. 放养

幼龟按照 4 ~ 6 只/米^2，成龟 2 ~ 4 只/米^2 放养。幼龟池可放养 5 厘米左右的小规格鱼种，用于培育大规格鱼种。成龟池和亲龟池可放养长 15 厘米左右的大规格鱼种，以养成商品鱼。田螺每 100 米^2 放 25 千克左右，泥鳅每 100 米^2 放 5 千克左右。

4. 投饲

该模式的投饲以龟为主，在满足龟摄食需求的情况下，可适当投喂一些鱼类饲料，如瓜、果、菜叶等，也可向水中投放水浮莲等植物，在净化水的同时可供螺鳅食之。

龟和泥鳅均为杂食性，动物性饵料可用猪肉、小鱼虾、牛肉、羊肉、猪肝、家禽内脏、黄粉虫、蚯蚓等，植物性饲料可用菠菜、芹菜、瓜、果等。大规模饲养时，亦可用人工配合饲料。另外，螺鳅繁殖的仔螺和幼鳅可作为龟的食物，因此龟的投饲要根据套养池内的天然饵料而定。投饲要遵循“四定”原则。

(五)泥鳅和龙虾混养

龙虾的养殖周期多从当年的 9 月到第二年的 7 月，龙虾从下塘就进入繁殖期，基本不在洞外活动，而此时正是泥鳅生长发育的旺期。当 3 ~ 6 月进入龙虾的生长和捕捞旺季时，泥鳅正处于繁殖状态，可另塘培育。也可在龙虾池中轮养大规格泥鳅，使其在 2 ~ 3 个月内就达到上述规格。因此，利用龙虾和泥鳅生长和养殖周期的不同,可将其进行混养,以充分利用水体空间和饵料资源,做到上半年养殖龙虾,下半年养殖泥鳅。

1. 池塘条件

泥鳅和龙虾均喜欢栖息在浅水、静水水域。要求池塘水源充足、水质良好,水深1.2~1.5米,水草覆盖率达25%左右。池塘面积不宜过大,1~10亩为宜。要求池塘东西走向,长宽比5∶1或5∶2。池与池不能相通,每个池塘均需独立开设进排水系统,以防疾病传播。排水口设在池塘较低一端,离池底30厘米为宜,便于控制水位。池塘四周和进、排水口均安装防逃设施。

2. 放养前准备

(1)池塘清整　加固塘埂,夯实池壁,并将浅水塘改为深水塘,使水深保持2米以上。池底保持15厘米左右的软泥,起保肥作用。池底平坦,并向排水口一侧倾斜5~10厘米。

(2)池塘消毒　清淤后,每亩用生石灰75~100千克化浆全池泼洒,杀灭敌害生物。

(3)注水　在鱼种投放前20天,向池塘注水50~60厘米,进水时用60目筛绢过滤。

(4)种草　虾种投放前应移植水草,为龙虾和泥鳅提供良好的栖息环境。一般可播种轮叶黑藻、金鱼藻、枯草和水鳖草等。

(5)投螺　投放螺类的目的是净化水质和补充动物性饵料。放螺数量为300千克/亩左右。

(6)培肥　每亩池塘施用发酵猪粪和大粪250千克,加水30厘米浸泡2天,使池塘底泥软化,做到泥烂水肥。通过施肥培育生物饵料,为虾苗和鳅苗下塘时提供充足的天然饵料。同时,养殖期间可根据水色变化及时追肥,每10天左右追肥一次,追施量根据池塘水质肥瘦而定。

3. 苗种放养

龙虾苗种放养有两种方式,一是在春季4月放养人工繁殖或天然水域捕捞的2~3厘米的幼虾,每亩放0.5万尾,于当年6月即可养成大规格商品虾;另一种是在秋季8~9月放养抱卵虾,每亩放20千克左右,第二年4月底即可陆续上市。放养时,选择体质健壮、个体均匀的虾苗,用3%食盐水洗浴10分后,缓慢放入浅水区,使其自行爬入水中。

泥鳅的放养要避开龙虾的生长高峰期,以免被龙虾所食。由于泥鳅的养殖周期短,放养时应选择规格大的鳅种,一般选择体长6~8厘米、每千克400~500尾的鳅种,每亩投放2万~3万尾。放养时,应选择体质健壮、规格整齐、无病无伤的优质鳅苗,放养前用1%~2%的食盐水消毒3~5分,或用10毫克/升的高锰酸钾溶液消毒10分。

4. 投饲

泥鳅的饵料除天然饵料外,还应投喂人工配合饲料。大规格泥鳅的配合饲料蛋白质含量控制在28%~30%,投喂量按泥鳅体重的3%~5%,投喂次数根据水温确定。在25~30℃泥鳅生长适温范围内,可分别于上午10点和下午5点各投喂1次,其余时间内每天投喂1次,高温或低温情况下可停止投饵。同时,要使泥鳅养成定时摄食的习惯。另外,饲料中动物性饲料和植物性饲料应根据水温在条件进行合理搭配,在水温20℃以下或32℃以上时,以植物性饵料为主,水温在20~30℃时以动物性饵料为主。

龙虾的投饲量应根据体重计算,一般占体重的5%~8%,具体视水温、水质和天气变化等情况调整。整个养殖过程中,都要搭配一定数量的新鲜动物性饵料,比例占日投饵量的50%左右。每次投饵应沿着池塘浅水区投喂,呈带状投喂,也可采取定点投喂,可每隔2米设立一个投料点,这样便于观察龙虾的摄食和脱壳情况。每天投饵2次,分别于上午9点和下午6点进行,上午投饵量占全天投饵量的30%,下午占70%。

5. 日常管理

(1)水质调控　养殖过程中,应保持水体高的溶氧状态。龙虾或泥鳅苗种入池后,要适时、适量地追施发酵有机粪肥,促进水草生长和培育饵料生物;每半月施用一次生石灰,每亩用量7.5~10千克。生长期间,要保持水位的相对稳定,过于频繁的水位变化会使长期生活在洞穴中的泥鳅和龙虾出现生长僵化、停止及早熟的现象,直接影响上市规格。

(2)巡塘　坚持每天巡塘2~3次。巡塘时要注意以下问题:①注意观察水色,检查水质变化,了解龙虾和泥鳅的动态、摄食和生长情况及池中饵料剩余情况。②检查防逃设施，如有破损及时修补，清除鼠、蛇等敌害生物。③保持环境的相对安静。④结合水质等情况及时开启增氧机，进行增氧。

（3）病害防治　要以防为主，防治结合，重视生态防病，营造良好生态环境以减少疾病发生。平时要定期泼撒生石灰、磷酸二氢钙等以改善水质，杀灭病菌。饲料要投喂新鲜不变质的，配合饲料中要适当添加光合细菌及免疫增强剂，以增强泥鳅和龙虾的免疫力。发病时，用药要兼顾龙虾和泥鳅对药物的敏感性，不能选用有机磷、敌杀死等敏感药物。

6. 捕捞

使用地笼捕捉。泥鳅在10月上旬水温15～18℃时开始捕捉，龙虾在5月底就可以捕捉上市。捕捞时，先将地笼沉入池底，两端吊起，离水面30～40厘米高，当发现两端下沉时就要及时倒出泥鳅和龙虾。

（六）莲藕池塘套养泥鳅

莲藕池塘套养泥鳅，可充分利用水体中的浮游生物和害虫，而不需大量投饵，同时泥鳅的排泄物可提高池塘肥力，使鱼藕间形成互利关系，是一种很好的生态养殖方式。

1. 池塘条件与准备

要求池塘土质肥沃，光照好，水源充足，注、排水方便，土层较厚，保水保肥性好，洪涝时不淹没，干旱时不缺水。池塘水质良好，pH值为6.5～8.5，溶氧不低于4毫克/升，没有工业污染。池塘东西走向，面积3～5亩，底泥厚30～40厘米，水深1.2米。

藕池施肥平整后，待泥质变硬时即可开挖围沟、鱼坑，以便在高温、藕池浅灌、追肥时为鱼提供藏身之地及投喂时观察其吃食活动情况。围沟挖成“田”字形或“目”字形，宽50～60厘米、深30～40厘米，在围沟交叉处或藕田四周适当挖深0.8～1米的若干个鱼坑。

2. 安装拦鱼栅

莲藕池塘套养泥鳅的关键要做好防逃工作。所以，要在养鱼藕塘的注、排水口处安装拦鱼栅，防治泥鳅外逃。拦鱼栅可用竹箔或金属网制作，高出池埂20厘米，呈弧形安装固定，使凸面朝向水流。拦鱼栅孔径大小根据养鱼规格而定。同时，池埂边用木板、水泥板或塑料薄膜拦住，大小高低以铺满池埂为宜，并插入泥中深20～30厘米。

3. 施肥和追肥

种藕前15～20天，每亩池塘撒施发酵鸡粪等有机肥800～1 000千克，翻耕耙平，然后每亩用80～100千克生石灰消毒。莲藕种植后，分别于莲藕生出6～7片荷叶和结藕开始时追肥2次。一般第一次追肥多在排藕后25天左右，有1～2片立叶时每亩施人粪尿1 000～1 500千克；第二次在栽藕后40～50天，芒种前后有2～3片立叶并开始分枝时亩施入人粪尿1 500～2 000千克。如果两次追肥后莲藕仍生长不旺，半月后即夏至前再追肥一次，夏至后停止追肥。选择晴朗无风天气施肥，每次施肥前应先放浅池水，让肥料充分吸入土种，然后再灌至原来的程度。

4. 排藕技术

选择粗壮、芽旺、无病虫害、无损伤的优良种藕，采取随挖、随选、随栽的方法进行下塘。排藕时，行距2～3米，穴距1.5～2米，每穴排藕2枝，每亩需种藕60～150千克。栽植时分平栽和斜栽两种，深度以种藕不漂浮和不动摇为度，藕头入土深度为10～12厘米。斜插时将藕节翘起20°～30°，以利吸收阳光，确保荷叶覆盖面积约占全池50%，不可过密。

5. 藕池水位调节

莲藕适宜的生长温度是21～25℃，其间应通过水的深浅来调节温度。排藕10余天到萌芽期，水深保持在8～10厘米，以后随分枝和立叶的旺盛生长，水深逐渐加深到25厘米，采收前一个月，水深再次降低到8～10厘米，水过深时要及时排除。

6. 泥鳅放养

鳅种放养前，先使用生石灰按180千克/亩的量化水全池泼洒，杀灭塘内野杂鱼和病原微生物。药效消失后，每亩施有机肥1 000千克，7天后投放鳅苗。放苗时间应把握在藕成活且长出第一片叶后进行，每亩投放规格0.5克/尾的泥鳅6 000～10 000尾为宜，要求选用体壮、无伤无病、大小均匀的鳅种，经3%食盐水浸泡5～10分后下塘。

7. 泥鳅的管理

（1）投饵　泥鳅养殖过程既要肥水，又要人工投饵。一般放养后3天即可开始投饵，适当投喂一些麦麸、饼类、蚯蚓、动物内脏等，每天投喂2次，分别于上午7～8点和下午4～5点进行，每天投饵量占泥鳅体重的3%～6%，具体应根据天气、水质和鱼的吃食活动情况而定。泥鳅摄食适温为20～30℃，超过30℃或低于15℃及雷雨天不需投饵。另外，需定期向藕塘追肥，每隔1个月追施一次，每次每亩施粪水50～100千克，池水透明度控制在15～20厘米。

（2）巡田　坚持每天早、中、晚巡田3次。巡田时要注意观察鱼的浮头情况，检查田埂有无洞穴或塌陷。养殖期间，保持鱼沟、鱼溜水流畅通，水位适宜。经常检查藕的叶片、叶柄是否正常，结合投喂、施肥观察鱼的活动情况，及早发现疾病对症下药。同时，要加强防毒、防盗管理。

（3）注水　注水工作要兼顾鱼藕，随气温不断升高，在不影响莲藕生长的情况下要尽量及时加注新水，合理调节水深。6月初水位升到最高，达到1米；7～9月每15天换水10厘米，每月每立方米水体用生石灰15克化水泼洒一次。每半月使用内服药一次预防疾病，如0.2%土霉素药饵连用3天。

（4）防病　疾病防治时，要选用高效、低毒、低残留的无公害农药，进行正确施用，不能对泥鳅的安全生产产生影响。莲藕的虫害主要是蚜虫，可用40%乐果乳油1 000～1 500倍液喷雾防治。病害主要是腐败病，发病初期可用50%多菌灵可湿性粉剂600倍液加75%百菌清可湿性粉剂600倍液喷施，最好2～3年轮作换茬一次。另外，在鱼病流行季节，每20天左右在围沟、鱼坑泼撒10毫克/升生石灰，定期投喂药饵，做好积极的防治工作。

二、泥鳅池塘微流水养殖

（一）微流水池塘条件

一般以面积500～1 000米^{2}的长方形鱼池比较理想，鱼池以砖石护坡、硬泥底质，底泥厚度15～25厘米。水池要有进排水设施，排水阀能够排出底层水，且能够调节水位。养殖池水深0.8～1.2米，并保持日平均换水量达到全池的15%～20%，即所谓的微流水。生产上可每天注水2～3小时，也可几天注换水一次。另外，池塘应安装增氧机，以利于节水和高产。

(二)清塘消毒

鱼种放养前,可用生石灰加漂白粉对池塘进行严格的消毒,用药量随池塘使用时间、底质、水源等情况而定。一般每亩池塘施用生石灰150~250千克,再加漂白粉10~12.5千克。施药后10~15天即可放鱼试水。

(三)泥鳅放养

选择规格整齐、体质健壮、没有病害的鳅种进行放养,具体规格应根据饲养到当年起捕时是否能够达到商品规格而定。一般规格越大,增重量也越大,要求放养苗种规格不应低于5厘米。放养密度应根据池塘载鱼力等因素综合考虑,对于常年有微流水入池或有配套增氧机的池塘,放养密度可大些,一般每立方米水体放养1千克左右的鳅苗。池塘条件较差,可适当降低放养量。

放养前应注意以下事项:①放养前对鱼体先进行浸洗消毒,杀灭鱼体表的细菌和寄生虫,预防鱼种下池后被感染。②要挑出受伤或体弱的鳅苗。③先进行大小分级,同一池塘放养同一规格的鳅种。④下池前应先试水,两者温差不要超过2℃。⑤搬运时动作要轻,避免碰伤鱼体。

为改善池塘水质,可适当套养一些滤食性鱼类和植食性鱼类,按每亩放10~15尾。

(四)投饲

可用竹材编制成圆形或长方形的筛框,底铺一层聚乙烯纱窗,作为饵料台。通常每个饵料台面积0.25~0.4米^2,边高0.25米,饵料台数量按照每亩鱼池设置6个。投饵时应定点投放到饵料台上。日投喂次数2~3次,具体视水温而定,投喂时间在早晨和傍晚。日投饵量为鱼体重的1.5%~3%,应严格按照“四定”原则进行投喂。

(五)日常管理

应从以下几个方面做好管理工作:

第一,维持养殖水体一定的肥度和良好的水色。最好的水色为浅油绿色、透明度40厘米左右,该水色的水体主要以绿藻为主。平常要经常换水,高温季节每月用生石灰定期全池泼洒。池水溶氧量维持在5毫克/升以上。

第二,适时调节池水温度。初夏适当降低池水水位以利于升温;

盛夏将水深加到1米,同时将注换水时间改为下半夜或清晨,池面种植一些水生植物等。

第三,保持好饵料台及其周围环境的卫生。每天及时清除残饵,洗刷饵料台并晾晒。定期向饵料台周围泼洒生石灰水进行消毒。

第二节　泥鳅池塘养殖的施肥

泥鳅池塘养殖过程,肥水可以为泥鳅提供大量易于消化的浮游生物饵料。所以在养殖泥鳅时,需通过施肥将瘦水转变成肥水。池塘养殖中,施肥的主要作用是向池塘施放含氮、磷等营养元素的肥料,促使各种饵料生物的繁殖,为养殖鱼类提供充足的天然饵料,加速鱼类生长,提高池塘鱼产量。

一、有机肥的施用

(一)有机肥的种类

有机肥也就是常说的农家肥,其来源广、成本低、生产潜力大,是我国渔业生产中不可缺少的传统肥料。常用有机肥主要包括绿肥和粪肥两类。

1. 绿肥

包括天然生长的各种野生青草、树叶或人工栽培的植物而制成的绿肥;各种油料作物的籽实,经过压榨后制成的饼肥,如菜籽饼、花生饼等;各种秸秆作物和木柴燃烧后的草木灰。

2. 粪肥

包括人粪尿、牲畜粪尿、家禽粪尿、厩肥、混合堆肥、沼气肥,以及某些工厂废水和生活污水等。

(二)有机肥的特点

有机肥施入池塘后,首先被自养细菌利用,然后大量繁殖的细菌作为浮游动物饵料,所以池塘施用有机肥对浮游动物的繁殖特别有利,往往能保持较高的生物量。另外,有机肥成分较全面,所含营养素较集中,除氮、磷、钾外,还含有其他各种营养元素。再者,有机肥施用后分解缓慢,肥效较缓而持久,属于迟效肥料。基于这些特点,有机肥施用后可有效提高水体养分含量,改良水体成分,促进底质结构改良。

(三)有机肥的施用方法

各种粪肥施用前,要经过发酵腐熟,避免生鲜粪直接施入池塘而导致分解过程消耗水体大量溶氧,使鱼容易生病。施粪肥时,可加水稀释或不加水直接洒入即可。

有机肥可作为基肥施用,也可作为追肥施用。做基肥时,应一次施足;做追肥时,应坚持少量多次的原则,使池水经常保持一定的肥度。做基肥时一般每亩施用量为400~500千克(指半干半湿的家畜粪肥、厩肥或堆肥;人粪和鸡粪减半),具体用量视池塘深浅、肥料浓稀等酌情增减。如果干塘施肥,可将肥料均匀撒布于塘低浅水处,使其在阳光下曝晒,水温升高后使其较快地分解矿化,3~4天后即可加满水位,再隔7~8天即可放鱼。如果池塘水位较高时施基肥,可于放鱼前10~15天,在向阳浅水处将肥料堆成小堆,使其逐步分解矿化;若水温已高,可在放鱼前5~7天将肥料用水搅匀,均匀泼洒于塘面上。

追施有机肥时,追施量应根据池塘条件、肥料质量和水温高低而不同。一般4~6月,每月每亩水面施300~400千克;7~9月,不需追施;9月中旬以后,天气转凉,水色变淡,可适当追施,以保证水温的恒定或缓慢下降,一般每月每亩施肥200~250千克。投饵不充分的池塘,在上述施肥量基础上再酌情增加,且7~9月不能停止施肥,一般每月每亩用量200千克左右。不投饵的池塘,在水源有保证的情况下可加大追肥量。

二、无机肥的施用

(一)无机肥的种类

无机肥又称化肥,其施用后肥效快,故又称为速效肥料。根据所含成分不同,无机肥分为氮肥、磷肥、钾肥等。其中,氮肥主要有氨水、碳酸氢铵、硫酸铵、氯化铵、硝酸铵和尿素等;磷肥包括过磷酸钙、重过磷酸钙、氮磷复合肥、磷酸铵等;钾肥主要有硫酸钾、氯化钾等。

（二）无机肥的特点

无机肥的主要特点有：①有效养分含量高，如尿素含氮量48%。②肥效快，施入水体后一般3～5天即可看到水色的明显变化。③养分单一，生产中可做到看鱼施肥，即根据池塘水色及养殖鱼类品种和生长阶段，缺什么补什么。④在安全用肥范围内，对池塘自身污染较轻。⑤用量小，操作方便。⑥施入水体后，浮游植物作为第一食物链，首先供给绿藻类等浮游植物生长。

（三）无机肥的施用方法

施用无机肥时，应先根据水色、水华、油膜及化学手段检测等来判断水体肥瘦程度，然后有针对性地施用。

1. 无机肥的施肥量

应根据土壤结构与特点、池塘条件、水质肥瘦、池水深浅、养鱼方式、鱼的种类等因素来决定。氮肥用量以所含氮量计算，基肥按每亩2～2.5千克施用；铵态氮肥可少施一些，硝态氮肥可多施一些。追肥用量每次为基肥1/4～1/3，全年总用量为每亩20千克。

磷肥的施用量多以五氧化二磷计算，基肥为每亩1～2千克，追肥为基肥的1/4～1/3，全年用量为7～15千克。

钾肥的用量以氧化钾计算，基肥为每亩0.5千克，追肥为基肥的1/4～1/3，全年用量为1.5～2.5千克。

钙肥的用量应根据池塘底质的性质、腐殖质的多少、pH值高低、水质硬度大小等因素进行综合考虑。可结合清塘施用生石灰补充钙肥，一般用量为50～100千克/亩（常用量为75千克/亩），生石灰作为追肥的用量为每次4～5千克。

2. 施肥时间

水体施用无机肥的原则是少量多次、少施勤施。具体施肥时间应根据水温而定，一般水温在15℃以上时，应先一次性施足基肥，以后利用化肥作为追肥。当水温20～30℃时，浮游植物繁殖旺盛，需要大量营养素，化肥的总量要多施，施肥的次数要多，通常选择晴天中午施肥。

3. 施肥次数

无机肥多作为追肥施用，施用时宜少量多次。在泥鳅生长旺盛期，每3～4天施用1次，至少保证每周施用1次，确保池水肥度适宜、稳定。

4. 施肥方法

施肥应坚持少量多次、少施勤施的原则，选择晴天中午光照强度大的时候进行，雨天尽量不施，闷热天气宜少施或不施，但连续阴雨天水质较瘦时，应及时施用化肥。施肥时，将各种化肥放于桶内或其他较大的容器内，然后用水溶化并稀释，均匀泼洒于塘面上。

生石灰应结合清塘或消毒进行，施于塘底或单独泼撒。在混合施用磷肥和氮肥时，必须先施磷肥，后施氮肥，既不能同时混合施用，也不能颠倒次序，以免两者混施产生有毒、无肥效的偏磷酸而降低施肥效果。另外，氨水等碱性较强的化肥，不宜与过磷酸钙混合施用。

三、池塘施肥的注意事项

掌握正确的施肥技术，既能保持水体适宜的肥度为泥鳅提供大量喜食易消化的生物饵料，又能维持水体较高的溶氧为泥鳅的生存和生长提供良好条件。为充分发挥施肥养鱼的最大效果，泥鳅养殖过程施肥应注意以下问题：

（一）不宜在雨天施肥

雨天水体浮游植物光合作用不强，对氮、磷等营养元素吸收能力较差，故施肥后利用不充分。另外，雨天水量较大，施肥后的有效浓度将降低，总肥效将降低。再者，随水流将带进池塘更多的有机物，溢洪时肥料流失较大。基于上述原因，雨天不宜施肥。

（二）闷热天气不宜施肥

闷热天气，气压较低，水体溶氧较低，施肥后有机物耗氧量增加，容易造成池鱼因缺氧而浮头泛池。

（三）浑水不宜施肥

水体过浑时，水中黏土矿粒过多，氮肥中的铵离子和磷肥及其他肥料的部分离子容易被黏土离子吸附、固定、沉淀，使肥效不能释放而受到损失。

（四）要科学混施化肥

水体浮游生物对氮、磷、钾吸收的有效比例是4∶4∶2，因此池塘施用化肥不宜单施。单施某种化肥，营养元素比较单一，则其他营养元素将成为限制因子而影响肥效。在混合施用化肥时，应注意不同化肥间的合理配伍，切忌盲目混施。如某些酸性肥料和碱性肥料混合施用时容易产生气体挥发或沉淀沉积于淤泥而影响肥效，某些无机盐类肥料的部分离子与其他肥料的部分离子作用也会丧失肥效。

（五）固态化肥不宜干施

氮、磷肥多呈颗粒状，干施时易沉入水底，陷入污泥的陷阱中，从而影响肥效。因此，固态化肥不宜干施。一般在施用固态氮磷肥时，采用溶解后对水全池泼洒。

（六）一次施肥不宜过量

铵态氮肥施用过量，会使水体积累过多的氨，造成池鱼中毒。有机肥施用过多，将增加水体有机物耗氧量，容易造成池鱼缺氧泛塘。因此，施肥必须遵循“少量多次、少施勤施”的原则。一般 3 ~ 5 天追施一次，使池水总氮有效浓度保持在 0.3 毫克/升以上，总磷浓度保持在 0.04 ~ 0.05 毫克/升以上。

（七）施肥后不宜放走表层水

施入水体的肥料，需经一系列的理化反应，3 ~ 5 天后才能转化成浮游生物，1 周左右优势种群的数量达到高峰。这些浮游生物多均匀分布在水体表层 1 ~ 2 米处，如果施肥后放走表层水，将使培育的浮游生物大量损失，造成肥效下降。

（八）发病鱼池不宜施肥

泥鳅摄食不旺盛时施肥，培育的大量浮游生物不能被及时利用，易形成水华而败坏水质。暴发鱼病时，泥鳅抵抗力下降，施用过多氨态氮肥易造成泥鳅中毒死亡。

第三节　泥鳅池塘健康养殖技术

一、场地选择

（一）水源选择

可选择河水、水库水、地下井水等作为泥鳅养殖场的水源，且必须达到水源充足、注排水方便、水质清新、无毒无味、无污染,没有工业"三废"及农业和城镇生活污染,符合水产养殖《无公害食品 淡水养殖用水水质》标准,禁止将不符合水质标准的水源用于水产养殖,保证健康生产。

(二)土质选择

选择中性或微酸性的黏性土壤,此类土壤保水好,水清,养殖泥鳅肉质细嫩。

(三)生态环境选择

阳光充足,交通便利,电力有保障,机泵管带配套设施齐全。

二、池塘条件与建设

(一)池塘形状

池塘应整齐规则,为东西长、南北宽的长方形,长、宽比为2:1或3:1,防水堤基宽2.5米,高1.1米,塘底向排水口处具一定的倾斜度,内坡坡比1:1.5,便于干池清塘。该形状池塘的优点是:池埂遮阴小,水面接受日照时间长,有利于浮游植物的光合作用;夏季多东南风,水面易起波浪,自然增氧效果好;地面利用率高,施工方便;外形美观,清污、起捕等操作管理较为方便;注水时易形成全池的池水流转。

(二)面积和水深

池塘面积可因地制宜,灵活掌握,大小均可。主养鳅鱼池,面积过小有利于提高饵料密度,增加泥鳅捕食机会,减少泥鳅体能消耗,提高泥鳅生长速度,但水体环境不稳定;面积过大,所投饵料不易被泥鳅摄食,出现吃食不均等现象,且池大受风面大,容易形成大浪对池埂造成影响,不方便管理。根据目前的管理水平,面积一般以商品鳅养殖塘1 000~4 000米^{2}较为适宜,苗种培育塘面积可相对小些,以500~2 000米^{2}为宜。养殖池深度100~120厘米,水深保持在30~50厘米,具体视饵料品种确定,以配合颗粒浮性饵料为主时,宜选浅塘,有利于泥鳅抢食和减少体能消耗;以硬颗粒商品饲料(沉性)作为饲料时,池塘可稍深一些。但池塘不宜过深,如池水过深,深层水中光照度很弱,浮游生物数量不多,光合作用产生的氧也很少,很容易造成底层缺氧,对泥鳅养殖不利。

（三）防逃设施

泥鳅逃逸能力强，主养泥鳅的土池四周池坡边及进、排水口均应设置防逃设施。

1. 进、排水口防逃设施

在进、排水口设防逃拦网，防止泥鳅在进排水时逃逸及在进水时野杂鱼或凶猛肉食性鱼类进入池塘。防逃网材料可用尼龙网片或铁丝网制成。

2. 围塘四周防逃网安装

沿池塘四周，在距防水堤底部约0.2米处，挖深0.2米、宽0.2米的槽沟，作为控网沟。选用网眼密（40目）、颜色浅、宽度1.5～1.8米的熟塑料，上边缝上网纲，做成防逃网。在防水堤与槽沟之间，打水泥桩，桩长1.5米，地上部分高1.1米，桩与桩间距3米；然后，用钢丝从桩上部把桩与桩相连，横平、竖直。将做好的防逃网的网纲系于钢丝上并拉紧，把防逃网的下端打折、展平放入网沟，填土于网沟，踏实。防逃网有效解决了泥鳅擅逃逸、好打洞、易被鼠蛇等天敌危害的问题。

如有条件，也可在池埂上修建护坡，或者用水泥板或塑料板在池埂上围造；池埂应高出水面约40厘米，防止泥鳅在雨天逆水流逃逸。

（四）供排水系统

1. 排水系统

按照首供尾排的原则，在靠近排水沟的池尾1米的地方，挖深度约低于池底0.3米、下管径0.2米、长度外到排水渠、内到防逃网外部的PVC管，在防逃网外部的这一端接弯头，弯头口垂直向上，穿一根管径为0.2米、长度为0.8米的PVC管为内管，插在弯头罩（可自由拔出），并在内管的上部0.5～0.8米处打直径小于0.01米的眼洞带，以便排出养殖池内的表层藻类、油污。在内管的外侧设置一个管径为0.25米、长0.80米的PVC管为外管，套在内管外层并在距外管底0.05～0.15米处，打直径小于0.01米的眼洞带，以便排出池塘底部的排泄物、杂物等。排底层水时拔内管，排上层水时拔外管。若外管不打眼，排上层水时拔外管，排底层水时先把内管倒插后再拔外管。

2. 供水系统

如果供水水源为沟河渠水及井水时，用 PVC 管与抽水机对接，通到池塘上首；用弯头变径后（一般为 0.07 米），直接将水供入池中。如果供水以河道水源为主，高温季节，池水超过 34℃时，用井水降温，冬季泥鳅入泥冬眠，捕捞难，可用井水连续注入，升温池水。

（五）其他设施

池塘底部应整平夯实，池底略向排水口一端倾斜，并在排水口处开挖一个面积占全池面积 1/5～1/3、深 30～50 厘米的鱼溜，以便在高温季节泥鳅钻泥避暑和在捕捞时集中池中的泥鳅，降低劳动强度；在池底铺上一层腐殖质较多的黏土层，上面再铺一层淤泥。如果池塘中淤泥过厚，应清除过多的淤泥，使淤泥的深度保持在 30 厘米以内。

池塘四角或对角处，应搭设 1～4 个固定的食台。制作食台的材料可用网片、木板、竹篾席等，面积 5～8 米^2。食台四角用竹竿捆扎固定，插在离池底约 10 厘米处即可。

三、池塘清整和肥水

对于多年使用的老旧池塘，鳅苗入池前 30 天要进行曝晒，将池塘底部晒成龟背状，以消灭池塘底泥中的微生物。对于池底淤泥过厚的池塘，鳅苗入池之前必须清除底层过多的淤泥。

放苗前 15 天左右，用生石灰或漂白粉清塘消毒，杀灭池中致病菌、野杂鱼和敌害。施用生石灰时，将池水排干或保持 6～10 厘米水深，每亩用量 75～150 千克，用水溶化后全池泼洒，然后灌水 20～40 厘米；使用漂白粉可带水清塘，每立方米水体用 20 克漂白粉，用水溶化后全池泼洒。

清塘后，再在池塘四角和鱼溜中堆放经过发酵腐熟的混合有机肥，如猪粪、牛粪、鸡粪等，培育水质，培养、繁殖浮游生物，使鳅苗下塘后即可摄食天然饵料。有机肥的用量为每亩 150～250 千克。施肥后 7～10 天，池水药性消失、变肥，池中天然饵料生物出现，水体透明度达到 20～25 厘米，即可投放鳅苗。

四、鳅苗的放养

(一)品种选择和鳅苗来源

1. 品种选择

目前常见品种有黄板鳅、青鳅和灰鳅。其中,黄板鳅身体细长,略呈扁形,色橘黄,有斑点,生长速度快,为养殖的首选品种。青鳅头尾尖,中间粗圆,青黑色,日本和我国港、澳、台地区居民较喜欢消费,但其生长速度较慢,不宜选择此品种进行养殖。灰鳅,性状介于黄板鳅和青鳅之间,是比较理想的养殖品种。

2. 鳅苗来源

泥鳅规模化养殖需要大量的泥鳅苗种,充足的鳅苗来源是规模化泥鳅养殖的前提。因此,可根据养殖场规模自行建造一定规模的泥鳅鱼苗繁殖基地和泥鳅鱼种培育基地,实现自繁自养。同时,也可从其他专门从事泥鳅繁殖的人工繁殖场选购。选购时,应选择规格整齐、体质健壮、无伤病、体表光滑、富有黏液的鳅种。

(二)放养密度确定

合理的放养密度是健康养殖的基础,也是获得养殖高产的重要条件之一。池塘养殖泥鳅,鳅苗的放养量应视鳅苗规格、池塘条件、饲料来源和饲养技术水平等因素而定。水深1.5~2米的池塘,规格为400尾/千克左右的鳅苗,放养量为3万~3.5万尾/亩;规格为300尾/千克左右的鳅苗,一般放养量为2万~3万尾/亩。

(三)鳅种消毒

鳅苗下池前,要进行严格的鱼体浸洗消毒,可用3%食盐水或10毫克/升漂白粉药液浸浴消毒。一般50千克药液可浸洗体长3厘米的鳅种2万余尾,使用2~3次后更换药液。浸洗时间10~20分,具体应根据鳅体状况和温度高低灵活掌握,若鱼头摇动不能忍受时,要及时捞出放养或暂养,也可将鱼和药水一起缓慢倒入池塘,注意温差不超过5℃。

(四)鳅苗的投放与注意事项

1. 做到“适当肥水”下塘

鳅苗池清塘、加水、施肥后,轮虫达到5~10只/毫升时,再放养鳅苗。因此,要注意清塘施肥时间和放苗时间的安排,使鳅苗下塘后能立即吃到适口饵料,提高其成活率。

2. 做到“饱苗”放养

先将鳅苗进行暂养,并投喂蛋黄,然后再进行放养。

3. 掌握好放苗时间

鳅苗放养以上午 8~9 点或下午 4~5 点最好,生产中应避免中午放苗。放苗时宜在上风处进行。

4. 做到同一池塘同批次同规格

同一池内应放养同一批次、相同规格的鳅苗,避免因个体差异导致鳅苗活动能力和摄食能力的差异过大,而影响成活率和小规格苗的生长。

5. 避免鳅苗运输水温与池塘水温相差过大

用塑料袋充氧法装运鳅苗时,可先将装鳅苗的塑料袋漂浮在鳅苗培育池上 20~30 分,使两者水温逐渐接近,趋于一致,再逐一开袋,向袋内灌入池水,让鳅苗从袋中游出。

6. 适当搭养一些中上层鱼类

在鳅池中可适当搭配一些鲢鱼、鳙鱼、草鱼等中、上层鱼类,以充分利用水域空间和饵料生物,并能净化水质,提高水中含氧量,促进生态平衡,达到健康养殖,提高单位面积产量和增加经济效益的目的。但鳅池不宜搭配罗非鱼、鲤鱼、鲫鱼等。

五、饲养管理

(一)科学投饲

池塘养殖泥鳅,应做到早开食、晚停食,抓好成鳅旺盛摄食期的饲养。投饲时,严格按照定质、定量、定时、定点的“四定”原则进行,并结合“四看”灵活掌握投饲量。

(二)水位和水质调控

1. 水位调节

泥鳅属于浅水性鱼类,水位过深不利于泥鳅生长,当水位过深时泥鳅游到水面呼吸上下行程长,营养消耗大;当水位过浅,造成水温过高影响泥鳅生长。因此,池塘养殖泥鳅应随着水温和季节的变化适时调节水位。初夏前和深秋后,水温相对较低,水位应控制在 50 厘米以下;夏季水温高,水位应控制在 70 厘米左右,最深不超过 1

米。

2. 水质调控

保持良好的水质是泥鳅养殖的重要内容，养殖泥鳅的水要“肥、活、嫩、爽”，水色以黄绿色为好，透明度控制在 15 ~ 20 厘米，溶解氧要大于 5 毫克/升，pH 值保持在 7 ~ 7.5。因此，水质调控对泥鳅的养殖成败至关重要。养殖过程中，可以采取以下措施进行水质调控：

（1）保持养鳅池塘较高的溶氧量　水中溶氧量是影响水生动物生长速度、饵料系数的重要因素。养鳅池可采取以下措施提高水体溶氧。

1）降低池塘底层耗氧量　主要措施有：保持适宜的水位，不宜过深；清除池底过多淤泥，保持池底淤泥厚度在 15 ~ 20 厘米；适时换水，尤其是底层水。

2）适时增氧　适时增氧可以提高鳅池的溶氧量，降低养殖风险，降低水体有害物质对鱼体的危害，提高鱼类生长速度，降低饲料系数。养鳅池宜使用微孔增氧机，在溶氧量低及需要池水对流的时候及时开动增氧机；在泥鳅快速生长季节，坚持每天开机。

（2）使用微生态制剂　经常使用光合细菌、硝化细菌、枯草杆菌和 EM 微生物菌群等生物制剂改良底质，可有效改善水质、增加溶氧、降低氨氮、抑制致病菌生长、提高泥鳅免疫力。生产中，要尽早使用生物制剂，以便形成优势种群，坚持每 10 ~ 15 天施用一次。施用时，不能与抗生素、杀菌药等具抗菌作用的药物一起使用，使用前要先对池塘进行杀虫、杀菌，三天后再施用生物制剂。

（3）定期对池塘进行消毒　定期使用 0.3 毫克/升二氧化氯和 1.0 毫克/升漂白粉进行全塘泼洒，能有效降解水体中有机物，降解氨氮和亚硝酸盐，分解掉水体中有毒有害的有机物质，起到净化水质的作用。

（4）栽种水草　夏季，在鳅池中适当种植一些漂浮植物，可遮挡阳光，防止鳅池水温过高。另外，水草能有效地吸收水体中过多的营养物质，可净化水质。

（5）混养少量滤食性鱼类　可在成鳅池混养部分鲢鱼、鳙鱼等滤食性鱼类，以此来调节池水浮游生物的量，使其维持在适当的水平。一般按照 10 ~ 30 尾/亩花白鲢，在成鳅池塘中进行套养。

(三)日常管理

1.坚持巡塘

坚持每天早、中、晚各巡池1次,观察泥鳅动态、池水变化及其他情况,发现问题及时解决。每天测量水温,每周测一次pH值、氨氮、亚硝酸盐等理化指标。

2.保持池塘良好的环境卫生

经常检查食台,了解泥鳅的吃食情况,以便控制投喂量。做到每天或隔天清扫食场1次,刷洗食台上的生物膜,定期(10天或半月)对食场进行消毒(每次用漂白粉125克)。要注意池塘环境卫生,及时捞出水面漂浮杂物、残饵和死鳅等。

3.注意防逃

要经常查看池埂和进、出水口,看防逃设施是否完好,有无污物堵塞及破损,做好防逃工作。雨天更要仔细检查,及时排水,发现漏洞,及时堵住。出现网外泥鳅较多时及时用地笼或其他网具捕入,以免在外缺乏食物或遭敌害生物损失。

4.建立池塘档案

做好日常生产记录,以利总结经验,查找不足,提高改进措施。

(四)病害防治

坚持健康养殖,按规程操作,按照"全面预防、防重于治、防治结合"的方针做到防患于未然。要经常消毒,抓好"三消",即池塘消毒、鱼体消毒、饵台和工具消毒,做到无病先防,有病及时治疗。若发现病、死的泥鳅要及时捞出,认真检查,准确诊断,科学用药,用低毒、高效、安全、环保、无公害的渔药及时治疗。

另外,要防治凶猛鱼类和青蛙、蝌蚪、水蛇、水鼠、水鸟的危害。进水口用60目筛网过滤,池塘上方设置防鸟网,发现敌害及时清除。

六、收获捕捞

一般在秋末冬初集中捕捞,但只要泥鳅达到上市规格,可根据市场需要灵活掌握起水时间,适时捕大留小,提高产量和效益。常用捕捞方法有3种:一是冲水法,即将捕具放在进水口,然后放水进池,泥鳅受流水刺激,逆水上游,群集于进水口附近,此时将预先设好的网具拉起，便可将泥鳅捕获；二是诱捕法，即把煮熟的牛、羊骨头或炒制的米糠、麦麸等诱饵放在网具或鱼笼中，用其香味引来泥鳅；三是干塘法，即先排干塘水，将池塘划成若干块，中间挖排水沟，使泥鳅集中到排水沟内，便于捕捉。

第十章 泥鳅稻田生态养殖技术

稻田养鳅是一种生态型水产养殖，在不破坏稻田原生态系统及不增加使用水资源的情况下可以做到一水两用、一地双收的效果。同时，还具有突出的生态效应，泥鳅可直接吃掉水中的部分有害昆虫，起到生物防治病虫害的部分功能，省用农药，减少了粮食污染。因此，稻田养殖泥鳅是一种值得推广的健康养殖模式。

第一节　稻田养鳅的意义及饲养方式

一、稻—鳅共生原理及益处

稻田养殖泥鳅是一项集生态、种植、水产养殖于一体的综合性水产养殖工程，它巧妙地利用了生物种间的食物链，实现生产的良性循环和可持续发展，其优点有：①盛夏季节水稻可作为泥鳅良好的遮阴物，而稻田中丰富的天然饵料又可作为泥鳅的食物，成鳅能充分摄食稻田水体中合适的饵料和田间杂草，节省饵料，降低养殖成本。②泥鳅粪便是水稻良好的肥料，水稻能把泥鳅的排泄物作为自身的肥料吸收，节省水稻种植的肥料，降低种植成本。③泥鳅具有钻泥栖息和在底泥中寻找底栖生物的习性，这既有利于肥料分解，又能疏通田泥，促进水稻根系发育。④泥鳅捕食田间害虫，可减轻或避免水稻一些病虫害的发生，从而比单独种植水稻的农田少用 2 ~3 次杀虫药物，且水稻产量提高，品质达无公害或绿色食品等级，经济、生态效益显著。⑤成鳅在稻田浅水中上下游动，能促进水层对流、物质交换，尤其是能增加底层水的溶解氧。⑥鱼类代谢所产生的二氧化碳，是水稻进行光合作用不可缺少的营养物，是合理的生态循环。⑦稻田养鳅，节地节水，一水两用，一地双产，是实现农业可持续发展战略的好路子，值得在水稻种植地区大力推广。

二、养殖方式

稻田养殖商品泥鳅有半精养和粗养两种。

（一）半精养

也称为“鳅—稻”轮作，是在秋季水稻收割之后进行。该方式以人工饲料为主，并通过施肥培育天然饵料，单产较高。秋季水稻收割后，选好田块，整好田面，搞好田间工程，来年栽秧后待秧苗返青，排干田水，暴晒 3 ~4 天。每 100 米^2 田面撒米糠 20 ~25 千克，翌日再施有机肥50千克，然后蓄水15～30厘米深。每100米^{2}放养5～6厘米鳅种10～15千克。放养1周后开始投喂饵料，每隔3～4天投喂炒麦麸和少量的蚕蛹粉，开始时均匀撒投田面，以后逐渐集中到食场，最后固定投喂在鱼凼中。每隔1个月追施有机肥50千克，另加入适量过磷酸钙，增加活饵料繁衍。投饵做到“四定”，并根据不同情况随时调整投喂量。注意经常换水，防止水质变化。

（二）粗养

也称为“鳅—稻”同养，其主要是利用水域天然饵料进行养殖生产，成本低，但单产较低。按要求翻耕稻田，之后在鱼溜底部铺10～15厘米厚的有机肥，再在其上铺10厘米厚的稻草与10厘米厚的泥土作基肥，以培养生物饵料，然后整田。当水稻栽插返青后投放鳅种，每平方米放养15～20尾。日常管理要兼顾好稻子和泥鳅两者间的关系，尽量减少农药的使用。另外，施肥是稻鳅共养的关键技术，施肥要以施基肥为主，追肥为辅，以施有机肥为主，化肥为辅。坚持多巡塘，注意保持鱼沟、鱼溜的水流畅通。

第二节　稻田整理

一、水源和田块选择

用来养殖泥鳅的稻田一般应具备以下条件：①水质良好，水源有保证。养鳅稻田需有较好的水利设施，水源充足，水质清新无污染，排灌方便，天旱不干，洪水不淹。②土质良好，保水能力强。肥力水平高的土壤具有优良的农业性状，湿时不泥泞，干时不板结，保水、保肥。利用这种田块不仅可以减少稻田灌水次数，节约成本，而且可使鱼沟、鱼溜中的水位变幅小，水温较稳定，有利于泥鳅的生长。底质要求壤土或黏壤土，保水性能好、底泥肥沃疏松，腐殖质丰富。③面积不宜太大，以方便管理为宜。面积过大，管理不便，投饵不均，起捕难度大，影响泥鳅产量。一般地块面积以333～2 000米^{2}为适宜，最大不宜超过 4 000 米^2。④地势平坦,坡度小,田埂比较厚实、不渗水、不漏水。交通便利。

二、田间工程

(一)排灌渠道和田埂整饬

1. 清挖排灌渠道

鳅苗投放前,应做好排灌渠道的整修和配套工作,达到旱能灌,涝能排。

2. 加高、加固田埂

为了蓄水和防逃,作为泥鳅养殖的稻田应结合翻耕事先进行平整,将四周田埂加高加固。一般要求田埂高 60 厘米、埂顶宽 40 厘米,以能蓄水 40 厘米深为好。并且要打实夯紧,做到坚固结实,不垮不漏,严防田埂漫水、漏水和逃鱼现象的发生。

3. 开挖环沟

养殖泥鳅的稻田要求在稻田四周开挖环沟。一般在栽秧前,于田块四周离田埂 1 米左右的地方开挖环沟,横截面为梯形,上口宽 1 米,下口宽 50 厘米,沟深 50 厘米。土方用于加固四周田埂,环沟面积占水稻田的 10% 以上。在稻田一边开挖宽 4 米左右、深 1 ~ 1.5 米的暂养沟,以方便起捕。暂养沟底可铺一层塑模,然后在塑模上平压一层 10 ~ 15 厘米的淤泥。

(二)鱼沟、鱼溜的开挖

稻田养殖泥鳅需开挖鱼沟、鱼溜(也叫鱼凼),作为泥鳅在稻田操作、施肥、施药时的躲避场所。其中,鱼沟是泥鳅游向稻田的主要通道,鱼溜也叫鱼坑。鱼沟、鱼溜开挖面积一般占稻田面积的 5% ~ 8%,做到沟凼相通。

鱼沟、鱼溜的开挖一般在稻田耕翻平整后进行,而后再进行插秧。鱼沟、鱼溜的形状、位置、大小应视稻田的具体情况而定。一般小块方田(面积 2 亩左右)可开挖成“田”字沟,长而大的田块(5 亩以上)可开挖成“目”或网形沟。

鱼沟依田块大小开成“十”“十十”“日”等形状的沟,一般宽为 40 厘米,深为 50 厘米,主沟开在稻田中央,并与环沟相通。开设面积占水稻田的 5%,沟沟相通,不留死角。

鱼溜一般建设在田块中央或四角低洼处，且与鱼沟交叉，形状为长方形、方形、圆形等，鱼溜深0.5～1米，一般方形鱼溜的长和宽均为2米，圆形鱼溜直径多为1～1.5米。凼壁、凼底用红砖等石料砌成，并用水泥勾缝；凼底铺30厘米肥田泥，鱼凼周边筑高宽均为10厘米的凼埂，四周挖宽40厘米、深30厘米的环沟，防止淤泥下凼；凼埂留2～4个缺口，以利泥鳅进出觅食。凼埂上可栽瓜豆、葡萄等作物，也可搭建荫棚，以降盛夏高温。开挖环沟和中心沟之后，再根据稻田面积大小开沟起垄，开沟起垄的原则是有益于水稻群体发育为前提。如土太烂则需隔1～2天再开沟起垄，开沟起垄分2次完成，第一次先起模垄，隔1～2天待模垄泥浆沉实后，再进行第二次整垄，垄沟要平直，最好为东西向，起垄规格一般垄沟深宽20～30厘米，以到硬土层为好。

目前，稻田养泥鳅的结构形式有4种：沟溜式、田塘式、垄稻沟鱼式和流水沟式。其中，沟溜式的开挖形式多样（图10－1、图10－2和图10－3），沟溜相连。田塘式是将养鱼塘与稻田接壤相通，泥鳅可在田、塘之间自由活动，见图10－4和图10－5。垄稻沟鱼式是将稻田周围的沟挖宽挖深，田中间也隔一定的距离开挖宽的深沟，所有宽的深沟都与鱼溜相通，见图10－6和图10－7。流水沟式稻田是在田的一侧开挖占总面积3%～5%的鱼溜，接连溜顺着田开挖水沟，围绕田一周，在鱼溜另一端沟与鱼溜接壤，田中间隔一定距离开挖数条水沟，均与围沟相通，形成一活的循环水体，见图10－8。

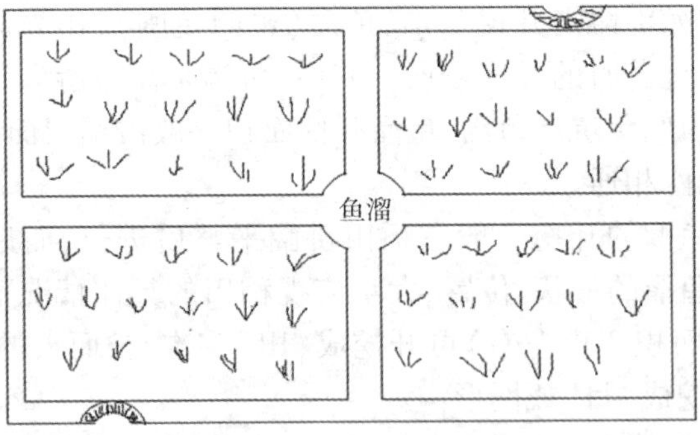

图10－1　圆形鱼溜开在稻田中心的“田”字溜

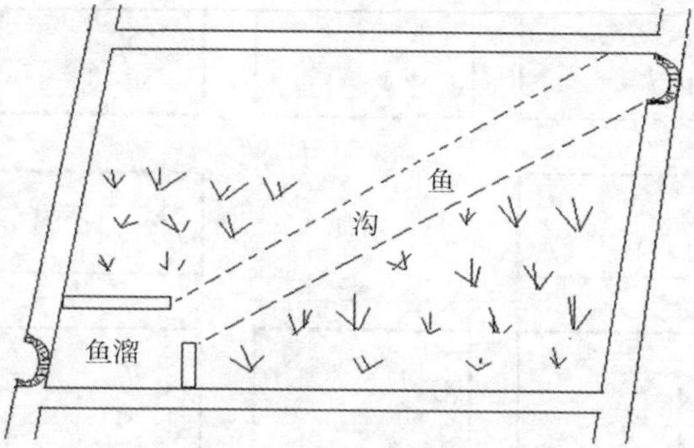

图 10－2 方形鱼溜开在稻田一角的“一”字溜

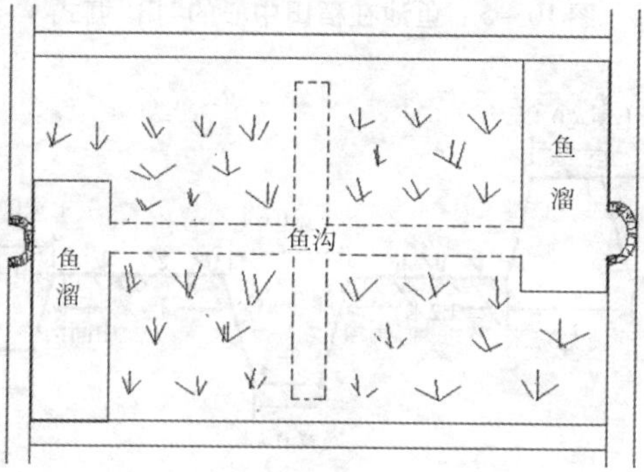

图 10－3 长方形鱼溜开在稻田两侧的“十”字沟

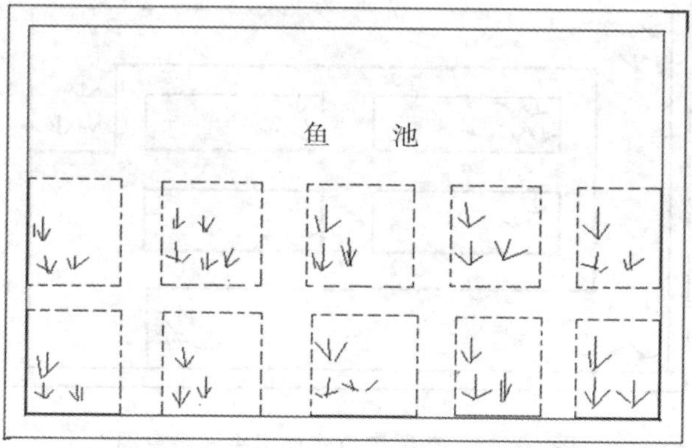

图 10－4 鱼池在稻田一侧的“田”塘式

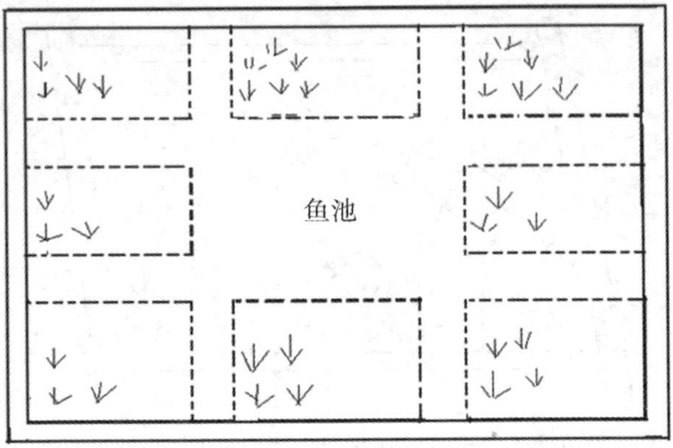

图 10－5　鱼池在稻田中心的“田”塘式

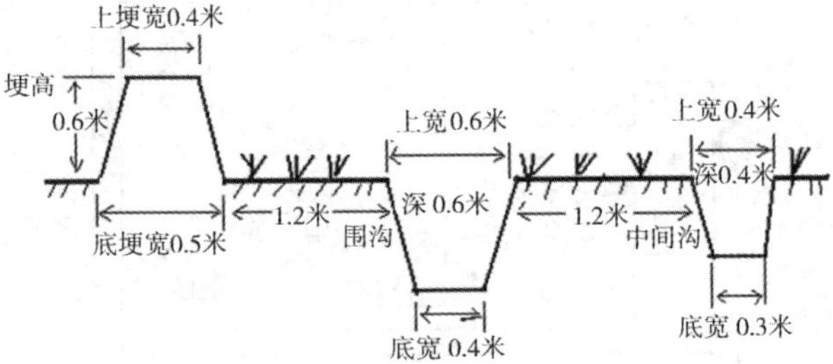

图 10－6　垄稻沟鱼式稻田剖面结构示意图

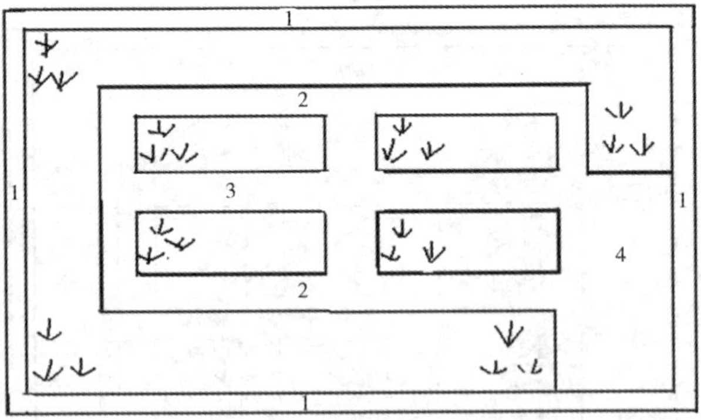

图 10－7　垄稻沟鱼式稻田平面示意图

1. 田埂 2. 围沟 3. 中间沟 4. 鱼溜

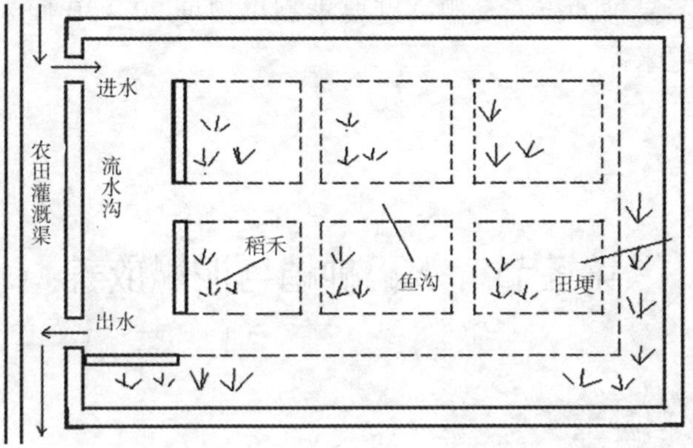

图 10－8　流水沟式稻田平面示意图

(三)防逃设施建设

1. 田埂与环沟间防逃设施

在田埂四周内侧与环沟间需设置防逃网,防逃网常用材料及安装有以下几种:

(1)聚乙烯网片或其他密眼塑料网片　一般用宽 1.5 米的 7 目聚氯乙烯网片制作,下部埋入土中 20～40 厘米,上部高出田埂 30～60 厘米,每隔 1.5 米用木桩或竹竿固定。

(2)钙塑板　选用抗氧化能力较强的钙塑板,沿田埂四周埋设,埋入土内 15～20 厘米,高出地面 20～30 厘米,用木桩或竹桩支撑固定,细铁丝扎牢,两块钙塑板接头处要紧密,不能留有缝隙,四角做成圆弧形,建造时注意向内侧倾斜。

(3)塑料薄膜　选用农用塑料薄膜,用毛竹或小木桩每 1 米 1 根进行固定,塑料薄膜埋入土中 20 厘米,上端用铁丝或尼龙绳固定。

(4)水泥板　按设计要求预制水泥板,水泥板内壁抹平抹光,沿田埂四周铺设,埋入土内 20 厘米,高出地面 20～30 厘米。

2. 进、排水口开挖及拦鱼设施安装

进、排水口应在稻田相对两角的田埂上进行开挖,使排(灌)时整个稻田的水顺利流通。进、排水口多用砖或石砌成,以免因经常灌排水而冲垮田埂。在进、排水口处要安装拦鱼栅防逃设施,防止灌、排水时跑鱼和野杂鱼随水进入稻田。拦鱼栅一般建成“∧”形或“︿”形,进水口凸面朝外,出水口凸面朝内,既加大了过水面,又使之坚固,不易被冲垮。安栅高度要求高出田埂 20 ~ 30 厘米,下插入泥中 20 厘米。

第三节　水稻种植与泥鳅放养

一、水稻种植

(一) 选择适宜的水稻品种

适宜稻田养鳅的水稻品种应具备如下特性:生长期长的中熟或中迟熟品种;茎秆直立,叶片窄短且向背面卷曲,呈筒状且上举,叶色浓绿;耐肥力强,矮秆、抗倒伏、抗湿性好、分蘖力强;抗病、抗虫力较强,高产优质。不同地方应结合当地条件,选择具备上述特征,又适合本地气候特征的水稻品种。

(二) 施足基肥

水稻移栽前要一次性施足基肥。一般亩施腐熟农家肥 1 000 ~ 1 500千克,加水稻专用复合肥 50 千克(氮、磷、钾的含量为 13∶7∶5)、硫酸锌 2 千克。

(三) 适时早栽,合理密植

插秧时,要使用多蘖壮秧,不要用瘦弱苗或带病虫害的秧;要适时早栽,以延长稻、鳅生长时间,实现稻鳅双丰收。河南省春稻的插秧期在 5 月中下旬,应力争早栽;麦茬稻的插秧期是越早越好,最迟不宜超过 6 月中旬。

水稻栽插密度没有统一标准,随地区、品种不同而异,但每块地的正常亩产量是一定的,水稻基本苗也是一定的,为保证基本苗不减少(因开沟种植面积减少 10% 左右),手工栽插的地方建议采取"大垄双行"栽培方法,即 2 行为一组,组内株距 18 厘米、行距 20 厘米,2 组之间行距 40 厘米,做到合理密植,并且大行适量增加植株穴数,以弥补因挖环沟、田间沟而减少植株的穴数。另外,在鱼沟和鱼溜四周应增加插秧密度,充分发挥边际效益,起到增穗、增粒的作用。一般春稻栽秧密度以2万~2.5万穴/亩为宜，每穴4~5苗，每亩8万~12万株基本苗；麦茬稻栽秧密度以2.5万穴/亩，每穴5~6苗，每亩12.5万~15万株基本苗较适宜。

二、鳅苗放养

（一）放养时间

泥鳅放养时间以水稻栽插初次耘田后为宜，要坚持一个“早”字，做到“早插秧、早放鱼”。一般以5月末至6月中旬为宜。当秧苗移栽7~10天后，水稻返青，此时应加注新水，使稻田水位保持在10~15厘米，即可放养鳅苗。

（二）鳅苗来源及要求

泥鳅种苗可人工繁育，也可从天然水域捕捞野生的。稻田养殖泥鳅因生长期较短，一般只有4个月左右，所以要求规格在4~6厘米以上，可在当年养成商品泥鳅。放养的鳅苗质量要求体形匀称、肥满、大小一致、体色新鲜、精神好、体质健壮、无伤病、无畸形。

（三）放养密度

放养密度根据养殖条件、养殖总面积（包括沟和稻田）、预计商品鳅产量和规格等情况而定。当年苗养殖投放规格4~5厘米，密度30万尾/公顷；隔年鱼种养殖投放规格8~10厘米，密度12万~15万尾/公顷。如果是投喂饲料的粗放养殖模式，放养密度则相应减少。

（四）稻田和鳅种消毒

苗种放养前应对稻田中的暂养沟、环沟、田间沟进行彻底消毒，每公顷用生石灰750~1 000千克，化水泼洒。同时，放养前也要对鳅种进行消毒，以杀灭鳅种体表寄生虫和预防水霉病的发生。鳅体消毒可用3%~5%食盐水浸泡10~15分，亦可用高效低毒消毒剂10%聚维酮碘溶液0.35毫克/升药液消毒5分后及时下田。

（五）放养

选择上午6~8点进行，将苗种投放到环沟内。投放时应注意以下事项：①塑料袋中水的温度与池水温度不能超过2℃。②将苗种均匀放入沟中，避免局部水域密度过大而缺氧死亡。③放养时应避免鳅苗身体破损受伤。

第四节　日常管理

一、水稻的施肥与用药

稻田养殖泥鳅，水稻的主要管理有除草、治虫、防病、追肥和灌水，其中最为重要的是施肥和防病用药。

（一）养鳅稻田的施肥技术

合理施肥对水稻和泥鳅生产都有利，养鳅稻田的施肥要做到“重施基肥，巧施追肥；重施农家肥，巧施化肥”。

基肥种类以农家肥为主，使用时需腐熟发酵，防止有机肥在腐解过程产生大量的有机酸和还原性物质，影响鱼类生长。另外，基肥应适当多施磷钾肥，严格控制氮肥使用量。稻田中施用的磷肥常以钙镁磷肥和过磷酸钙为主，施用前应与有机肥混合堆沤发酵后使用，以提高肥效，减少对泥鳅的危害。常用化肥的安全使用量为硫酸铵10～15千克/亩、尿素5～10千克/亩、硝酸钾3～7千克/亩、过磷酸钙5～10千克/亩，如以碳酸氢铵替硝酸铵作追肥，必须拌土制成球肥深施，每亩用量为15～20千克。碳酸氢铵作基肥，每亩可施25千克，施后5天才能放苗；长效尿素作基肥，每亩用量25千克，施后3～4天放苗。

一般每亩施基肥500千克左右，施用量占总施肥量的80%左右。插秧前，每公顷施发酵腐熟的畜禽粪便3 750千克作基肥，用来繁殖水蚤、蚯蚓、摇蚊幼虫等天然饵料，促进泥鳅和水稻生长；水稻插秧后至8月中旬，根据水稻、泥鳅生长情况，每隔15天每公顷稻田每次追施25千克鸡粪、猪粪等有机肥，或用速效肥（如尿素75～150千克）作追肥，最好是有机肥和无机肥交替使用。用化肥追肥时，要掌握用量，少量多次进行，且不要将肥料直接撒在鱼沟和鱼溜内，以免造成泥鳅中毒。

（二）养鳅稻田的防病与施药技术

泥鳅可吞食稻田中大部分害虫、虫卵和菌体，因此水稻病虫害发生率也较低。但在病虫害大发生年份，仍需施药防治。可采取以下几种方法对水稻病虫害进行预防：①育苗时对稻种进行药物处理，以杀灭种子上的病菌和虫卵。②插秧前 3～5 天，在秧田中重施一次防病、杀虫药，或插秧后 5～7 天，对秧苗施药预防一次。采用这两种方法后，在稻鱼共生期间一般不需再用药。中间确需使用农药防治水稻病害时，一种方法是加深水层，尽量把药液喷洒在稻叶上；另一种方法是排干田面水，让泥鳅集中到沟溜中再施药。但无论采用哪种方法，均需选用高效低毒低残留生物农药。

稻田施用农药时，用药前先将鱼全部赶到鱼溜，灌满田水，保持 10 厘米以上。喷施时，可一边换水一边喷药，或先干田驱鱼入沟再施药，并向沟凼冲换新水；也可采用分片施药，第一天施一半，第二天再施另一半，让泥鳅在田间有多一点躲避的场所，可减轻对泥鳅的危害。施药时喷嘴要斜向稻叶或朝上，尽量将药液喷在稻叶上。粉剂类农药宜在早晨带露水时施用，水剂宜晴天露水干后喷施，雨前不施药，严禁使用国家禁用农药和渔药，严格遵照用药量和休药期规定，确保泥鳅和水稻的食用安全。泥鳅对敌百虫较敏感，严禁使用。

二、泥鳅的投饲

稻田养殖泥鳅，除施底肥和追肥外，还应每天进行投饵，以确保高产。投饵应坚持“四定”（即定时、定点、定量、定质）原则。初期投喂，应将饲料均匀地撒在田面上或鱼沟内，以后逐渐将饲料投放在固定的鱼溜里，使泥鳅养成在鱼溜内定时、定点、定量取食的习惯，以利于泥鳅集中摄食和冬季捕捞。投饵量前期按鱼体重的 1%～1.5%，中期为鱼体重的 3%，后期为鱼体重的 3%～5%，投饵量应根据泥鳅取食、天气、活动等具体情况而灵活掌握，每次投饵以 1～2 小时内基本吃完为宜。日投喂 2 次，分别为上午 8～9 点、下午 4～5 点。

依据水稻不同生长期，泥鳅各阶段的投饲情况如下：

1.水稻返青期

秧苗移栽 7 天左右，就返青生长，此时稻田内水质已变肥，天然饵料比较丰富，且刚投放的泥鳅对新的水域环境不太适应，摄食较少。所以,本阶段可少量投喂一些精饲料即可,日投饵量为鱼总重量的1% ~2% 。

2. 水稻分蘖期

秧苗返青后,经过 20 天左右生长,完成有效分蘖。分蘖期间,稻田内部环境变化已经稳定,水温非常适合泥鳅的生长,要加强投饵工作。日投饵量约为泥鳅总体重的 3% ~5% ,分别于上午 8 ~9 点和下午 4 ~5 点各投喂1 次。

3. 水稻孕穗期

该阶段气温和水温均很高,日投饵量为 6% ~10% ,并适当降低动物性饵料比例。投饵时,将饵料投放在环沟和田间沟中,并以 1 小时食完为宜。当水温高于 30℃时或连续阴雨天气,以及雷暴雨来临之前,应停止投饵,以防过多的残饵碎屑腐烂败坏水质,引发鱼病。

4. 水稻结实期

该阶段昼夜温差大,控温工作非常重要。日投饵量 4% ~5% ,投饵量以 2 小时内食完为宜,水温低于 10℃时停喂。

三、水质管理

稻田水质管理因水稻不同生长期而异。

(一) 水稻返青期

该阶段保持稻田水深 3 厘米,既利于水稻生长,也利于水体增温。水稻分蘖前,水位控制在 10 厘米,以促进水稻生根分蘖。

(二) 水稻分蘖期

该阶段需进行烤田处理。要求一次性注水 15 ~20 厘米,让水自然蒸发,当稻田表层只剩一薄层水时,视田内泥鳅活动情况和耐受程度决定是否放水进田。如泥鳅平安无异常,可再坚持一段时间,以后再注水入田。如此反复 2 ~3 次,即完成烤田任务。

(三) 水稻拔节、孕穗期

水稻拔节期应适当加深水位,晒田时降水 20 厘米,使鱼沟、鱼凼仍保持 30 厘米、60 厘米的水深。同时,做到适时换注新水,促进水稻根系生长。到孕穗期,气温和水温均很高,稻田水的蒸发量大,应加深水位,防止泥鳅缺氧,每天向田中注一次水,以保持稻田水位 15 ~20 厘米。

（四）水稻结实期

该阶段昼夜温差大，应结合水稻的需水要求，傍晚注水15～20厘米，白天保持1～2厘米水深，以调控水温。

四、泥鳅病害防治

稻田环境很适宜于泥鳅生长，一般泥鳅不会发生病虫害。但由于运输创伤或投饲管理不善，也会引发一些疾病。因此，应根据具体情况，从实际出发，采取“无病先防，有病早治；全面预防，积极治疗”的原则，及时进行防治。病害防治中应注意以下事项：①放苗前，亩用生石灰50千克左右对鱼沟、鱼溜进行全面消毒。②放苗前，要对苗种进行消毒，防止带有病原的苗种进入稻田。③整个养殖过程，在鱼凼、鱼沟内每隔20天，用漂白粉22.5千克/公顷或生石灰225千克/公顷化水遍洒1次，漂白粉和生石灰要交替使用。④定期投喂药饵，预防肠炎。按泥鳅体重0.2%拌入大蒜素制成药饵，每半月投喂1次，每次连用4～5天。⑤合理投饵和施肥，合理放养，均衡营养，经常加注新水，保持水质“肥、活、嫩、爽”。⑥要精心管理、细心操作，避免鱼体受伤。⑦疾病一旦发生，要正确诊断，合理用药，防止误用药物而造成损失。

五、其他日常管理

（一）坚持经常巡田

要坚持每天多次巡田，做到勤观察，并留意水质、天气和鳅苗长势变化。每天检查吃食情况和水质状况，发现问题及时解决；同时，做好放苗、投喂、用药、施肥、天气、水质和鱼的活动、生长，摄食、疾病等养殖记录。检查各项设施是否有损坏，特别是雨天要对进、排水口及堤坝进行严格检查。

（二）定期测量体长

为更好地掌握泥鳅苗种的生长情况，要定期对泥鳅的体长进行测量，以便及时调整饲料和营养。如果鳅苗生长过慢，就要增加动物性蛋白含量和投喂量，并适当增加追肥量。

（三）积极防除敌害

蛇、鸟、凶猛鱼类、水鼠等都是泥鳅的天敌，要加强管理，及时捕杀或驱赶。

(四)防逃

做好防洪、排涝和防逃工作,经常检查防逃设施,看池埂是否有渗漏,发现后及时修补。同时,要及时清除田埂边的杂草,随时注意天气变化情况,一旦遇有大暴雨,要及时检查进、排水口及拦鳅设备是否完好,确保安全,以防逃鳅。

(五)适时追肥

稻田养鳅,池水容易变瘦,因此要及时追肥。一般大雨后或者透明度大于20厘米时,就要追肥,每次每亩可追肥50~150千克。追肥最适宜用腐熟的有机粪肥,不宜用无机肥,因为有机粪肥首先培育的是泥鳅喜好的浮游动物,而无机肥首先培育的是浮游植物。

第十一章　泥鳅病害及综合防治关键技术

做好病害防治，是泥鳅养殖的重要环节，是提高养殖经济效益的重要途径。随着泥鳅养殖规模的不断扩大，病害发生也日益严重，由此带来生产中药物的滥用，严重影响商品泥鳅的品质。因此，了解泥鳅病害发生的原因、症状、流行特征及诊断和治疗措施，有利于泥鳅疾病的综合防治和健康养殖生产。本章系统介绍了泥鳅病害发生的各种原因、综合防治措施、诊断和施药技术及常见病。

第一节　泥鳅病害发生的原因

引起泥鳅发生疾病的原因有内因和外因。根据疾病发生的原因和病理特征，由外因引起的泥鳅疾病又分为生物因素、饲料因素和环境因素等。

一、生物因素引发的鳅病

（一）病因

泥鳅疾病多数是由生物传染或侵袭而引起的，这些致病性生物统称为病原体。引起鱼类疾病的常见病原体有细菌、病毒、真菌、霉菌、藻类、原生动物、蠕虫、甲壳类动物等。其中，细菌、病毒和真菌等被称为微生物，它们个体微小，却具有强烈的传染性，由它们引起的疾病又被称为传染性疾病。原生动物、蠕虫和甲壳类等被统称为寄生虫，由它们引起的疾病称为寄生虫病或侵袭性疾病。

（二）发病特征

由生物因素引起的鳅病，其多在水温由低向高变化的过渡期、高温季节和鳅体严重受损等情况下发生和流行，且多数感染快、传播迅速，短时间内可造成泥鳅大量死亡。发病初期，可见少量病鳅游至水面和少量死鳅漂浮。

（三）防治措施

该类疾病的防治，多以杀灭或抑制病原体生长及增强鱼体抵抗力为主，切实贯彻“以防为主”的方针。鳅病高发期，要定期对鱼体、养殖水体和使用的工具进行消毒处理，鱼体损伤严重时需进行浸浴处理。预防可用药物消毒处理，也可采用中成药、生物制剂等制成药饵进行内服预防。

生物因素引起的鳅病治疗时，应以杀灭病原生物群体为主要手段，其治疗途径有：使用外用消毒剂对养殖水体进行全池泼洒，控制或杀灭水体中的病原微生物；投喂抗菌剂、杀虫剂或中成药药饵，杀灭或控制鱼体内的病原微生物;增强鱼体对病原体的免疫应激能力。

二、环境因素引发的鳅病

(一)病因

良好的水环境对维持泥鳅正常的生理活动十分重要。水体温度、溶氧、pH 值、营养盐和微量元素等理化因素的变化,都会影响泥鳅的生理活动。当这些因素变化幅度过大或过快时都能引起泥鳅患病。

生产中常见的环境因素变化致病的有水温异常、溶氧变化、气候突变、水质变化和水体污染。在鳅种放养和日常管理中注换水时常常引起水温变化,造成温差应激;而夏季水温超过 30℃ 时则会引起泥鳅热应激。水体中生物的活动及水源、底质和气候等的变化可影响水质,水质恶化不但会消耗大量溶解氧,还会产生亚硝酸盐、非离子氨等有害物质,对泥鳅产生毒害作用,导致病害微生物大量繁殖。

(二)发病特征

环境因素引起的鳅病,因致病因子种类及程度差异而不同,通常可导致泥鳅生长不良,畸形率增高,对病原微生物抵抗力下降,鱼体品种差,严重时可引起养殖对象在极短时间内大范围的暴发性死亡。

(三)防治措施

对于环境污染,在养殖场建设时就应考虑养殖水体或引用水源要避开农药、造纸、化肥等排污较多的工矿企业;平时应加强环境监测,在可能被污染的情况下要有保护措施。另外,要提高养殖技术水平,杜绝因养殖工作而造成或加重环境的污染。

对于环境因子变化引起的鱼病,一方面生产中要按技术规程操作,另一方面要提高设施对环境的应变能力。

三、饲料因素引发的鳅病

(一)发病原因

主要有因饲料营养不平衡而产生的营养性疾病,如腹水、脂肪肝等;饲料被污染而产生的黄曲霉毒素和重金属过量等,以及饲料原料中毒素(如抗营养因子)引起的鳅体生长不良、体形异常等。

(二)发病特征

实际生产中,可通过饲料投喂效果来观察判断泥鳅疾病是否因投喂某种饲料引起。当投喂某种饲料的泥鳅发病，而投喂其他饲料的泥鳅或停喂这种饲料的泥鳅均未出现疾病，则可判定该种饲料是导致泥鳅发病的原因。

饲料中致病因子种类和数量不同，引起鳅体出现的病情也不同。主要的症状特征有：鳅体出现脊柱弯曲等畸形率较高；鱼体品种差，如腹腔积水，肝脏和肌肉中脂肪增多；生长迟缓，饲料系数高，养殖成活率低。

（三）防治措施

当因营养失衡而引起鳅体发病时，应优化饲料配方，提高饲料加工过程中的质量管理。饲料原料中的抗营养因子可使泥鳅对饲料的利用率降低，饲料系数高，生长缓慢，对此应选用经过脱毒的饲料原料或在饲料配方中严格限制含毒原料的用量。对于因饲料中过高添加某些添加剂而引起的鳅病，如铜、铁等重金属元素及含氟量高的磷酸氢钙等添加过量可造成泥鳅中毒甚至大量死亡，对此应在饲料配方设计和饲料加工过程中严格按照泥鳅的营养标准实施，在添加剂选用上应主要考虑其性能和质量。

四、人为因素

常见人为因素主要有：

1. 过分追求高产，不顾养殖水体承载容量，导致放养密度过大

放养密度的大小与疾病发生关系密切，如果密度过大，超过了饲料基础和饲养条件，使泥鳅摄食不足，营养不良，抵抗力下降，为鳅病发生创造了有利条件。因此，确定密度应综合考虑鱼体规格、饲养条件和饲养水平等因素。

2. 生产操作不细心，造成鱼体受伤

鳅体受伤后，给病害侵染创造条件，从而感染疾病。

3. 管理不善

如大量投饵或投饵方法不合理；长期不换水使水质变坏；换水时，把含有农药或其他有毒物的水源加入养殖水体；酷暑季节，池水温度过高，没注意防暑，使泥鳅食欲减弱，体质消瘦，抗病能力降低；换水时，水体温差过大，造成泥鳅死亡。

五、泥鳅发病的内因

泥鳅健康养殖过程是否会患病，重要的是看泥鳅本身对病害的抵抗能力。一般外因是条件，内因是根据。因种质、遗传等因素引起鳅体对疾病抵抗力降低或携带病原体，使其在外因适宜的环境中或不同饲养阶段而发病，是由内因导致发病的。

第二节　泥鳅病害综合防治措施

疾病预防是泥鳅健康养殖环节中的重中之重，而预防工作是一项复杂而系统的工作，需要对生产中的每一个环节进行严格把关。因此，要按照"以防为主，防治结合，防重于治"的原则，对泥鳅病害进行综合性预防。

一、营造良好的饲养环境

（一）养殖场建设

要设计和建造符合健康养殖条件的泥鳅养殖场，首先在建场前就要对水源进行详细的调查，确保水源充足，水质优良，水温适宜，不被病原菌和有毒有害物质污染，水质理化性状符合泥鳅生活要求。在鱼池设计时，就应该从生产能力和方便管理考虑，进行科学的规划和合理的布局，确保大、小鱼池配比合理，面积大小适宜，长方形东西走向。建造时，应做到配套设施齐全，全场留有主干道，塘口间交通便利，电力设施到位，排灌系统独立，仓储和检测器材完备。

（二）底质

池底过多的淤泥，对水质和病原体的滋生、蔓延均有严重的影响，因此，池塘清淤消毒是预防疾病和减少流行病暴发的重要环节。池塘清淤时要清除淤泥、铲除杂草、加固塘堤，修整进、出水口。清除淤泥一般在冬季进行，先将池水排干后，采用人力或机械清除淤泥。池塘清淤后需经日光曝晒及严寒冰冻一段时间，以杀灭越冬的病原体。当池塘面积大，清淤工作量大时，可用生石灰干法消毒。

（三）水质

“养鱼先养水”是水产养殖业的宝贵经验。养殖期间，抓好水质培养，创造符合泥鳅生理生态要求的水质环境，是降低养殖成本的有效措施，也可减少病害发生，提高产量。泥鳅人工养殖池塘的水质管理与控制可以概括为“五度”“三毒”和“一氧”3 个方面。

1. “五度”

（1）深度　泥鳅养殖池塘水不宜过深，以 1 米左右为宜。部分地区水深只有 40～50 厘米，从生态角度来看并不合适。

（2）温度　泥鳅的适宜生长水温为 15～30℃，最适生长水温为 25～27℃。夏季高温期，可采取加注新水、提高水生植物覆盖面积、搭建遮阳棚等防暑措施。

（3）肥度　泥鳅喜肥，且有怕光喜暗的习性，因此肥度可以适当高些。养殖泥鳅的水质要保持“肥、活、嫩、爽”，水色为黄绿色，溶解氧保持在 3 毫克/升以上。

（4）透明度　因肥度高，透明度比较低，一般透明度在 10～30 厘米范围内。泥鳅对透明度的要求比普通鱼类要低些。

（5）酸碱度　泥鳅生活水体 pH 值为 7.0～7.5，泥鳅相对耐酸，但不能太酸，否则将会影响藻类繁殖，导致水肥不起来。

2. “三毒”

（1）氨　水体中的残饵、粪便经细菌分解可产生氨，当其含量超过 0.02 毫克/升时，轻则破坏泥鳅的鳃黏膜，抑制其生长，重则破坏泥鳅的皮肤黏膜、肠黏膜和引起内脏器官出血、急性死亡；同时，也影响泥鳅的皮肤呼吸。

（2）亚硝酸盐　当亚硝酸盐含量超过 0.1 毫克/升时，泥鳅表现不吃食，并在白天浮头翻窜。亚硝酸盐高时，还可导致泥鳅血液载氧能力丧失而产生慢性中毒，出现生理性缺氧，呼吸困难，是诱发褐血病和出血病的重要环境因素。

（3）硫化氢　缺氧状态下，厌氧菌可分解粪便、淤泥、腐殖质、残饵和动植物尸体等含硫有机物质而产生剧毒气体硫化氢。淤泥变黑是硫化氢存在的重要标志。养殖过程中应尽量控制和防止硫化氢的产生。

3."一氧"

即溶解氧。水体溶解氧含量是水质的重要指标之一。溶解氧对泥鳅养殖效果的影响巨大。一般溶氧量在5毫克/升以上时泥鳅生长良好,低于3.5毫克/升时部分泥鳅跃出水面呼吸。养殖过程中,应根据当地的池塘条件,选择不同的调水增氧方式。常用增氧方法有机械法增氧(即架设增氧机)、化学法增氧、物理法增氧(即经常加水和适度换水)、生物法增氧(即使用光合细菌等有益生物制剂来改善和调节水质)和综合法增氧(即利用一些吸附剂来去除水中的氨、氮和部分有机物,起到清洁水质的作用)。

总之,养殖期间要经常观察水质变化。发现水质异常,要通过换水或开动增氧机等方法来调节水质。换水频率,春秋季节每7~10天换水10~15厘米,夏季高温季节高产池塘每天换掉约1/10的水体;雷雨、闷热天气,要勤注新水,加大换水量。发现泥鳅频繁蹿出水面呼吸空气,说明水中缺氧,应及时加注新水或开启增氧机增氧。

二、严格控制和消灭病原体

(一)池塘消毒处理

养殖池塘或是越冬池塘,在泥鳅进池之前均应进行清塘消毒,以清除池塘杂草,挖去过多的淤泥。常用的清塘消毒方法有生石灰清塘和漂白粉清塘,最好两者交替使用。

(二)改善水源及用水系统,减少病原菌入侵概率

水源和用水系统是泥鳅疾病病原传入和扩散的第一途径。优良的水源条件应是符合渔业用水水质标准。用水系统应使每个养殖池有独立的进、排水管道,避免病原体随水流而传播。养殖池应建造蓄水池,使养殖用水在进入养殖池前,应在蓄水池净化、曝气、沉淀或消毒,有效避免病原体随水源传播。

养殖过程,定期监测pH值、溶解氧、温度、盐度、透明度、总氨氮、亚硝基氮、硝基氮和硫化氢等主要水质参数及优势生物的种类和数量、异养菌的种类和数量,及时了解水质变化动态,适时纠正那些不利于养殖动物生长和影响其免疫力的各种因素。

(三)苗种消毒

苗种放养前,需进行消毒处理,以杀灭其体表的病原体。常用消

毒方法是用食盐水、漂白粉和硫酸铜合剂、漂白粉、硫酸铜等浸泡，具体药浴浓度和消毒时间，应根据鳅体大小、水温和鳅种的耐受程度灵活掌握。其中，食盐水浸泡是泥鳅消毒最常用的方法，配制浓度为3% ~5%，浸浴时间为5 ~15 分，可预防烂鳃病、三代虫病、指环虫病等。

（四）工具消毒

患病泥鳅使用过的网具、塑料和木制工具等各种养殖用具，常常是病原体传播的媒介，尤其是疾病流行季节。所以，生产过程应对这些工具进行消毒后使用。

（五）食场消毒

食场内常有大量残饵，这些残饵腐败后为病原菌的大量繁殖提供了良好条件，易引起泥鳅感染细菌而引发疾病。另外，食场是泥鳅最密集的地方，也是疾病传播的地方。因此，定期对食场进行消毒，是预防疾病的有效措施。食场用药主要有药物悬挂法和泼洒法两种。

1. 药物悬挂法

利用塑料袋、布袋、竹篓等工具盛装漂白粉、硫酸铜等药物，悬挂于食场附近，使药物在5 个小时内溶解完全，达到一定的治疗浓度。在鱼病高发期，要定期挂袋预防，每隔15 ~20 天为1 个疗程。每个食台周围挂3 ~6 个袋。漂白粉挂袋，每袋50 克，每天换1 次，连挂3天；硫酸铜和硫酸亚铁挂袋，每袋用硫酸铜50 克、硫酸亚铁20 克，每天换1 次，连挂3 天。

2. 泼洒法

利用漂白粉，每隔1 ~2 周在鱼吃食后消毒食场1 次，每次用量250 克，溶化后泼洒在食场周围。

（六）加强检验检疫

严格控制外来疫病，随时检测塘口动态，做到无病早防，有病早治，杜绝病原体传播。

（七）做好药物预防工作

水生动物都有一定的发病季节，定期进行药物预防，能收到事半功倍的效果。平时，通过定期或不定期用药物对水体消毒与内服药饵，可对那些无病或病情稍轻的泥鳅起到极好的预防或防治作用。

如用0.7毫克/升的二氧化氯溶液每半月全池泼洒一次；按泥鳅体重的0.2%拌入大蒜素或1%～3%大蒜泥制成药饵，每半月投喂1个疗程，连用4～5天。

三、增强鳅体抗病力

（一）培育抗病力强的品种

内因是泥鳅抗病的关键。天然水体中，常见一些泥鳅个体或品种对一些病原体具有较强的抵抗力。因此，预防和消除病原体感染，挑选抗病力强的个体进行培育是很重要的。从健康养殖角度出发，可从以下4个方面选育：①遴选自然免疫力强的品种，即选择疾病发生后大难不死的个体进行专池培育，从其后代中筛选具有自然免疫某种病害的新品种。②利用亲缘关系较远的雌雄个体进行杂交，培育抗病力比父、母本都强的品种。③从同一品种内，反复选择和培养生长快和体质健壮的个体，通过若干代的定向培育，选育抗病力强的品种。④通过人工免疫，使鳅体产生抗病力。

（二）放养健壮苗种

苗种质量是关键，没有好的苗种，其他方面做得再好，也不能有效防治病害。苗种要求体质健壮、无病无伤、体表光滑、富有黏液、规格整齐、活动能力强，注意剔除体表或口腔内有伤的鳅种。放养前，要对苗种规格进行筛选，做到同一池塘放养同一规格，避免因不同规格的泥鳅其采食量、采食速度、生活规律、活动量不同而造成的泥鳅间互相残伤。另外，放养前也要去除病鳅和残鳅。

四、科学合理地投饲和施肥

科学地投饲和施肥，是保证泥鳅养殖产量和增强泥鳅基本抵抗力的重要措施。

（一）合理投饲

根据泥鳅品种和生长发育阶段，选用多种原料，进行合理调配和精细加工，确保饵料营养全面和良好的适口性，既可为泥鳅生长和生活提供合理的营养来源，又是提高泥鳅体质和抵抗疾病能力的需要。投饲时，应根据泥鳅的活动情况、季节、天气、水温、水质等条件，确定投喂时间、数量和质量，并严格按照“四定”和“四看”投饲技术进行投饵。

（二）科学施肥

施肥的目的是增加水体营养，促进浮游生物迅速繁殖，为泥鳅提供天然饵料。施基肥要根据底质和肥料种类而定；追肥应及时、少施、勤施，且以有机肥和粪肥为主。施用前应拌入生石灰进行堆沤发酵，以减少病菌污染和耗氧量。

五、加强饲养管理

泥鳅生活的水体环境十分复杂，人们不可能完全消灭水体中的病原体，所以加强饲养管理，进行科学喂养，提高鳅体自身抗病力，并为其创造一个健康良好的环境，是预防疾病的根本。

（一）合理放养

科学合理地放养是提高泥鳅抗病力的办法之一。做到合理放养，应注意以下几个方面：①从苗种来源和规格看，同一池塘放养同一来源、同一规格的苗种，避免不同来源苗种可能带来更多病原体的机会及不同规格苗种间抗病力的不同。②放养密度要适宜，避免密度过大。③提倡适当的混养，以减少鳅体接触传染的机会。④要适时放养，在水温10℃左右，泥鳅体质肥壮、肌肉紧密、不易受伤，且病菌处于非活跃状态时放养最好。⑤减少放养时鱼体的受伤。

（二）适时加注新水，及时清除杂草

池塘中一般不允许有大型水生植物及杂草，这类植物是病原体及敌害生物的栖身之地，应及时清除。随着池中泥鳅的生长，水体中排泄物将不断增加，因此应每隔 3～10 天向池塘加注新水 5～10 厘米，以增加水容量，改善水质，利于浮游生物更新换代，对预防疾病有好处。

（三）坚持巡塘

泥鳅养殖过程中，应保证每天早、中、晚 3 次巡塘，认真观察水和鳅的状况，发现问题及时采取对策，确保健康养殖的顺利进行。巡塘时，首先要观察泥鳅是否浮头，判断浮头程度。其次，要监控泥鳅吃食状况，发现泥鳅厌食或摄食状态不正常，应分析原因并及时采取措施。再次，巡塘时要对水质状况进行仔细的观察和分析，根据水质状况确定施肥或换水。此外，巡塘时还要随时保持池塘水面及周边环境的清洁卫生，及时捞除池中污物残渣，铲除杂草，做好记录。

六、科学规范地用药

滥用和盲目用药，一定程度上可加重养殖水域污染。如经常使用抗生素，可能污染环境，使环境微生态平衡失调，使病原生物产生耐药性，因此，要在正确诊断的基础上对症下药，不能有病就用抗生素，要选用疗效好、毒副作用小的药物，按照规定的剂量和疗程给药。毒物和药物间没有严格的界限，只有量的差别。用药量超过安全浓度范围就可能导致养殖动物中毒，甚至死亡。

另外，泥鳅健康养殖用药要严格按照国家农业部颁布的《无公害食品　渔用药物使用准则》（NY 5071—2002）和《无公害食品　水产品中渔药残留限量》（NY 5070—2002）的标准执行，严禁使用违禁药物，严格执行休药期。

七、科学使用微生态制剂

（一）常见微生态制剂及其特性

微生态制剂又称微生态调节剂、活菌制剂等，主要有以下几种：

1. 光合细菌

光合细菌能将嫌气细菌分解出的有毒物质如氨态氮、亚硝酸等吸收利用，促进有机物的循环，达到净化水质的目的。同时，光合细菌进行光合作用时可吸收水体中的耗氧因子，使好氧微生物因缺乏营养而转为弱势，降低氧气的消耗而直接起到增氧作用。

2. 芽孢杆菌

属好气性细菌，其可直接利用硝酸盐和亚硝酸盐，起到净化水质的作用；另外，能分泌多种酶类和抗生素，可抑制其他细菌的生长，进而减少或消灭水产养殖动物的病原体。

3. 乳酸菌

为厌氧或嫌气菌，能降解碳水化合物生成的乳酸和其他有机酸，降低动物肠道内的 pH 值，抑制其他微生物的生长和繁殖，对动物免疫和抗病能力产生有利的影响。

4. 酵母菌

为单细胞蛋白，富含维生素，尤其是 B 族维生素。酵母菌可在消化道内大量繁殖和生长，在与有害菌生存竞争中成为优势种群，从而抑制有害菌的生长。

5. 益生素

为复合微生物制剂，主要成分有光合细菌、芽孢杆菌、枯草杆菌、硫化细菌、硝化细菌、反硝化细菌等。它能分解水中和池底的有机物，降解氨氮、亚硝酸盐、硫化氢等，改善池底的厌氧环境，抑制养殖水体中藻类的过量繁殖，保持养殖微生态的平衡。

（二）微生态制剂的作用

在泥鳅高密度养殖中，使用微生态制剂可发挥以下调节作用：

1. 可调节泥鳅体内的微生态

向饲料中添加微生态制剂，既能增加营养，还能杀灭或抑制病原微生物。如乳酸菌能分泌细菌素、过氧化氢、有机酸等物质，能降低泥鳅肠道内的 pH 值，抑制病原体的生长和繁殖，使有益微生物在细菌种间竞争中占绝对优势。

2. 提高泥鳅机体的免疫力

微生态制剂能激活机体免疫机能，刺激干扰素的产生，提高免疫球蛋白浓度和巨噬细胞的活性，通过非特异性免疫调节因子等来增强机体免疫力。如芽孢杆菌可以通过释放抗生素抑制病原菌生长，还可提高机体的细胞免疫和体液免疫。

3. 净化水质

微生物代谢过程具有气化、氨化、硝化、反硝化、解磷及固氮等作用，能将水体中有害物质分解为二氧化碳、硝酸盐、硫酸盐等无毒物质，进而被水体中的微藻类加以利用，间接成为泥鳅的天然饵料，从而提高了饲料的转化率，改善了底质的微生态环境。

4. 促进泥鳅快速生长

微生态制剂的菌体含有蛋白质、矿物质和维生素等丰富的营养物质，可为养殖动物补充营养。另外，一些微生物的发酵或代谢过程可产生促生长类的生理活性物质，有助于养殖动物对食物的消化和吸收。

（三）微生态制剂的使用方法

可采用内服和外用相结合的方法。

1. 养殖前期

在5~6月,鳅池经清理、消毒、施肥培水,待水色变绿后,向水体施入光合细菌,使其形成优势种群,促进浮游植物和浮游动物的快速生长,培育饵料基础。

2. 养殖初期

鳅种下池后3~5天,即可向水体施入芽孢杆菌。由于此时鳅种摄食量逐渐增加,池中开始积累一定数量的残饵和粪便,因此应及时补加复合微生态制剂,并根据需要定期适量加注新水。但此期间一般不对池水进行消毒,避免破坏微生物种群。

3. 养殖中期

7月底8月初,鳅种已饲养至2个月左右,体长达10厘米以上,摄食量显著增加,池中粪便和残饵积累较多,在持续高温条件下易引起蓝藻大量繁殖,形成重度水华。此时,应及时补充新的复合微生态制剂,促进营养物质转化为饵料生物,改善水环境;或在饲料中添加光合细菌、乳酸菌等,按总投饲量的0.1%~1.0%拌服,抑制有害细菌,从而减轻或消除水质污染,防止疾病发生。

4. 成鳅饲养期

进入体长12厘米以上的成鳅养殖期,日投饲量加大,蓝藻繁殖更快,水质不易控制。此期一般采用单一换水方式调节水质,而不再使用微生态制剂,因为频繁地换水不利于新加入的有益微生物繁殖起来。因此,该阶段应以内服为主。

八、大力推广生态养殖和设施养殖

要巧妙地利用泥鳅的生态习性,以主要对象为主,适量搭配对其有益的其他品种。如在鳅池中放养一些鲢鱼和鳙鱼等滤食性鱼类,既能起到净化水质的作用,又能增收。定期施用微生态制剂,维持水体良好环境;或在池中适当栽种一些水生植物,起到遮阴蔽阳、净化水质、提供天然饵料的作用。总之,按照健康养殖的要求,使养殖水体中的生产者、消费者、分解者维持在一个动态平衡状态中。

第三节　泥鳅疾病诊断和常用施药技术

一、泥鳅疾病的诊断

鳅病的正确诊断是有效防病治病的关键，只有进行正确的检查和诊断，才能对症下药，取得应有的治疗效果。鳅病的诊断可从以下两个方面进行。

（一）现场调查

现场调查可全面查明发病原因，为正确诊断提供依据。一般泥鳅患病后，体表会出现症状，且表现出各种不正常的现象，如身体消瘦、柔弱，食欲减退，体色发黑，离群独游，行动迟缓，行为不安，上下窜跃、翻滚，体表黏液脱落等。诊断时，应按照从群体到个体的顺序，仔细观察这些症状。

同时，注意观察和了解有无有毒废水流入养鳅池，投饵、施肥是否过多而引起水质恶化，水温、水质、pH、溶氧等水质参数变化情况，先前发病和用药等情况。

（二）鳅体检查

选择刚死没有腐烂变质或者快死的病鳅或者病害症状明显的病鳅作为检查对象，按照先体表后体内、先目检后镜检的顺序进行检查。

1. 体表检查

将病鳅置于白瓷盘中，按照头部、嘴、眼睛、体表、肛门、尾部的顺序进行仔细观察。水霉、车轮虫和小瓜虫等大型病原体易于见到，小型病原体需依据所表现出来的症状进行辨别。如病鳅背部表皮出血发炎，严重时溃烂掉鳍条，为赤鳍病；鳅体尾部等部位出现圆形大小不一的红斑，严重时可见到骨骼，则为打印病。

2. 体内检查

体内以检查鳃为主。解剖取鳃，从前到后依次检查是否有寄生虫,然后根据虫体及数量,确定可能为何种寄生虫病。

上述检查多以肉眼检查为主,而镜检常用于细菌性疾病和原生动物等疾病的确诊及其他疾病的辅助诊断。镜检时,需取少量病变组织或黏液、血液等,用生理盐水稀释后在显微镜、解剖镜或高倍放大镜下检查。

诊断过程中,还需结合现场调查结果进行综合分析,才能做出正确诊断,制定切实可行的防治措施。

二、泥鳅发病的早期识别

泥鳅疾病防治在于早发现、早治疗,一旦病鳅出现症状后再行治疗,往往为时已晚且难以治愈。因此,日常管理过程中就要多注意观察养殖阶段的泥鳅,通过以下几个方面及早预判泥鳅是否发病,及时采取措施。

(一)依据发病特点做出判断

通常可通过以下几个症状,对导致鱼体不正常或者发生死亡现象做出快速判断,确定鱼群是否发病:①死亡迅速,泥鳅在短时间内出现大批死亡,除中毒外该情况不可能是疾病引起的。②症状相同,同一水环境条件下饲养的全部泥鳅表现出来的症状、病程和发病时间都比较一致时,可判定该情况不是疾病引起的。③恢复快,环境因素改善后泥鳅可在短时间内症状减轻,甚至恢复正常,也可判断不是疾病引起的。导致泥鳅出现不正常现象时,多为缺氧或中毒等引起的。

(二)依据疾病发生的季节特点判断

许多泥鳅疾病的发生具有明显的季节性,如泥鳅出血病主要发生在7~9月炎热季节,水霉病多发生在春初或秋末凉爽季节。因此,可根据鱼病发生的不同季节做出初步判断。

(三)依据泥鳅的摄食状况判断

在气温、水温、养殖环境、饲料质量和加工、投喂等均没有发生变化时,泥鳅摄食量却明显减少,可怀疑泥鳅已经生病。此时,可通过检查饵料台、对饵料台进行消毒等措施来进一步判断。

(四)依据泥鳅栖息环境状况进行判断

一些疾病的发生与鱼所处水环境密切相关,如酸性水域环境多发生肠炎、赤皮病、烂鳃病和打粉病等，弱碱性水域环境多发生中华蚤、锚头蚤、鱼蚤等寄生虫病。当泥鳅处于不同的水域环境，就有可能发生不同的疾病。另外，通过泥鳅生活习性的改变也可判断泥鳅是否生病。正常情况，泥鳅多隐藏于草丛或泥洞内，当发现泥鳅在白天非吃食时间将头长时间伸出水面或爬到水草上面，既不入洞也不躲藏到草丛中，可怀疑泥鳅已经生病。

（五）依据泥鳅对外界反应情况进行判断

正常情况下，泥鳅对外界反应非常灵敏，遇到意外的声响、振动等都会迅速做出反应。当巡池时，若发现泥鳅无动于衷，浮在水面吃水，或贴在池壁懒于游动，采用跺脚或拍打等振动或响声刺激泥鳅才慢慢入水，一会儿又懒洋洋浮出水面，此时应怀疑这些泥鳅可能已经生病了。

（六）依据泥鳅活动情况进行判断

泥鳅正常情况多静静地待在洞中或躲藏于水草中，当其体表或体内被寄生虫寄生时，会变得焦躁不安；严重时会不断地翻滚、上浮下游，又或螺旋形或突然性蹿跳，不断用身体擦水草、池壁和饵料台，此时应是生病的表现，可能是寄生虫寄生。

（七）依据泥鳅的体质来判断

正常泥鳅体质良好，身体匀称，头小，体圆而短。当泥鳅营养不良、中毒或生病时，可出现头大、体细和尾尖的情况。

（八）依据泥鳅体色进行判断

泥鳅体色暗淡、无光泽，鱼体消瘦，身体局部红肿发炎、溢血或溃疡，鳍充血，周身鳞片竖立，尾鳍末端腐烂，这些都是生病的前兆。

三、泥鳅疾病防治常用施药方法

正确的给药方法，可充分发挥药物的效能，减少副作用。泥鳅常用给药方法有以下几种：

（一）挂袋（篓）法

即将药物装在自制布袋或竹篓中，然后挂在投饵区等地方，形成一个药液区，当泥鳅进入药液区时，达到消毒鱼体和杀灭鱼体外表病原体的目的。常用挂袋药物如漂白粉，连续挂药 3 天。该法只适用于预防和疾病的早期治疗。

（二）浴洗（浸洗）法

该法是将病鳅集中到较小的容器中，放在特定配制的药液中进行短时间强迫浸浴，达到杀灭鱼体表和鳃上病原体的目的。它适用于小批量患病泥鳅，主要是驱除体表寄生虫及治疗细菌性的外部疾病。

该法的浸浴时间依据药物种类、泥鳅个体大小、水温、药液浓度和鱼的健康状况而定。一般亚甲基蓝、红药水、高锰酸钾等采用高浓度、短时间浴洗；食盐水、福尔马林、抗生素等采用长时间药浴。泥鳅个体大，水温、药液浓度低及健康状态尚可，浸浴时间可长一些；反之，浴洗时间可短一些。另外，浴洗药物的剂量必须精确，如果浓度不够则不能有效杀灭病菌，浓度过高则易对泥鳅造成毒害。

（三）泼洒法

该法是根据泥鳅的病情和池水总量计算出各种药物剂量，配制好特定浓度的药液，然后慢慢泼洒到池内，使池水药液达一定浓度，从而杀灭泥鳅体表及水体中的病原体。泼洒法对病原体杀灭较彻底，既可用于预防，也可用于治疗。

（四）内服法

是将治疗药物掺入饲料中，或将粉状饲料挤压呈颗粒状、片状后投喂泥鳅，从而达到杀灭泥鳅体内病原体的目的。内服法适用于预防及治疗发病初期尚有食欲的病鱼，对病情严重、已停食或减食的病鳅效果较差。投喂药饵时，要根据泥鳅大小、病鳅轻重、天气、水温和鱼的食欲等情况灵活掌握。

（五）注射法

采用肌内或腹腔注射的方法，将药物注射到病鱼腹腔或肌肉中，达到杀灭体内病原体的目的。该法多用于利用水剂或乳剂抗生素治疗各类细菌性疾病，适用于亲鱼的治疗和人工疫苗的注射。肌内注射时，可于背鳍基部前方肌肉丰厚处进针。腹腔注射时，多在胸鳍基部突起处进针，深度以不伤及内脏为宜，针头进针角度以45°为宜。鱼体注射前要进行消毒麻醉。

（六）涂抹法

将高浓度药剂直接涂抹到鳅体患病处，以杀灭病原体。该法主要用于治疗外伤及泥鳅身体表面的疾病。常用药物为红药水、碘酒、高锰酸钾等。涂抹前必须先将患处清理干净。

第四节　泥鳅常见疾病及防治

一、传染性疾病

（一）水霉病

【病因】由水霉菌寄生引起，又称肤霉病、白毛病。

【症状】病鳅感染初期，肉眼看不到明显症状。当肉眼能看到症状时，菌丝已侵入伤口甚至肌肉。此时病鳅身上长满白色棉絮状水霉菌丝，形成“白毛”。由于霉菌分泌的酵素对鳅体的刺激，病鳅体表分泌大量黏液，急躁不安，运动不正常。随病情加重，病鳅游动迟缓，食欲减退，最后瘦弱而死。在孵化季节流行，可引起大批受精卵死亡。

【流行特征】水霉菌生长适温范围为5～26℃，最适繁殖温度为13～18℃，在水质较清的水体易于生长繁殖。因此，该病一年四季均可发生，尤以春季最易发生，从卵至成鱼都可感染。水霉病往往继爱德华菌病、红鳍病等之后发生。造成该病发生的因素有：①受伤或局部组织坏死。②水温剧烈变化。③季节交替时易发生鱼体受伤所致。

【防治措施】

（1）预防　①放养前做好清塘消毒和鳅体消毒工作。②避免放养密度过大或饵料不足而造成泥鳅相互咬伤。③在捕捉、运输和拉网时，应尽量避免泥鳅受到机械损伤。④鱼巢使用前预先用食盐水浸泡。

（2）治疗　①可用0.4%的食盐水和小苏打合剂或50毫升/克的新洁而灭液全池遍洒。②用医用碘酒或10克/升浓度的高锰酸钾涂抹伤口。③亦可用4%食盐水浸洗病鳅5～10分，即可治愈水霉病。受精卵感染则用0.5%食盐溶液浸泡。

（二）打印病

【病因】由点状产气单胞杆菌点状亚种感染而致。

【症状】病鱼病灶浮肿、红色、椭圆形或圆形，似打上的印章；主要发生在背鳍和腹鳍以后的躯干部及腹部两侧，红肿严重时露出骨骼内脏。

【流行特征】7～9月为主要流行季节。

【防治措施】①每立方米水体用0.5克二溴海因全池泼洒，连用3天。②每立方米水体用1克漂白粉化水全池泼洒，连用3天。③用2～4克五倍子或1克/米^{3}漂白粉和苦参交替使用全池泼洒。④成鳅亦可用2%浓度的石炭酸、1%高锰酸钾溶液或漂白粉干粉直接涂于患处。

（三）赤皮病

【病因】赤皮病又叫皮瘟、擦皮瘟，因捕捞和运输时擦伤泥鳅皮肤感染荧光假单胞菌或水质恶化细菌侵入皮肤所引起的出血性腐败病。

【症状】病鳅体表局部或大部分出血发炎，尤其是鱼体两侧及腹部最为明显，好似被擦伤。鳍、腹皮肤及肛门周围充血、溃烂；严重时全部鳍基充血、发炎，鳍条基部充血，末端腐坏，鳍梢部常烂去一段，鳍间组织严重破坏，呈扫帚状，鳍条腐烂处常有水霉寄生。病鳅时常平游，浮于水面，动作呆滞、缓慢，反应迟钝，死亡率高达80%以上。

【流行特征】该病常因捕获不当、长途运输等损伤鳅体，或因水质恶化而引起；一年四季均有流行，尤其是春末夏初；常与烂鳃和肠炎病并发。

【防治措施】

（1）中药治疗　①新鲜蟾酥10克左右，放于水里搅拌，全池洒放，浓度为0.5毫克/升即可，每3天1次。②取鲜嫩的蓖麻茎叶15千克左右，分份绑成几小捆，放入水中浸泡，每次泡4天左右，反复2次。③按每立方米水体用五倍子1.5～3克煎水，全池泼洒。④每亩水面用紫苏0.5千克、走马箭250克的干粉，煎汁，整池投放。

（2）西药治疗　①每立方米水体用0.2～0.4克漂白粉化水全池泼洒，也可用挂篓方法治疗。②用20毫克/升土霉素溶液浸洗病鱼15～20分，或按泥鳅体重0.04%的土霉素拌入饲料连喂3天。

(3)预防　用生石灰彻底清塘消毒，杀灭细菌和寄生虫；尽量减少网捕和长途运输等对泥鳅的擦伤和碰伤。

(四)细菌性肠炎病

【病因】亦叫烂肠瘟、乌头瘟，由肠型点状产气单胞菌感染引起。

【症状】病鱼厌食或停食，离群独游，行动缓慢，反应迟钝。鳅体发乌变青，尤其头部，明显“蛀鳍”，腹部出现红斑。初期排出白色线状黏液，解剖后肠管充血发炎，肛门红肿突出，轻压腹部有血和黄色黏液流出，重者发紫，很快死亡。肝脏亦常有红色斑点瘀血。

【流行特征】每年4～9月或水温20℃以上易流行。泥鳅摄食腐败变质食物或水质恶化也易发生。该病常与烂鳃病、赤皮病并发。

【防治措施】鳅种投放前用浓度为10毫克/升的漂白粉或0.5毫克/升浓度的二氧化氯消毒剂全池泼洒；平时忌喂腐败变质的饲料，注意保持水质清洁。发病时，可全池泼洒漂白粉消毒池水，同时内服抗菌药进行治疗，方法有：①每50千克泥鳅用15克大蒜拌料投喂，2～6天后减半继续投喂。②每100千克泥鳅用干地锦草250克或鲜地锦草2千克或鲜马齿苋2千克，水煮30分，将药液拌入饲料内投喂，连喂3～6天。

(五)细菌性烂鳃病

【病因】由柱状屈挠杆菌引起。

【症状】病鳅体色发黑，鳃丝腐烂发白，尖端软骨外露，鳃上有污泥，多黏液。病初，病鳅鳃丝前端充血，略显肿胀，鳃瓣前后呈明显的鲜红和乌黑分界线；继后，鳃丝前端出现坏死、腐烂、黏液增多，严重时鳃丝前端软骨外露、断裂。通常因鳃瓣前端黏液和溃疡物增加，池水中淤泥黏附其上，形成明显的泥沙镶边区。部分泥鳅鳃盖内表皮充血发炎，中间部分腐蚀成近椭圆形或不规则的透明小窗，俗称“开天窗”。病鳅最终因呼吸功能障碍而死亡。

【流行特征】该病在水温15℃以上开始流行，28～35℃流行最为严重。多因养殖密度大或水质差，鳅体感染引起鳃组织腐烂所致。较易与赤皮病和细菌性肠炎并发。

【防治措施】苗种放养时，用2%～2.5%的食盐水浸泡鳅种10～20分，以杀死鳅体上的病原菌。发病季节，每天遍洒生石灰水2次，浓度为每立方米水体15～20克；或每立方米水体用1～1.5克大黄全池泼洒，然后再用0.5克硫酸铜遍洒。亦可用漂白粉泼洒消毒或氟哌酸拌料。

（六）赤鳍病

【病因】亦叫红鳍病、腐鳍病，由一种短杆菌（一般为嗜水产气单胞菌）引起。

【症状】病鳅多在水池注水部或近池边水面悬垂，不摄食。病鱼体表或鳍部部分表皮先剥落，呈灰白色，肌肉开始腐烂，肛门部位发红；继而这些部位出现血斑，并逐渐变为深红色，严重时出现鳍条脱落。皮肤溃疡部位常有水霉寄生，易引发水霉病。病鳅肠管糜烂，不摄食，直至死亡。

【流行特征】本病主要流行于夏季，多在水质恶化、蓄养不当时发生，发病率高，对泥鳅危害大。

【防治措施】避免鱼体受伤，苗种放养前用4%的食盐水浴洗消毒；夏季注意改善水质，降低水温。一旦发病，可用0.4克/厘米^{3}强氯精或0.3克/厘米^{3}二氧化氯全池遍洒，同时用0.1毫克/升的四环素药液浸洗鳅体1～2小时。也可用1%～5%土霉素或金霉素溶液浸洗鱼体10～15分，拌料按体重0.04%的土霉素连喂3天。

（七）出血病

【病因】目前由何种细菌引起还不确定，主要为综合因素诱发。

【症状】病鳅体表呈点状、块状或弥散状充血、出血，尤其喉部和腹部；腹腔积水，肝脏肿大，肠腔内积多量液体，呈细菌性败血症症状。

【流行特征】早春至10月易发，尤其以夏季发病率最高。该病传染性强、蔓延极快。

【防治措施】改善养殖环境，及时清除残饵剩料，防止水质恶化。定期消毒预防，每半月全池泼洒生石灰1次，用量为25～30克/厘米^3；也可用漂白粉或二氯异腈尿酸钠全池泼洒；每千克泥鳅用10～15毫克土霉素拌料投喂。

（八）白尾病

【病因】多为鳅体受伤，被病原菌感染所致。该病原菌主要危害鳙鱼、草鱼和青鱼，也极易感染泥鳅夏花。

【症状】初期鳅苗尾部呈灰白色，背鳍下方或尾柄处出现白点，尾鳍末端发白；随后扩展至背鳍基部后面的全部体表，并由灰白色转为白色；病鱼前半部分黑瘦，黑头白尾状十分明显；鳅苗头朝下，尾朝上，垂直于水面挣扎，严重者尾鳍部分或全部烂掉，随即死亡。

【流行特征】流行时间主要在6~8月，多出现在夏花分塘前后。一般温度较高季节，水质恶化和水位较浅易发病。泥鳅夏花感染后发病期较短，全程仅2天时间，死亡率较高。

【防治措施】①注意改善水质，加深池水。②用含30%有效氯的漂白粉溶于水，全池泼洒，使池水浓度为1毫克/升。③每千克饵料中添加土霉素1.5~2.0克饲喂，一天2次，连喂3~4天。

二、侵袭性疾病

(一)小瓜虫病

【病原】为多子小瓜虫，该虫幼虫期呈长卵形，前尖后钝，成虫期呈球形或近似球形。

【症状】幼虫侵入鱼的皮肤或鳃的表皮组织后，引起组织增生，形成脓疱。严重感染时，病鳅皮肤、鳃、鳍条上布有肉眼可见的白点状脓疱，故也称为“白点病”。

【流行特征】主要在4~6月，水温15~25℃时易发，当水温在10℃以下或26℃以上时不发病，因此流行季节多在初冬和春末。但水质恶化或养殖密度偏高时，在冬季和盛夏也有发病。从鱼苗到成鱼均可被寄生，其中以夏花和大规格鱼种危害较为严重，主要危害5厘米以下的苗种。

【防治措施】①加强饲养管理，保持良好的水体环境，增强鱼体抵抗力。②泥鳅养殖池发生此病，可先每立方米水用高锰酸钾5~7克化水全池泼洒，第二天每立方米水用甲醛溶液20~30毫升溶水全池泼洒，第三天换入洁净水1/2左右，或每立方米水体用硫代硫酸钠1.5克全池泼洒，第四天每立方米水用聚维酮碘（含有效碘1.096）1~2克化水全池泼洒。③每亩1米水深用辣椒粉250克和干姜100克混合煮沸半小时，全池泼洒。④用150毫升/米^{3}福尔马林浸洗鱼种10~15分。⑤全池泼洒福尔马林，使池水呈15~25毫升/米^{3}浓度，隔天泼洒1次，共泼洒2~3次。⑥降低水位，提高水温，在28℃以上水温时，小瓜虫停止增殖，自行脱落。

（二）车轮虫病

【病原】车轮虫，形似车轮状。其中寄生于体表的车轮虫虫体较大，而寄生于鳃的虫体较小。

【症状】病鳅食量减少，离群独游，有的在池边狂窜。体表和鳃大量寄生时，鱼体消瘦、发黑，轻则影响生长，重则引起鳅苗、鳅种的大批死亡。

【流行特征】5～8月为该病的流行季节，流行水温20～28℃。

【防治措施】主要防治措施为：①用生石灰彻底清塘后再放鳅苗。②发病水体每立方米水体用0.7克硫酸铜和硫酸亚铁(5:2)合剂化水全池泼洒。③降低水位后全池泼洒福尔马林溶液，每立方米水体用25毫升福尔马林，半小时后视鳅苗耐受力及车轮虫脱离鳅体情况加满池水，1小时后再换新水。

（三）毛细线虫病

【病原】毛细线虫侵入泥鳅肠道而引起。

【症状】大量虫体充满肠道，造成泥鳅消瘦，并伴有腹水膨胀，然后死亡。

【防治措施】入池前先用生石灰彻底消毒鳅池。发病后，按每10千克泥鳅用左旋咪唑1.2克拌料饲喂，连喂3～6天。

（四）舌杯虫病

【病原】为纤毛虫纲的舌杯虫，虫体呈高脚酒杯状，中部有一卵形大核。

【症状】该虫主要寄生于泥鳅皮肤或鳃上，平时从周围水体中摄取食物，对寄生组织没有破坏作用，危害不大。当该虫与车轮虫并发或大量发生时，能引起泥鳅死亡。尤其是1.5～2.0厘米的鳅苗被大量寄生时会妨碍正常呼吸，严重时可致其死亡。

【流行特征】一年四季均会发生，但以5～8月夏、秋两季较为普遍。夏花阶段最易感，有时与车轮虫并发。

【防治措施】①放养前用生石灰彻底清塘，用8.0毫克/升浓度的硫酸铜溶液浸洗鳅种15～20分。②流行季节用硫酸铜和硫酸亚铁合剂挂袋，或用7.0毫克/升硫酸铜、硫酸亚铁合剂全池泼洒。

（五）三代虫病

【病原】为三代虫，是一种单殖吸虫类。虫体纺锤形，后端有一固着盘，三代同体，在成虫体内可见子代和孙代的胎儿雏形，故名三代虫。

【症状】虫体主要寄生在泥鳅体表和鳃部。寄生数量多时，鱼体瘦弱，食欲减退，呼吸困难，体表和鳃丝黏液增多，严重者鳍和鳃边缘呈灰白色。

【流行特征】流行于5～6月，对鳅种危害大。

【防治措施】①放养前用生石灰彻底清塘杀虫，用5%食盐溶液浸洗鳅种5～10分。②泥鳅发病后，用浓度20毫克/升的高锰酸钾溶液浸洗15～20分。③用甲苯达唑拌料投喂，每千克泥鳅用量0.05克，1天1次，连用3～5天。

(六)侧殖吸虫病

【病原】俗称"闭口病"，由侧殖吸虫引起。

【症状】患病鳅苗闭口不食，生长停滞，游动无力，群集于池塘下风处。剖检可见前肠聚集大量吸虫，内无食物。

【流行特征】侧殖吸虫生活史过程，幼虫阶段寄生于田螺、湖螺等中间宿主，成虫寄生于泥鳅肠道。我国各地均有发生。

【防治措施】彻底清塘消毒，消灭螺类等中间宿主。全池泼洒硫酸铜溶液，使池水浓度达0.7毫克/升。

(七)其他寄生虫病

指环虫、舌状绦虫、锥体虫(属血液寄生的鞭毛虫类)、隐鞭虫(寄生在鳃和体表)、黏孢子虫(寄生在鱼组织器官中，引起溃疡等疾病)和棘头虫类等对泥鳅危害也较大。防治可用春天晒干塘底，生石灰清塘，驱杀鸥鸟，切断发育环节等方法。

三、其他类型疾病

(一)养殖水环境异常引起的疾病

1. 弯体病

【病因】主要原因有：①孵化温度异常。②环境不良引起泥鳅应激反应。③水中重金属元素含量过高。④缺乏必需的维生素。⑤饲料投喂不当等。

【症状】病鳅骨骼变形，身体或尾柄弯曲。

【流行特征】春夏之间及夏秋之间易发。

【防治措施】

（1）预防措施　①保持相对恒定的孵化水温。②注意动、植物性饲料的搭配及无机盐添加剂的用量。③经常换水，改良底质。④在饲料中添加多种维生素。

（2）治疗方法　①使用底质改良剂改良底质，然后利用光合细菌改良水质。②每千克饲料添加1～3克维生素C和芽孢杆菌2～5克内服。

2.气泡病

【病因】因水中氧气或其他气体含量过多或过少而引起的。当水中某些气体过饱和，形成小气泡附着在池底或池壁，鱼苗误吞后引起气泡病。如果培育池水体溶氧不足，鳅苗因呼吸困难而在水面吞食空气，也会造成气泡病。生产中引起泥鳅气泡病的原因很多，主要有：①水体浮游植物多，水温高，光合作用强，造成水中溶氧过饱和。②水体施入过多未经发酵的有机肥，肥料分解过程放出很多细小的甲烷、硫化氢等气泡，使鳅苗误食。③含氮气过饱和的地下水未经曝气等处理就直接注入池中而引起气泡病。

【症状】鳅体的体表、鳍条、鳃丝或肠道内附着很多小气泡，使鱼体上浮，失去平衡和下沉能力。因此，可见病鳅浮于水面无法下沉，腹部臌气，不能自如活动，最终衰竭而亡。镜检在血管内亦可看到大量气泡，引发栓塞。

【流行特征】本病主要危害鳅苗，当鳅苗体长长至3厘米以上便不会发生此病。因此，该病多在春末、夏初鳅苗培育阶段及夏季高温季节流行。

【防治措施】

（1）预防措施　①不施用未经发酵腐熟的粪肥。②向鱼池注入地下水时先充分曝气。③掌握好投饵量和施肥量，及时清除池中腐败物，防止水质恶化。④控制好养殖水体溶解氧。

（2）治疗措施　①发现苗种患气泡病时，首先要及时大量冲注新水，排掉部分老水，适当提高水体的pH和水体透明度，然后按4～6千克/亩食盐进行对水泼洒，鳅苗的气泡病一般会在短时间内消失。②用黄泥土加水搅拌后全池泼洒，以池水变浑浊为度，以降低水中浮游植物光合作用的强度；开启增氧机，使水体中过饱和的氧气散发到空气中。③每亩水面用捣碎的烧石膏4千克、鲜嫩车前草4千克、黄豆(浸泡)5千克,加水泡胀,混合磨浆,全池泼洒,隔两天一次,连续泼洒1~2次。④发病后,用微生物制剂调节水质,控制浮游植物过量繁殖;或用0.7毫克/升的硫酸铜对水全池泼洒;或用食盐对水泼洒,每亩用量4~6千克。

3. 水体污染、化学农药污染

被农药污染或化学药物浓度过高的水对泥鳅的生长非常不利;一些常用的消毒药物和化肥对泥鳅的存活也存在着影响。饲养管理期间,在及时清除生物敌害的同时,选用高效低毒农药防止污染。从安全上考虑,农药的用量应控制在安全浓度范围内,见表11-1。

表11-1　几种化学农药对泥鳅的致死浓度

药品名称	水温(℃)	致死浓度(毫克/升)
五氯酚钠	14~18	0.62(24.5小时致死浓度)
敌百虫	11~18	20~30
对硫磷(1605)	4~8	13~16
草毒死	14~18	7.9(24.5小时致死浓度)
六六六(粉剂)	10~13	10~15
六六六(乳剂)	10~13	25~29
艾氏剂	18~20	0.002~0.02
异艾氏剂	23~30	0.001~0.005
DDT(乳剂)	10~13	25~29
DDT(粉剂)	10~14	250~500

(二)肝胆综合征

【病因】

(1)长期投喂高蛋白配合饲料及投饲过量　泥鳅正常生长所需蛋白质含量为28%左右,但生产中一些养殖户大都投喂30%以上的颗粒料,且投喂6次/天以上。这样造成泥鳅肝胆负担过重,或因蛋白质含量偏高,引起肝脏脂肪积累,影响泥鳅的正常代谢功能,时间一久,造成肝脏发生病变,引起肝脏肿大,色泽变淡,成土黄色、绿色或花肝症状,从而发生肝胆综合征。

(2)长期药物的积累　长期使用外用消毒药或内服消炎药,可损害泥鳅肝脏。尤其是杀虫药物，连续使用对泥鳅肝脏损伤很大。

（3）其他原因　如养殖密度过大，水体环境易恶化；营养成分失衡，维生素缺乏；肝脏内有黏孢子虫等寄生虫存在。

【症状】病鳅体色发黄或发白，体无力，活动量很小或几乎不活动，多浮在水面上静止不动，打捞时会马上钻入水下，但人离开时又会马上浮到水面，如此反复几次病鳅就会漂在水面死亡。病鳅后期有烂鳃、出血、腐皮、肠炎现象，鳃盖向内瘪起，轻碰即有少量血液从鳃部流出，打开鳃盖，鳃丝上黏液增多。部分病鳅伴有出血现象，有的体表具出血点，有的是肚皮发红肌肉出血，有的体表完好，但肠道内充满气泡，肠道与内脏器官充血发炎。中后期，病鳅鳃丝发白无血色，大多鳃丝缺损，伴有腐皮烂身现象。剖检腹部可见肝脏肿大，色泽变淡，呈土黄色，甚至绿色，最终形成黄白相间的“花肝”。胆囊偏大或偏小，胆汁颜色偏淡。病鳅摄食量大幅下降或几乎不摄食。

【流行特征】每年在养殖中后期都会有大面积的发生。尤其是经过越冬期的泥鳅，无论体格大小，来年春天都有此病的发生。还有一种情况就是将要进入越冬期的泥鳅，发病率也较高。目前，入塘饲喂30天后的泥鳅也出现了此种病症，但病症相对来说要轻，且死亡量也稍小。

【防治措施】

（1）预防方法　尽量少用杀虫药；平时饲料中要多添加多种维生素；定期投喂氨基酸、免疫多糖及保肝护胆药物。

（2）治疗方法

1）外用药　前期多泼洒点维生素C应激灵或用解毒药先解水毒，减轻肝脏负担；3天后再用强碘外泼，一次250毫升/亩，对水全池泼洒，连泼2次为1个疗程。

2）内服　用鱼肝宝散+维生素C+维生素E+氟苯尼考拌料内服，连用5~7天为1个疗程，根据病情可连用2~3个疗程。

（三）水肿病

【病因】高密度养殖的后期，底质、水质严重恶化，氨氮、亚硝酸盐、硫化氢等长期超标；有害藻类过度繁殖，藻类毒素大量产生；8月泥鳅疾病多发，水体频繁用药，尤其是抗生素，使机体免疫力下降，肝脏出现病变，细菌感染所致。

【症状】兼有水肿病和肝胆病的症状。

(1)水肿病症状　病鳅全身浮肿,头、尾部较身体细很多,体表有大量黏液,体色呈淡黄色,鳞片竖起,鳞囊内有大量组织液;常伴有体表出血症状,且多为出血斑;体腔内积水,肝胆病变,多有肠炎发生。

(2)肝胆病症状　以肝胆肿大、变色为典型症状。病变的肝脏明显肿大,比正常情况下大1倍以上,颜色多表现为黄色、白色、褐色、绿色或花白色,形成明显的“花肝”症状;病变肝脏轻触易碎,呈“豆腐渣”状。胆囊明显肿大1~2倍,胆汁颜色变为深绿色或墨绿色。该病常同时伴有出血、烂鳃、肠炎、水肿等症状。

【流行特征】每年9月的泥鳅养殖后期发病比较严重。青鳅发病情况更普遍。

【防治措施】在治疗水肿病的同时,兼顾肝胆病,即水肿病、肝胆病同时进行治疗。内服:杜菌康+保肝灵+维生素C+免疫多糖拌饵投喂,一天2~3次,连喂3~5天。外泼:第一天用福碘洁全池泼洒,第二天用健恒菌灭全池泼洒,连用2~4天。

(四)其他

1.敌害生物

泥鳅的敌害很多,如蛙类与蝌蚪、蛇、水鼠、黄鳝、鳖、水生昆虫及其幼虫、鸟类以及肉食性鱼类(如鲇鱼、鳜鱼、鲈鱼)等。防治方法为:①除尽池边杂草,并设防护网,以防蛙类侵入,发现蛙类及时捕捉,蛙卵要捞掉。②入水口加尼龙网,防止野杂鱼侵入。③距池水面1米高处,设网目较粗的网,防止鸟类侵入。

2.白身红环病

【病因】常因泥鳅捕捉集中后,长期在流水处暂养所致。

【症状】病鳅身体体表及各鳍条呈灰白色,体表出现红色环纹,严重时患处发生溃疡。病鳅食欲不振,游动缓慢。

【防治措施】①放养前全池遍洒消毒剂。②放养时用10毫克/升的高锰酸钾溶液浸洗15~20分。③发病时,要及时换水换池,将病鳅移入静水池中暂养一段时间,能起到较好效果。④用0.15毫克/升的稳定性二氧化氯全池遍洒。

第十二章　泥鳅养殖的标准化生产

规范化和标准化生产，是实现水产养殖业从粗放型数量增长向质量、效益和生态型内涵式增长转变的根本保障。泥鳅的规范化和标准化生产是泥鳅产业健康可持续发展的必然选择。虽然我国已建立健全了较为完善的水产标准体系，但有关泥鳅生产的国家层面上的标准还没有，仅在安徽、江苏和浙江等水产业发达的省份出台了一些地方标准。本章从质量安全要求、亲本选择和培育、苗种培育和商品鳅养殖等方面，引用相关标准内容，仅供读者参考，以引导泥鳅的规范化和标准化生产。

第一节　泥鳅质量安全标准

商品泥鳅的质量安全是消费者最关注的焦点,也是养殖者生产中必须注意的环节。对泥鳅质量安全的要求,目前国家制定有《出境泥鳅检验检疫规程》(SN/T 2747—2010)的行业标准,规定了出境泥鳅的检验检疫和监督管理的内容和程序。另外,浙江省作为地方标准,制定了《无公害泥鳅　质量安全要求》(DB33/ 561.3—2005),规定了无公害养殖的商品泥鳅的质量安全要求、检验方法、检验规则与判断规则、标志、包装和运输等。以下结合这些相关标准简述一下泥鳅的质量安全要求。

一、出口泥鳅出口前质量安全监控要求

(一)苗种监控

苗种应来自具备苗种生产许可证的苗种生产单位,野生苗种应来自无污染区域,符合相关的苗种质量标准。养殖场应建立完善的引进苗种安全评价、验收和投放制度。引进苗种应取得所在地检验检疫机构批准。养殖场应对疫病或者相关禁用药物残留进行监控检测且符合相关要求,并按照有关规定对苗种进行验收、消毒和放养。

(二)化学投入品监控

应严格遵守国家和进口国有关药物管理和使用的规定,不得存放和使用国家、输入国或地区规定禁止使用的药物和其他有毒有害物质,对允许使用的药物,应遵守药物使用和停药期的规定。中转、包装、运输期间,食用泥鳅不得饲喂和用药,使用的消毒药物应符合国家有关规定。

(三)水质监控

养殖用水应符合《渔业水质标准》(GB 11607)的规定,具有政府主管部门或者检验检疫机构出具的有效水质监测或检测报告。

（四）饲料监控

养殖过程中使用的饲料应符合《饲料卫生标准》（GB 13078）、《无公害食品　渔用配合饲料安全限量》（NY 5072）和进口国家或者地区的要求。

（五）其他投入品监控

使用的冰、油等投入品应符合规定要求。

（六）加工过程监控

暂养、加工、包装、标识应符合规定要求。

二、无公害泥鳅质量安全要求

依据浙江省地方标准《无公害泥鳅　质量安全要求》（DB33/561.3—2005）的规定，无公害商品泥鳅的质量应符合以下标准。

（一）规格

个体重 10 克以上。

（二）感官要求

感官要求见表 12－1。感官检验的合格率应为 95% 以上；95% 以下时，则判本批产品不合格。如感官检验有三项不合格或有严重病灶的，则为不合格品，不必再进行安全检验。

表 12－1　商品鳅活体感官要求

项目	要求
气味	泥鳅固有的气味，无异味
形态	体较小而细长，前端呈亚圆筒形，腹部圆，后端侧扁。头较尖。吻部向前突出，口小，呈马蹄形。头部无鳞，体表鳞极细小，埋于皮下。体表黏液丰富
体表	光滑完整，无病灶
体色	体背及体侧 2/3 以上部位呈灰黑色，有黑色斑点，体侧下半部灰白色或浅黄色。胸鳍、腹鳍和臀鳍为灰白色，尾鳍基部上方有一个黑色斑点

（三）安全卫生指标

安全指标应符合以下标准要求，若检验结果中有一项指标不合格，即判本批产品不合格，且不得复检。

1. 微生物及寄生虫指标 见表12－2。

表12－2 微生物指标

项 目	指 标
细菌总数(cfu/克)	$\leqslant 10^6$
大肠菌群(个/100克)	≤300
大肠杆菌	不得检出
鄂口线虫	不得检出

2. 有害有毒物质限量 见表12－3。

表12－3 有害有毒物质限量(毫克/千克)

项 目	指 标
汞(以Hg计)	≤0.5
砷(以As计)	≤0.5
铅(以Pb计)	≤0.5
镉(以Cd计)	≤0.1
铬(以Cr计)	≤2.0

3. 药物残留限量 见表12－4。

表12－4 药物残留限量(毫克/千克)

<table>
<tr><th colspan="3">药物类别</th><th>指 标</th></tr>
<tr><td rowspan="2">抗生素</td><td>四环素类</td><td>土霉素</td><td>≤0.1</td></tr>
<tr><td>氯霉素类</td><td>氯霉素</td><td>不得检出</td></tr>
<tr><td colspan="2" rowspan="4">磺胺类及增效剂</td><td>磺胺嘧啶</td><td rowspan="4">≤0.1(以总量计)</td></tr>
<tr><td>磺胺甲基嘧啶</td></tr>
<tr><td>磺胺二甲基嘧啶</td></tr>
<tr><td>磺胺甲恶唑</td></tr>
<tr><td colspan="2" rowspan="3">菊酯类</td><td>α－氰戊菊酯</td><td>≤0.2</td></tr>
<tr><td>溴氰菊酯</td><td>≤0.1</td></tr>
<tr><td>氯氰菊酯</td><td>≤2.0</td></tr>
</table>

第二节　泥鳅各生产环节操作技术规程

一、泥鳅亲本选择与培育技术操作规程

安徽省地方标准《泥鳅亲本选择与培育技术操作规程》(DB34/T 1000—2009)规定了泥鳅亲本或后备亲本的选择与培育等技术要求。

(一)亲鳅来源

从河渠、池塘或稻田捕捉的泥鳅群体中选择。

(二)亲本选择

体细长,前端稍圆,后端侧扁;吻突出,眼小;口小,下位,呈马蹄形;唇软而发达,具有细皱纹和小突起;须5对,头部无细鳞,体鳞极细小,体表黏液丰富。背鳍无硬刺,起点在腹鳍起点上方稍前,尾鳍圆形,尾柄上、下方有窄扁的皮褶棱起。体灰黑,并杂有许多黑色小斑点,体色常因生活环境不同而有所差异。色泽正常、无病无伤、2龄以上,雌鳅全长15.5厘米以上、体重19.0克以上,雄鳅全长13.5厘米以上、体重在12.0克以上。

(三)亲鳅及后备亲鳅培育

1. 池塘条件

池塘面积3~5亩,长宽比2∶1或3∶2,池深150厘米,池底向排水口倾斜,并设置与排水口相连、深30厘米的鱼溜,其面积约为池底的5%,进水口在池塘埂面以下20厘米,入池口用PVC管材,直径30~40厘米,用密网布制成拦截敌害生物的滤网安装在管口,排水口设在进水口斜对面池底鱼溜底部,靠埂建造闸阀,设防逃网。池壁砖砌或水泥板护坡,坡度1∶2.5,池壁上、中部(离池底80厘米)预埋钩栓,便于养殖期间设置泥鳅栖息活动与投饵场所;沿埂四周设高为30~50厘米、下埋密实的聚乙烯网布防敌害围栏;在池周预埋紧固装置,便于支撑杆树立,设天网防水鸟侵袭等;池塘消毒参照安徽省地方标准《无公害泥鳅养殖技术规程》(DB34/T 419—2004)。亲

鳅培育池的水源要求充足，水质符合《渔业水质标准》(GB 11607)，排灌方便。

亲鳅池的水质应保持“肥、活、嫩、爽”，透明度25厘米以上，溶解氧3.5毫克/升以上，pH值7.0~8.0。经常观察水色变化，发现水色发黑或过浓时及时加注新水或换水。

培育前期以加水为主，中后期每2~3天换水一次，每次换水量在20%~30%，养殖水质应当符合《无公害食品 淡水养殖用水水质》(NY 5051)的要求。

2. 放养密度

池塘培育亲鳅，亲本泥鳅雌雄比1:(1~2)，培育密度每亩按7 000~10 000尾，重量310 ~370千克。

3. 培育技术

(1)繁殖前期培育方法　泥鳅亲鳅培育的饲料可选择符合要求的专用饲料，也可自配饲料。饲料的蛋白水平42.5%，粗脂肪含量6.7%，添加维生素E，添加的矿物盐中适当多补充钙。饲料中主要动物蛋白原料应选优质的进口鱼粉和肉骨粉。

(2)繁殖后期培育方法　繁殖后的亲鳅要加强培育，使亲鳅尽快恢复体质。如果计划亲鳅秋季再进行第二次繁殖，培育的方法与要求参照春季培育的技术要求。否则，参照安徽省地方标准《无公害泥鳅养殖技术规程》(DB34/T 419—2004)中的“4.4”部分。

4. 病害防治

选择的亲鳅或后备亲鳅下塘前需进行药浴消毒，消毒方法参照安徽省地方标准《无公害泥鳅养殖技术规程》(DB34/T 419—2004)中的“3.3”部分或用30毫克/升聚维酮碘(含有效碘1.0%)浸浴5~15分，用3%~4%的食盐水浸浴5 ~10分也可以。

泥鳅的病害分为敌害和疾病两大类，其中，敌害主要是指危害性生物等，此外是各种疾病。病害的防治参照安徽省地方标准《无公害泥鳅养殖技术规程》(DB34/T 419—2004)，并符合《无公害食品 渔用药物使用准则》(NY 5071)的要求。

二、泥鳅苗种繁育技术规范

以下是河北省地方标准《泥鳅苗种繁育技术规范》(DB13/T

629—2005）的相关内容，涉及泥鳅的环境条件、人工繁殖、鱼苗培育和病害防治。

（一）环境条件

1. 池塘

养殖池应符合《农产品安全质量　无公害水产品产地环境要求》（GB/T1 8407.4）的规定。

2. 水质

水源水质应符合《渔业水质标准》（GB 11607）的规定；养殖水质应符合《无公害食品　淡水养殖用水水质》（NY 5051）的规定。

3. 溶解氧

3 毫克/升以上。

4. pH 值

6.5～8.0。

5. 透明度

15～20 厘米。

（二）人工繁殖

1. 亲鱼的来源和选择

（1）亲鱼的来源　从稻田、湖泊等自然水域中捕捉；从水产原、良种养殖场购买。外购亲鱼应做好防病检疫工作。

（2）亲鱼的选择　雌、雄比例为 1∶2；要求 2 龄以上，鱼体健壮，无伤无病无畸形，黏液正常。雌鱼体长 15 厘米以上，体重 20 克以上，腹部膨大且柔软有弹性；雄鱼体长 12 厘米以上，体重 15 克以上。

（3）雌雄鉴别　雌、雄个体可根据表 12－5 进行鉴别。

表 12－5　雌雄亲鱼外形特征鉴别

部 位	雌 鳅	雄 鳅
胸鳍	较短，末端较圆，第二鳍条的基部无骨质薄片	较长，末端尖而上翘，第二鳍条的基部有一骨质薄片，鳍条上有追星
背鳍	无异样	末端两侧有肉瘤
腹部	产前明显膨大、圆润	不膨大，较侧扁
背鳍下方体侧	无纵隆起	有纵隆起
腹鳍上方体侧	产过卵之后，有一白色圆斑	无圆斑

2. 亲鱼的运输

25℃以下、运输时间5小时以内，采用无水湿法运输；25℃以上、运输时间5小时以上，用60厘米 × 120厘米规格的双层塑料袋运输，每袋装水1/3～1/2，装8 ～10千克亲鱼。

3. 亲鱼的培育

（1）培育池　面积100～200米^2，池深1.0～1.2米；以长方形水泥池为好，池底铺设20～30厘米的黏土层；池两端设进、排水口，并且要安装塑料网防止逃逸。

（2）放养前的准备　早春池塘水温达到10℃以上时进行。放养前10～15天，用生石灰按100克/米^{2}化水全池泼洒，2～3天后每10米^{2}施放腐熟鸡粪2千克，所施肥料应符合《绿色食品　肥料使用准则》（NY/T 394）的规定；次日注水至50厘米。

（3）亲鱼放养　放养密度10～20尾/米^2。

（4）饲养管理　亲鱼每天投喂1～2次，投喂人工配合饵料应符合《无公害食品　渔用配合饲料安全限量》（NY 5072）的规定，日投饵率为5%～8%。

4. 人工催产

（1）催产时间和水温　泥鳅于4月中、下旬水温为18℃以上时开始繁殖。

（2）催产药物和剂量

1）催产药物　鱼用绒毛膜促性腺激素（HCG）、鱼用促黄体素释放激素类似物（$LHRH-A_2$）、地欧酮（DOM）。使用药物应符合《鱼用绒毛膜促性腺激素》（SC 1011）和《鱼用促黄体素释放激素类似物》（$LHRH-A_2$）（SC 1012）的规定。

2）催产剂量　雌鱼每尾用量为：HCG 500国际单位 + $LHRH-A_2$ 8微克；或$LHRH-A_2$ 5微克 + DOM 3毫克；或HCG 300国际单位 + DOM3毫克。雄鱼的剂量减半。

（3）注射方法　采用背部肌内一次注射的方法，每尾的注射量0.21～0.3毫升。

（4）人工授精

1）效应时间　当水温20℃时，为15小时左右；水温25℃时，为10小时左右；水温27℃时，为8小时左右。

2)采卵和授精　当亲鱼发情追逐剧烈时,将亲鱼捕起用纱布擦干,从前向后轻压雌鱼、雄鱼腹部,将卵子和精子挤入放有生理盐水的瓷碗中,同时用羽毛轻轻搅拌使精、卵充分混匀,撒在鱼巢上即可进行孵化。

(5)人工孵化

1)孵化水温和时间　孵化适宜水温为20~28℃,孵化时间随水温高低而不同。水温与孵化时间关系见表12-6。

表12-6　水温与孵化所需时间关系

水温(℃)	15	18	20	25	28
时间(小时)	110	70	60	40	32

2)孵化管理　①静水孵化:将粘有受精卵的鱼巢直接放入育苗池内,密度为2万~3万/米^2,吊在水下10厘米处,上面有遮光设备,孵化用水水质清新,符合《无公害食品　淡水养殖用水水质》(NY 5051)的规定。②流水孵化:将受精卵经脱黏后放入孵化环道中进行微流水孵化,放卵密度1 000~1 200粒/升,孵化用水应用80目筛网过滤。控制水流速度以能冲起受精卵为宜,并及时剔除坏卵、死卵,清理纱窗防治敌害。鱼苗孵出3天后,将鱼苗放入育苗池进行苗种培育。

(三)鱼苗培育

1.培育池

面积20~30米^2,池深80厘米,水深30~50厘米。放苗前5~7天用漂白粉6克/米^{2}溶解在水中全池泼洒进行消毒。

2.饲养管理

放养密度800~1 000尾/米^2。入池后的第二天开始泼洒豆浆,以黄豆计每天20万尾鱼苗投喂1千克,1周后增至2千克;随着鱼苗的长大逐渐用微囊饲料和豆饼糊替代豆浆,日投喂量为鱼苗体重的5%,日投喂3次;经过25~30天的饲养,体长可达到3~4厘米,体重1~2克,转入鱼种池进行培育。

(四)疾病防治

泥鳅常见疾病的防治方法见表12-7。渔药的使用应按照《无公害食品　渔用药物使用准则》(NY 5071)的规定执行,并按《水产养殖质量安全管理规定》中附件3的要求填写用药记录。

表 12-7 常见疾病及防治方法

疾病名称	症 状	药物名称	防治方法
水霉病	初期病灶部位出现白斑，严重时菌丝伸展呈棉絮状	食盐、小苏打	2%～3%食盐水浸洗10分；0.04%食盐加0.04%小苏打全池泼洒
车轮虫病	初期摄食减少，严重时虫体密布，鱼呆滞不动	甲醛、硫酸铜、硫酸亚铁	用30克/米^{3}甲醛溶液泼洒；或0.7克/米^{3}硫酸铜和硫酸亚铁(5:2)溶液全池泼洒
舌杯虫病	虫体寄生于泥鳅的皮肤或鳃内，当鳅苗被大量虫体寄生时，会造成呼吸困难甚至死亡	硫酸铜、硫酸亚铁	用0.5克/米^{3}硫酸铜、0.2克/米^{3}硫酸亚铁合剂全池泼洒

三、泥鳅苗种培育技术操作规程

安徽省地方标准《泥鳅苗种培育技术操作规程》(DB34/T 972—2009)规定了泥鳅苗种(5～7厘米)培育的技术要求。

(一)池塘环境条件

1. 池塘标准

土池或经护坡的池塘均可，环境和底质应符合《农产品安全质量 无公害水产品产地环境要求》(GB/T 18407.4)的规定，面积2 000～3 000米^2，长方形，长宽比2:1或3:2，池深80～150厘米(埂面宽度150厘米)，淤泥厚度不超过30厘米；池底向排水口倾斜，并设置与排水口相连的鱼溜，其面积约为池底的5%，低于池底30厘米，进水口在池埂埂面以下20厘米处，入池口用PVC管材，直径30～40厘米，用密网布制成拦截敌害生物的滤网安装在管口，排水口设在进水口斜对面池底鱼溜底部，靠埂建造闸阀。

2. 防害、防逃设施

1)防鸟类等敌害　沿埂四周设高为30～50厘米、下埋密实的聚乙烯网布防敌害围栏；同时池四周预埋支撑杆架设天网。

2)防逃　沿池四周边缘底部用20目的聚乙烯网深埋30厘米，上高出水面20～30厘米，排水口要设双层拦网，网目的大小根据放养鳅种的规格来确定。

3. 水源与池塘水质

水源要充足，水质符合《渔业水质标准》(GB 11607)，排灌方便。鳅苗池的水质应保持"肥、活、嫩、爽"，透明度在20厘米以上，溶解氧3.5毫克/升以上，pH值为7.0～8.0。经常观察水色变化，发现水色发黑或过浓时及时加注新水或换水，苗种培育期间以加水为主，池塘水质符合《无公害食品　淡水养殖用水水质》(NY 5051)的要求。

4. 清塘消毒

池塘修整结束后干池备用。鳅苗放养15天前，干池清塘消毒每亩生石灰用量75～100千克、带水清塘消毒每亩生石灰用量100～150千克化浆全池泼洒，使用强氯精等消毒药按用药说明书规定。消毒3～5天后注水20～30厘米。

5. 栽种水草

在池中栽种水花生或水生蔬菜，其水生植物占池塘面积的1/4。

6. 饵料生物培育

水温在25～27℃，鳅苗适宜下塘时间为孵化出苗后40小时，温度低于25℃，鳅苗下塘时间适当推迟。鳅苗下塘前6～7天，选晴天上午施肥。肥料以经提前腐熟的鸡粪、猪粪为好，每亩用量为200～250千克，全池遍撒。

(二)放养要求

放养密度为每亩50万～80万尾。鳅苗放养最好选择晴天，放苗时水温温差不要超过1℃。鳅苗运至培育塘，先将充氧运苗袋放入池塘，让其漂在水面1小时，待袋内温度与池塘水温基本一致时，解开袋口，慢慢将鳅苗放入暂养箱内，然后投喂蛋黄水(每10万尾约需2个蛋黄)，让鳅苗饱食后下塘。

(三)饲养管理

鳅苗下塘第一周，要特别精心饲喂，主要采取泼洒豆浆和适时加水延长轮虫高峰期的培育方法。每天每亩黄豆用量3～4千克，浸泡以两瓣间的孔隙涨满为度，分3次磨成豆浆(上午8点半至9点半、下午3～4点、晚上6～7点)，均匀沿池周泼洒于鳅苗塘，做到"细如雾，匀如雨"。

第二周，黄豆用量每亩按每天4～5千克磨成豆浆泼洒喂养，投喂次数、时间同第一周;也可少量投喂仔鳗或稚鳖粉状饲料,饲料须符合《无公害食品　渔用配合饲料安全限量》(NY 5072)的标准。一周内补新水1~2次,每次提高水位10厘米左右。

第三周,豆浆投喂逐渐减少,投喂的饲料以人工精饲料为主,投喂次数、时间同第一周;基本投喂量按照鳅苗体重的5%~8%酌情增减。粉状饲料投喂时,需调制成糊状定点投喂。1周内,需要添加2次新水,每次添加10~15厘米。

第四周以后,要特别注意水质的改善,期间需添加新水2~3次,每次增加10~15厘米,逐渐使池水深度增加到80~100厘米为宜。本周停止豆浆的投喂,视鳅苗数量加大饲料的投喂量,饲料投喂分别在上午8点半至9点半、下午5~6点两个时间段。

饲养管理期间,坚持巡塘,防止鸟害,清除杂草,查看鳅苗是否缺氧;检查水质,清除蛇、蛙、水蜈蚣等敌害生物。当鳅苗体长达5~7厘米时转入成鳅养殖阶段。

四、商品鳅养殖技术规程

安徽省地方标准《无公害泥鳅养殖技术规程》(DB34/T 419—2004)规定了池塘、稻田、网箱等淡水水体无公害养殖泥鳅的基本方法和技术要求。

(一)池塘养殖

1. 池塘条件

面积以150~300米^{2}为宜,进、排水方便、避风向阳的土池,池的四周有高出水面40厘米防逃设施,用水泥板、砖块、硬塑料板或三合土压实筑成,也可用聚乙烯网布沿池塘的四周围栏,网布下埋至硬土层,上高出水面15~20厘米。池深要求80~100厘米,底层淤泥15~20厘米,水深保持在30~50厘米,进水口高出水面20厘米,溢水口设在池塘正常水平面处,排水口设置在池底鱼溜底部。进、溢、排水口用密网布包裹,池底向排水口倾斜,并设置与排水口相连的鱼溜,其面积约为池底的5%,低于池底30~35厘米。池中投放浮萍、水葫芦等水生植物,覆盖面积约占总面积的1/4。

2. 清塘培水

鳅苗下池前10天,用生石灰20~30千克/100米^{2}带水清塘消毒。消毒后施 30～45 千克/100 米^2 腐熟的人畜粪作基肥，池水加至 30 厘米。待水色变绿，透明度为 15～20 厘米后，即可投放泥鳅苗种。

3．苗种放养量

（1）培育鳅种　鳅苗出膜第 3 天便开口进食，饲养 3～5 天，体长 7 毫米左右，卵黄囊消失，营外源性营养，能自由平泳，此时可下池进入苗种培育阶段。鳅苗的放养密度以 1 000～1 500 尾/米^2 为宜，有微流水条件的可适当增加。同一池中要放养同批孵化、规格一致的鳅苗。经过 30 天左右培育，可长成 3～4 厘米的鳅种，开始有钻泥习性时即可转入成鳅养殖。

（2）成鳅养殖　鳅种放养前可用 8～10 毫克/升漂白粉溶液进行消毒，水温 10～15℃时浸洗时间为 20～30 分。每平方米放 3～4 厘米鳅种 50～60 尾。在泥鳅池中可适当搭养草鱼、鲢鱼、鳙鱼等中上层鱼类夏花鱼种，不宜搭配罗非鱼、鲤鱼、鲫鱼等。

4．投饵与日常管理

（1）投饵　刚下池的鳅苗，需投喂轮虫、小型浮游植物等适口饵料，同时适当投喂熟蛋黄、鱼粉、豆饼等精饲料。鳅苗体长达到 1 厘米时，已可摄食水中昆虫、有机物碎屑等，并可投喂煮熟的糠、麸、玉米粉、麦粉等植物性饲料，拌和剁碎的鱼、虾、螺蚌肉等动物性饲料投喂，每天 2～3 次；同时，在饲料中逐步增加配合饲料的比重，使之逐渐适应人工配合饲料。饲料要求投放在离池底 5 厘米左右的食台上，切忌撒投。初期日投饲量为鳅苗总体重的 2%～5%，后期为 5%～10%。泥鳅喜肥水，应及时追施经发酵的鸡粪、鸭粪等有机肥，每次用量约 50 千克/100 米^2。饵料要符合《无公害食品　渔用配合饲料安全限量》（NY 5072）。

（2）日常管理　做好水质管理，及时加注新水，调节水质。还应根据水质肥度进行合理施肥，池水透明度控制在 15～20 厘米，水色以黄绿色为好。当水温达 30℃时要经常更换池水，并增加水深；当泥鳅常游到水面浮头“吞气”时，表明水中缺氧，应停止施肥，注入新水。冬季要增加池水深度，并可在池角施入牛粪、猪粪等厩肥，以提高水温，确保泥鳅安全越冬。水质要符合《无公害食品　淡水养殖用水水质》（NY 5051）的要求，下同。

（二）稻田养殖

1. 稻田选择与设施建造

凡泥质弱碱性和无冷浸水上冒，降雨时不会溢水的稻田均可。面积不宜过大，一般1 000 米^2 左右为宜。养鳅的稻田要筑好田埂，并在埂内侧埋下聚乙烯网布或塑料布防止泥鳅钻洞逃逸，或在四周插上钙塑板（入泥30 厘米）等防逃设施。进、排水口要建二道拦网，外侧可用聚乙烯网，内侧用金属网。田内挖适度大小的鱼溜，鱼溜可分为方形、圆形或不规则形，或开挖纵横数条沟，沟宽、深均为 30～40 厘米，鱼溜或坑和沟的面积一般占稻田面积的5%～10%，便于夏季高温、施农药化肥及水稻晒田时作为泥鳅的栖息场所，同时易于集中捕捞。

2. 施肥培水与鳅种放养时间

（1）稻鳅轮作养殖方式　在早稻收割后，晒田 3～4 天，每 100 米^2 撒米糠、菜籽饼 20 千克，次日施腐熟的有机粪肥 40 千克/100 米^2，再在日光下晒 4～5 天，使其腐烂分解，然后蓄水，放养鳅种。

（2）稻鳅兼作养殖方式　一般在插秧后放养鳅种，单季稻放养时间宜在初次耘田后为宜，双季稻放养时间宜在晚稻插秧后。

3. 鳅种放养量

以养殖成鳅为主，一般放养规格 3～5 厘米的鳅种 3 000～4 000 尾/100 米^2。由于稻田养鳅疾病较难治疗，故在放养鳅种时，必须经过检疫或采取鱼种消毒等预防措施。

4. 投饵与日常管理

（1）投饵　泥鳅苗、种放入后，第一个月应投喂动物性饲料和植物性饲料各一半的混合饲料，1 天 1 次，每次投喂量为泥鳅总体重的3%～4%。1 个月后，每隔 15 天追肥 1 次，每次追施经发酵的有机肥 15 千克/100 米^2，同时投喂蚕蛹、米糠、豆饼、菜饼、动物下脚料等饲料。后期最好在集鱼坑内施肥投饵，这样有利于集中起捕。

（2）日常管理　经常检查防逃设施，水位应根据稻或鳅的需要适时调节，从插秧到分蘖，用水要适当浅些，以促进水稻生根分蘖，水稻拔节期要适当加深水位，这样的水位管理既能促进水稻的生长，也适宜泥鳅的生长。在大雨涨水时，要特别注意防止泥鳅逃出田外。

（三）网箱养殖

1. 网箱材料与面积

网箱分为苗种培育箱和成鳅养殖箱两种。苗种培育网箱，采用聚乙烯网布做成，面积一般为10～25 米^2；成鳅饲养网箱，采用聚乙烯网片做成，网目为0.5～1.0厘米，面积为50米^{2}左右。

2. 网箱设置

网箱可设置在池塘、河边、水渠、湖泊等水体。箱底着泥，箱内必须铺上10～15厘米的泥土或种上适量的水生植物。

3. 苗种放养量

苗种培育箱每平方米放养体长7毫米左右的鳅苗3万尾；成鳅养殖箱每平方米放养体长为3～4厘米的鳅种1 000～2 000尾，体长约5厘米的放养500～1 000尾。此外，根据网箱设置的水体肥度适当调整放养量，水肥放养量可以增加，水瘦放养量可适当减少。

4. 投饵与日常管理

（1）投饵　网箱养殖泥鳅基本上全依赖人工投饵。泥鳅食性广，可投喂鱼粉、动物内脏、蚯蚓、小杂鱼肉、血粉等动物性饲料，豆粕、菜粕、次粉、麦麸、谷物等植物性饲料，以及人工配合饲料。投喂饲料，一般在每天上、下午各1次，日投饵量为泥鳅体重的4%～10%。投饲料视水质、天气、摄食情况灵活掌握。水温15℃以上时，泥鳅食欲逐渐增强，25～27℃食欲特别旺盛，超过30℃或低于12℃时，应少投甚至停喂饲料。投饲料要做到定时、定点、定质、定量，与池塘养鳅的方法相同。

（2）日常管理　勤刷网衣，保持网箱内水体流通，溶氧丰富，并使足够的浮游生物进入箱内，为泥鳅提供丰富的天然饵料。经常检查网衣，防止泥鳅逃逸。

（四）病害防治

泥鳅的病害比较多，分为敌害和疾病两大类。其中，敌害主要是指危害性生物等，此外是各种疾病。病害的防治以不产生公害为原则，并符合《无公害食品　渔用药物使用准则》（NY 5071—2002）和《无公害食品　水产品中渔药残留限量》（NY 5070—2002）的要求。

1. 防止敌害

(1)防止危害性生物入侵　泥鳅苗、种期的敌害生物主要有蝌蚪与蛙类、水生昆虫及其幼虫、鸟类和肉食性鱼类(如鲇鱼、鳜鱼和乌鳢)等。为了防备这类生物的危害,养殖环境必须设置防护设备,以防蛙类侵入,如果发现蛙类应及时捕捉,捞出蛙卵;养鳅环境必须清除肉食性鱼类,并防其进水时混入。

(2)防止农药和公害物的流入　凡是农田(喷洒农药后)排放水、污染的工业用水等公害物,一律严禁流入养鳅水体。养鳅的稻田也仅允许使用高效低毒的农药。

2. 疾病防治

主要防治水霉病、赤鳍病、打印病、寄生虫病和气泡病等。

第十三章　泥鳅养殖产业发展模式

规模化养殖是今后泥鳅养殖产业发展的一种趋势，是提高泥鳅养殖效益的重要途径。泥鳅养殖产业的发展受市场、政策、资金和资源等因素的影响。我国各地水域资源条件差异较大，不同从业者所拥有的资金、技术和市场等条件也千差万别。如何因地制宜、结合自身优势，形成适合当地泥鳅养殖产业发展的模式，将泥鳅产业做大做强，这是每个从业者应该思考和面临的问题。本章分析了江苏省赣榆县墩尚镇和富锦市大勇泥鳅鱼养殖合作社发展泥鳅养殖产业的成功经验及提高泥鳅养殖经济效益的一些措施，为从业者发展泥鳅规模化养殖提供借鉴、启示和引导。

第一节 泥鳅养殖产业发展模式成功个案分析

一、“泥鳅之乡”——墩尚镇

墩尚镇是江苏省连云港市赣榆县的一座沿海小镇，近年来因泥鳅养殖而声名鹊起。目前，墩尚镇泥鳅养殖面积达 2 万多亩，共有养殖池塘 1 万多个，从业人员 2 万余人，是全国规模最大的泥鳅养殖基地、泥鳅产业集聚区、泥鳅交易平台和出口基地，被誉为“天下泥鳅第一园”，形成了收购、养殖、育苗、捕捞、运输、饲料加工、餐饮服务等集成式增效的规模产业，拥有备案养殖企业 18 家，自营进出口企业 10 家。在韩国有首尔、群山、平泽三大销售基地，年出口泥鳅量达 8 000 多吨，居全国第一，约占韩国进口泥鳅市场份额的 70%。其成功的主要因素有：

（一）政府参与扶持，助力产业发展

墩尚镇泥鳅产业由小到大，得益于赣榆县在保障措施、标准化建设、投入品控制、质量安全追溯、预警通报与应急、企业诚信和国际市场开拓等多方面开展了大量扎实细致的工作；同时，政府通过建立健全泥鳅养殖业小微企业信用借贷体系、提高养殖人员劳动技术水平、促进技术研发机构的发展、完善立法及政府采购途径推进交易模式升级等方式，解决了小微企业融资渠道欠缺、技术水平落后、销货购货不规范等问题。

1. 成立专门机构，加强组织领导

赣榆县以“政府主导，检验检疫引领，职能单位联动，泥鳅协会为载体，龙头企业带动”为原则，成立了出口泥鳅示范区建设领导小组，建立了由政府、检验检疫机构、行业协会、出口企业形成的“四位一体”质量安全保障体系，实现了泥鳅产业的规模化、规范化、标准化和外向化，形成了以政府部门负总责、企业负首责、各职能部门各负其责、齐抓共管的工作格局。

2. 加大资金投入,完善基础配套

墩尚镇累计投资 3 000 余万元用于基础设施建设;投入 500 多万元用于园区水电配套建设;投资 2 200 万元,建成了建筑面积达 6 404 米^2 的四季田园功能区,集产业园管委会、泥鳅协会、技术研发中心、农民培训中心、文化餐饮中心、交易中心于一体,有完整的管理、科研、服务功能。

3. 建立健全泥鳅养殖小微企业信用借贷体系,改善了融资环境

针对泥鳅行业养殖户大多属于小微企业的现状,政府通过立法、制定税收优惠政策等方式建立健全对小微企业的运作资金保障体制。其中,实现了民间金融借贷制度化,健全小微企业信用担保体系,使民间金融规范在政府的管辖之下,增强了小微企业对民间金融借贷的信赖,使社会闲散资金的使用效率得到提高。另外,政府还搭建了小微企业信贷信息交流平台,担负起对小微企业进行信用征集、评价的责任,并以此建立信用档案,培养并提高小微企业诚实守信、守法经营和规范管理的信用意识。

4. 完善立法及政府采购途径,推进小微企业交易模式升级

主要做法有:①完善修订法律法规,规范小微企业交易市场,避免小微企业在交易方式方面进行恶性竞争。②建立统一的政府采购信息发布平台,将所有的政府采购信息在平台上发布,以保障小微企业能够及时准确地获得政府采购信息,并将一定比例的政府采购给予小微企业。③扶持中介组织和龙头企业的发展,完善治理机制,既发挥龙头企业的聚集、示范、带动作用,同时也防止龙头企业压制小微企业的发展。

(二)好的合作模式,促进产业良性发展

以墩尚镇的"赣榆县泥鳅养殖行业协会"为依托,建立了"协会 + 企业 + 基地、会员"的合作模式。协会由泥鳅出口企业、泥鳅养殖户、经纪人等组成;并选举产生会长 1 名、副会长 6 名、秘书长 1 名、理事 12 名;制定了协会章程、例会制度、规章制度等;协会会员进行明确分工。通过协会,将松散的养殖户、经纪人组织起来,形成了规模效应,实现了科学、高效的行业管理、信息服务、产品销售、技术服务、产品开发等,取得了良好的经济效益。"协会 + 企业 + 基地、会员"的合作模式,形成了政府与农户之间联系的纽带,搭建了泥鳅

市场与养殖基地间互动的桥梁，有效地促进了墩尚镇泥鳅养殖产业的快速、良性发展。

（三）严格质量标准，打造产业品牌

墩尚镇在发展泥鳅养殖产业过程中，视质量如生命，建立了三大质量管理体系：①出口水产品质量安全标准化体系。将《中韩关于活水生动物检验检疫管理协议》和韩国有关泥鳅质量安全要求落实到养殖管理中，在泥鳅养殖基地开展无公害食品和有机食品的认证工作，对养殖管理人员实施 GAP 培训，对出口企业进行全程监管和视频监管。②渔业投入品、添加剂控制体系。建设了投入品服务中心，实现投入品集中交易；对示范区内使用的药物进行定点采购；对销售点实施备案管理，实施日常监管和不定期突击检查。③质量安全追溯体系。建立了出口水生动物追溯平台，政府委托检验检疫局、海洋与渔业局对出口泥鳅、饲料、水质等进行检测；所有出口泥鳅企业安装视频监管设备，建立从苗种验收、农业化学投入品采购使用、养殖、打包、出口各环节可追溯记录、台账。

墩尚镇还注重品牌塑造。通过泥鳅养殖网站、报纸、电视等媒介加大宣传力度，增强泥鳅知名度。为进一步做大、做强、做响泥鳅产业品牌，让墩尚泥鳅“游”进国内外大市场，墩尚镇作为国家动植物检疫局认可的泥鳅加工出口基地和窗口，2007 年泥鳅养殖分别通过了无公害农产品和无公害产地认证，墩尚镇泥鳅产业园被确定为江苏省第 8 批农业标准化示范区项目，并先后注册了“墩尚”牌和“水中参”牌泥鳅商标，亮出了墩尚泥鳅的“名片”，扩大了墩尚泥鳅知名度。

（四）加强产学研合作，构筑产业发展技术支撑

没有技术的支持，产业发展就会缺乏动力，而动力就直接来源于具备创新与技术能力的技术人员。当地政府制定技术扶植政策，对泥鳅养殖人员进行技术培训，规定每年泥鳅养殖小微企业参与技术培训的时间，促进技术研发机构的发展，与高校开展产学研合作，建立产学研合作基地和实验室，对泥鳅人工育苗技术、泥鳅深加工技术、泥鳅养殖水质处理技术等进行攻关研究。同时，赣榆县泥鳅养殖行业协会还成立泥鳅疾病无公害防治中心，为养殖户及时提供技术指导，下发出口泥鳅养殖禁用药品名单，举办泥鳅无公害养殖技术培训班，提高养殖户的养殖技术。

（五）延长产业链条，重视对外交流合作

墩尚镇通过扩建泥鳅养殖区、规范泥鳅市场、成立泥鳅养殖行业协会，协调、组织泥鳅产业，形成了一条龙的健康发展态势。如今，从规模化生产到产业化开发，形成了泥鳅养殖、苗种繁育、种苗采购与运输、饲料加工与销售、疾病检测、无害化防治，产品的捕捞包装出口、国内市场开发等一条完整的产业链。同时，通过协会与国内20多个省的数千名业务人员及泥鳅养殖人员开展业务交流与合作，扩大对韩贸易，增加了影响力和产品销售量。

二、立足自身优势做大做强泥鳅产业

黑龙江省富锦市大勇泥鳅鱼养殖合作社，立足自身优势，发掘市场潜力，通过“合作社＋养殖户”的模式，经过10余年的发展，将泥鳅产业逐步做大做强，走出了一条自主创业、共同致富的发展道路。目前，该合作社泥鳅稻田养殖规模达1 000亩、池塘养殖突破2 000亩，合作社年效益达150万元以上。其成功经验可概括为：走合作化发展、工厂化育苗、规模化养殖、科学化储藏、品牌化销售的现代渔业发展之路。

（一）合作经营，内引外联，扩大经营规模

主要措施有：①合作经营，打造品牌。2011年成立大勇泥鳅鱼养殖合作社，注册资金800万元，至今发展养殖户会员32户、养殖面积达1 310亩，带动周边养殖5 000余亩，形成比较紧密的养殖销售联合体；产出的泥鳅鱼以大勇合作社自有品牌按照大中小规格差价销售，通过品牌经营。②夯实基础，扩大规模。按照边生产、边壮大、边投入、边完善的原则，累计投资300多万元建设了标准化养殖池塘70亩、工厂化育苗车间630米^2、厂房150米^2、库房120米^2，配齐各种繁育养殖、检验检疫设备，完善供排水自动化设施，实现了规模化、标准化、自动化养殖。③借助外力，开拓市场。加大外销力度，同辽宁、江苏、山东、河南、广东等地泥鳅鱼经销商和养殖户签订常年供货合同，建立长期合作关系，使“大勇泥鳅鱼”品牌的泥鳅走出了黑龙江省。

（二）完善技术，养育结合，延长产业链条

为提升产品的市场竞争力，合作社瞄准高端市场，进行生态养殖、自主育苗，延长产业链条。其措施主要有：①开展稻田养殖，拓宽发展空间。合作社按照稻鱼共生原理和生态养殖模式，进行泥鳅的稻田养殖，养成体态、品质、口感与野生泥鳅鱼基本一致的高品质泥鳅。②科学储存，满足市场需求。为确保泥鳅售前暂养期间能保持良好的品质，合作社建成10座地戗式塑料大棚，在10月初气温下降时，用拉网捕出原池80%左右的成鱼投入大棚中暂养出售，利用塑料大棚良好的透光性和保温性，使泥鳅鱼在待售期间保持了较好的活力。③繁育结合，延长产业链条。优质的鱼苗是养成优质成鱼的关键，合作社聘请专业技术人员进行鱼苗繁育技术指导与试验，用野生泥鳅鱼优良品种进行品系改良，保证自主品牌的优良品质；自繁泥鳅鱼苗全部进行稻田养殖。

第二节　提高泥鳅养殖经济效益的措施

经济效益是决定泥鳅养殖可持续发展的关键。实际生产中，从业者应结合自身条件，综合考虑各种影响因素，采取措施设法提高泥鳅养殖的经济效益。

一、降低养殖成本

科学管理、适当降低饲养成本是提高泥鳅养殖经济效益的重要措施之一。因此，在基础设施建设上，可因地制宜，充分利用现有适合泥鳅养殖的池塘，节约固定资产投入；可充分利用泥鳅杂食性的特点，挖掘当地天然饵料资源，培育养殖水体天然饵料；合理饲养，提高饲料利用率，根据泥鳅生长过程中的食性变化合理调整饲料组成；做好病害的防治工作，促使泥鳅健康成长，减少疾病所带来的损失，提高成活率，保证产量。

二、控制养殖风险

泥鳅养殖也存在风险，尤其是池塘高密度养殖的风险更大。泥鳅养殖的风险主要有市场风险、技术风险和苗种来源上的风险等多种。目前，泥鳅市场需求很大，但生产的泥鳅主要是出口韩国和日本，对国外市场依赖程度大，一旦国外市场需求发生变化，必然冲击我国泥鳅养殖。因此，市场风险不可忽视，尤其是养殖规模小的养殖户。另外，泥鳅池塘养殖的方法虽然很多，但大都存在技术风险，因放养密度大对饵料及疾病防治技术的要求较高，稍有闪失就可能会导致养殖失败。再者，由于泥鳅养殖利润丰厚，市场上种苗杂乱，造成苗种来源上的风险。因此，养殖者应熟练掌握泥鳅养殖技术，采取自繁自养来逐步扩大规模，并密切关注市场行情，防范和化解风险。

三、实行规模化生产

从分散的个体经营向集约化适度规模经营转变，实行规模化生产，通过科学的管理来提高市场竞争力和经济效益。为了不断提高生产水平，应根据不同生产内容和生产规模建立有效的生产管理制度，做好规模化生产中的技术和销售管理。

四、进行无公害养殖生产

无公害渔业特别强调水产品中有毒有害物质残留检测。进行无公害泥鳅养殖是维护环境安全和人民健康的要求，同时无公害和各级绿色食品的市场价格明显高于一般食品。所以，进行泥鳅无公害养殖是提高养殖经济效益的重要途径。

五、开展综合养殖和综合经营

实践证明，实行综合养殖和综合经营具有明显的生态、经济和社会效益，是降低生产成本和提高养殖场经济效益的重要途径。因此，要因地制宜地开展多种经营，把生产周期长短不同的生产项目结合起来，做到全年各个时期都有收入；实行立体养殖、综合养殖、生态养殖、轮捕轮放，以减少产品资金的占用。同时，把泥鳅养殖与种植业、畜禽养殖业等有机结合起来，形成物种间的良性循环和综合利用，并积极创造条件开拓经营范围,实行渔、农、牧、副、工、商的综合经营。

六、依据市场需求制订生产和销售计划

要做好信息收集分析和合理利用,安排好生产计划。例如,通过了解顾客、一般家庭和出口等不同客户的要求及各地市场需求和价格,获得分类规格销售的差价和地区差价;根据消费能力和消费习惯的变化及不同季节、不同时期的消费习惯,及时组织生产不同规格、不同质量的泥鳅,并合理安排好各级规格商品鱼的养殖周期,或预先暂养,以填补市场空缺,避免与其他产品扎堆上市,既可提高市场价格,又能获得季节性市场差价。

要全面掌握市场规模、销售量及其变化规律。通过产品调查了解市场对泥鳅需求的规格、数量和质量要求;通过销路调查,可积极开拓新市场,建立“多渠道、少环节”的销售渠道,以获得较高的利润。了解产品的竞争力,防止盲目进入新市场而造成损失。

七、逐步完善养殖场基建设施

新建泥鳅养殖场,可采用一步规划、分期实施、自我积累、滚动开发等措施,根据本场养殖模式和市场需求,安排好各级养殖面积比例,减少不必要的基建投资。

八、重视养殖过程中各环节的管理

重视各养殖环节的管理,减少不必要失误造成的损失,是提高泥鳅养殖经济效益的重要途径。比如,因苗种选择、暂养、运输和放养管理工作中的任何环节失误,都将造成全年生产计划的落空。泥鳅人工养殖应用配合饲料时必须有一定量的动物性饲料相配套,方能保证泥鳅正常生长,因此泥鳅养殖场必须预先进行动物性饲料的配套,做到以饲定产,否则会影响到泥鳅的增重与生长,甚至影响成活率,从而影响最终的产量。

主要参考文献

[1]高志慧. 最新黄鳝泥鳅养殖实用大全[M]. 北京：中国农业出版社，2013.

[2]王太新. 泥鳅高效养殖技术图解与实例[M]. 北京：海洋出版社，2012.

[3]陆艳. 泥鳅溃疡病的病原学与病理学研究[D]. 雅安：四川农业大学，2006.

[4]张锐昌，蒋秋燕，张应龙，等. 泥鳅的综合开发利用[J]. 食品与药品，2010,12(3):197-201.

[5]李志成. 泥鳅养殖的经济效益[J]. 知识经济，2011,4:118.

[6]徐星明，赵琦华，张建楼. 泥鳅循环集约化高效养殖[J]. 水产养殖，2007,28(6):42.

[7]黄华. 泥鳅养殖效益分析[J]. 农村新技术,2013,5:60.

[8]姚东瑞，周鸣谦，盘赛昆. 泥鳅深加工现状与发展展望[J]. 渔业科学进展，2010,31(6):122-127.

[9]樊启志. 谈谈泥鳅养殖的七大瓶颈[J]. 农家顾问，2011,6:45-46.

[10]杨代勤，陈芳，袁汉文. 黄鳝规模化健康养殖技术[M]. 北京：中国农业出版社，2013.

[11]顾树信. 泥鳅健康养殖技术问答[M]. 北京：化学工业出版社，2012.

[12]张诚. 泥鳅养殖品种简介[J]. 农家顾问，2008，5:25.

[13]袁野，王欣睿. 常见鳅及其主要疾病的防治[J]. 畜牧与饲料科学，2010，31(9):101.

[14]王伟伟. 泥鳅的生物学特性和人工繁殖及苗种培育[J]. 北京农业, 2009, 6:44 – 46.

[15]秦玉丽. 泥鳅的生物学特性和养殖新技术[J]. 信阳农业高等专科学校学报, 2008, 18(2):113 – 114.

[16]翟旭亮. 泥鳅繁殖生物学和人工繁殖技术研究[D]. 重庆: 西南大学, 2011.

[17]蔡军. 泥鳅的温室早繁与当年养成[J]. 内陆水产,2003, 28(2):29.

[18]占家智,羊茜. 泥鳅池塘高密度养殖技术[M]. 北京:科学技术文献出版社,2013.

[19]顾树信. 泥鳅健康养殖技术问答[M]. 北京:化学工业出版社,2012.